원픽! 완빵에 합격 PASS

제과제빵 기능사 실기

마이티 팡 지음

Hj 골든벨타임

누구나 「함께! 쉽게! 기분 좋게!」하는
제과기능사·제빵기능사 합격을 위해!

가장 감사한 것은 좋아하는 일을 하면서 '나눈다'는 것에 의미를 두고 있고, 즐거워하는 일은 '즐기는'것에 의미가 있습니다. 필자는 제과·제빵의 길을 걸어온 것을 "나는 매우 잘 했고 즐겁다"라고 말할 수 있습니다.

과거-현재-미래에도 제과 제품과 제빵 제품을 교육하고, 만들어 나누고, 봉사하는 즐거움은 누군가의 '베품'으로 말미암아 누군가에게는 '혜택'의 기쁨이자 사랑이 될 수 있습니다.
아무튼 필자는 마냥 즐겁습니다.

우리나라에 제과와 제빵문화가 들어온 지가 어느덧 100여 년이 넘어 눈부신 성장과 발전을 거듭하면서 하나의 베이커리 문화가 형성되었습니다.
식생활의 변화 가운데 가장 큰 쌀의 문화에서 베이커리 문화로 탈바꿈하는 경향을 확인하는 시대에 살아가고 있습니다.

제과와 제빵 산업은 외식 문화와 함께 동반 성장하는 가운데 필자는 오랜 시간을 관련 업계에 종사하면서 풍부한 산업 현장의 경험을 쌓게 되었습니다.
유치원생부터 초·중·고·대학교와 일·학습병행제 강의와 다양한 기업 강의 및 특수학급 강의를 바탕으로 집필한 본서가 합격의 지침서가 될 수 있도록 만전을 기했습니다.

응시자 모든 분들에게 합격의 영광을 안겨 주는 훌륭한 학습서가 되기를 바랍니다.
감사합니다.

2024. 2
저자 올림

Contents

차 례

제과기능사 실기 (20과제)

제빵기능사 실기 (20과제)

지참준비물

- 계산기
- 고무주걱나무주걱
- 보자기(60×60cm)
- 분무기
- 붓
- 실리콘페이퍼(선택사항)
- 오븐장갑
- 온도계
- 일회용 봉투(대)
- 스테인리스볼(추가 지참 가능)
- 개인용 저울(지참 가능)
- 위생모위생복
- 자(30~50cm)
- 작업화
- 주걱
- 짤주머니(선택사항)
- 커터칼
- 행주(4장)
- 필기구(흑색 또는 청색)
- 일회용 용기(계량용)
- 사과파이용 필러(제과, 지참 가능)

※ 지참준비물은 필요하면 더 지참해도 됩니다.

수험자 유의사항

1. 항목별 배점은 제조공정 55점, 제품평가 45점이며, 요구사항 외의 제조방법 및 채점기준은 비공개입니다.
2. 시험시간은 재료 전처리 및 계량시간, 제조, 정리정돈 등 모든 작업과정이 포함된 시간입니다(감독위원의 계량확인 시간은 시험시간에서 제외).
3. 수험자 인적사항은 검은색 필기구만 사용하여야 합니다. 그 외 연필류, 유색 필기구, 지워지는 펜 등은 사용이 금지됩니다.
4. 시험 전과정 위생수칙을 준수하고 안전사고 예방에 유의합니다.
   - 시작 전 간단한 가벼운 몸 풀기(스트레칭) 운동을 실시한 후 시험을 시작하십시오.
   - 위생복장의 상태 및 개인위생(장신구, 두발·손톱의 청결 상태, 손씻기 등)의 불량 및 정리 정돈 미흡 시 위생항목 감점처리 됩니다.
   - 감독위원(본부요원)의 지시에 따라 실기작업에 임하며, 각 과정별 세부작업은 안전사항 및 위생수직을 준수하여 작업하여야합니다.

위생기준 상세안내

1. 위생복

- 기관 및 성명 등의 표식이 없을 것
- 상의 : 「흰색 위생 상의」
  - 소매 길이는 팔꿈치가 덮이는 길이 이상의 7부·9부·긴소매 착용
  - 상의 여밈은 위생복에 부착된 것이어야 하며 벨크로나 단추 등의 크기, 색상, 모양, 재질 등은 제한하지 않음
  - 다만 금속성 부착물이나 뱃지, 핀 등은 금지
  - 부적합할 경우 위생 점수 전체 0점
- 하의 : 「흰색 긴바지 위생복」 또는 「긴바지와 흰색 앞치마」
  - 흰색 앞치마 착용시, 앞치마 길이는무릎 아래까지 덮이는 길이일 것, 바지의 색상·재질은 무관하나, 부직포나 비닐 등 화재에 취약한 재질 금지
  - '반바지·짧은 치마·폭넓은 바지' 등 안전과 작업에 방해가 되는경우는 위생점수 전체 0점
- 짧은 소매, 긴 가운, 반바지, 짧은 치마, 폭넓은 바지 등 안전과 작업에 방해가 되는 모양이 아니어야 하며, 조리용으로 적합할 것

2. 위생모

- 기관 및 성명 등의 표식이 없을 것
- 흰색 머릿수건은 머리카락과 이물에의한 오염 방지를 위해 착용을 금지
- 일반 제과점에서 통용되는 위생모(모자의 크기 및 길이, 면 또는 부직포, 나일론 등의 재질은 무관)

3. 위생화 또는 작업화

- 기관 및 성명 등의 표식이 없을 것
- 색상은 무관하며 조리화나 위생화, 작업화, 운동화 등 발가락, 발등, 발뒤꿈치가 덮일 경우 모두 가능함
- 미끄러짐 및 화상의 위험이 있는 슬리퍼류, 작업에 방해가 되는 굽이 높은구두, 속 굽이 있는 운동화가 아닐 것

4. 마스크

- 침액 오염 방지를 위해 종류는 제한하지 않음
- 감염병 예방에 따라 마스크 착용이 의미화되는 기간에는 '투명 위생 플라스틱 입가리개'를 사용할 경우, 마스크 미착용으로 간주하므로 착용 금지

5. 장신구

- 착용 금지
- 시계, 반지, 귀걸이, 목걸이, 팔찌 등 이물, 교차오염 등의 식품위생 위해 장신구는 착용하지 않을 것
- 위생모 고정을 위한 머리핀은 허용함

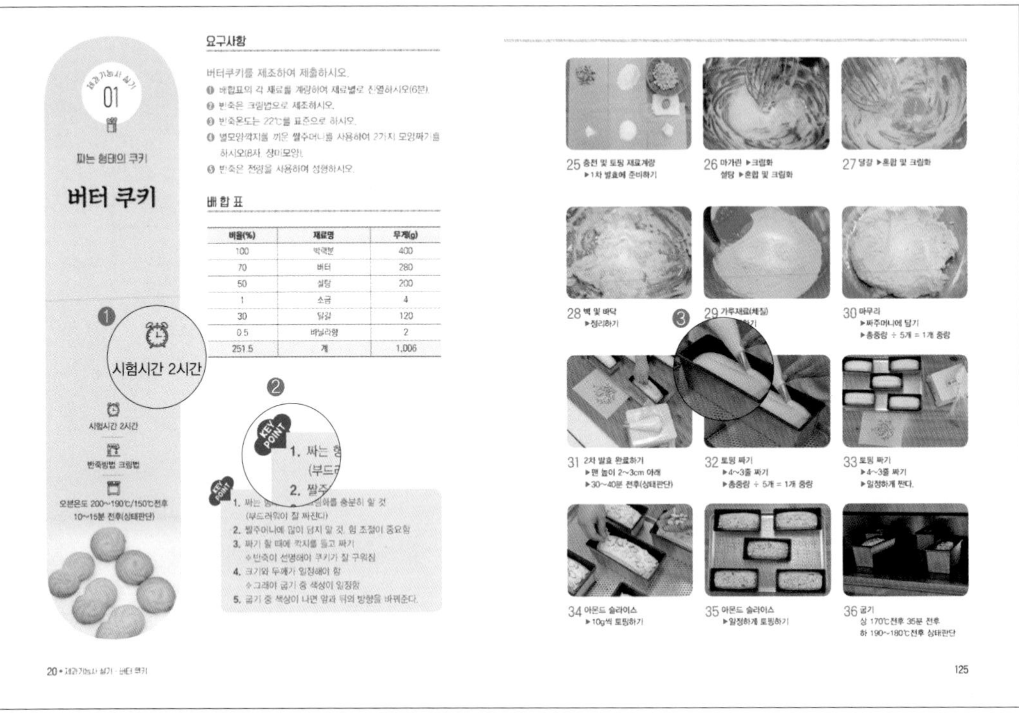

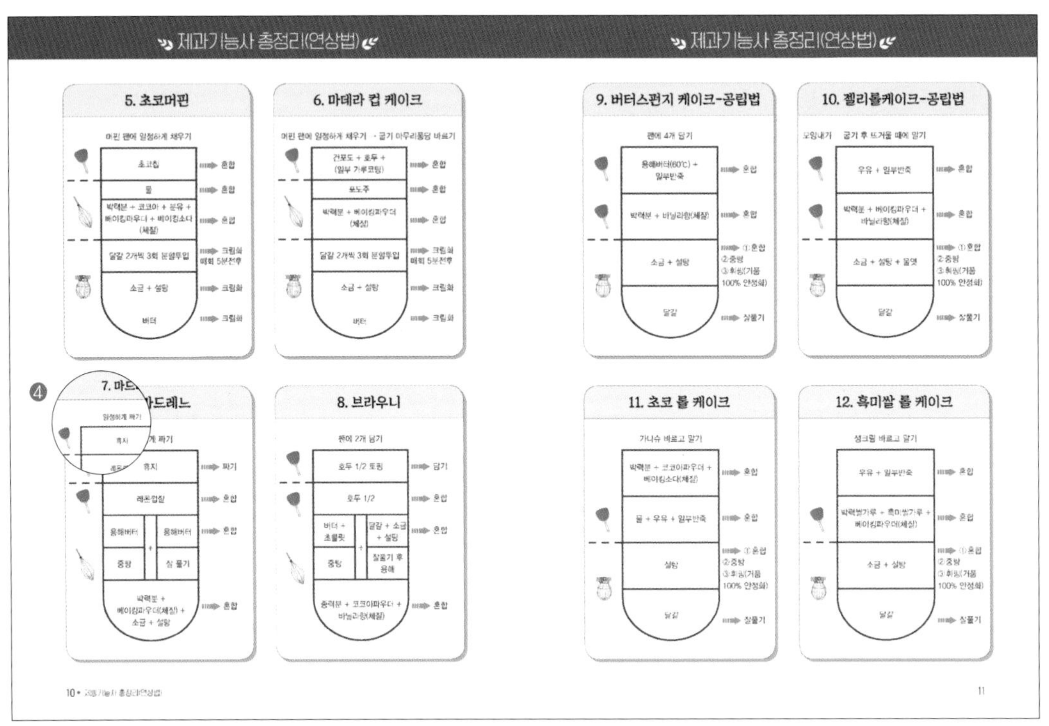

❶ 시험시간, 반죽방법, 오븐온도를 한눈에 확인할 수 있다.

❷ 합격을 위한 KEY POINT을 수록하였다.

❸ 사진과 상세한 설명을 통해 연습할 수 있다.

❹ 제과기능사 총정리(연상법)

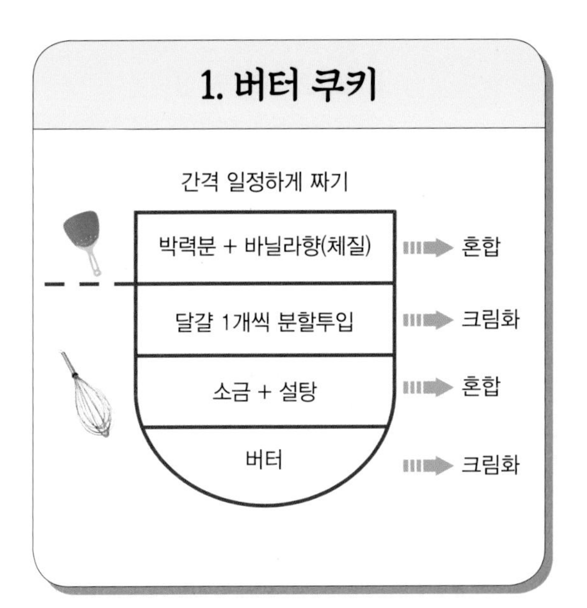
1. 버터 쿠키
간격 일정하게 짜기
박력분 + 바닐라향(체질)
혼합
달걀 1개씩 분할투입
크림화
소금 + 설탕
혼합
버터
크림화

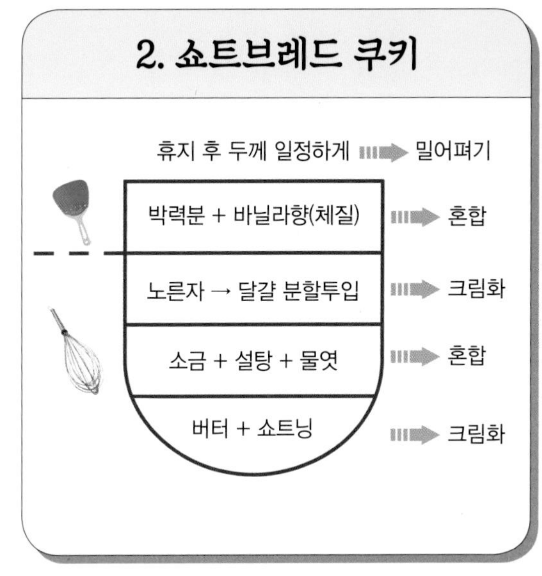
2. 쇼트브레드 쿠키
휴지 후 두께 일정하게
밀어펴기
박력분 + 바닐라향(체질)
혼합
노른자 → 달걀 분할투입
크림화
소금 + 설탕 + 물엿
혼합
버터 + 쇼트닝
크림화

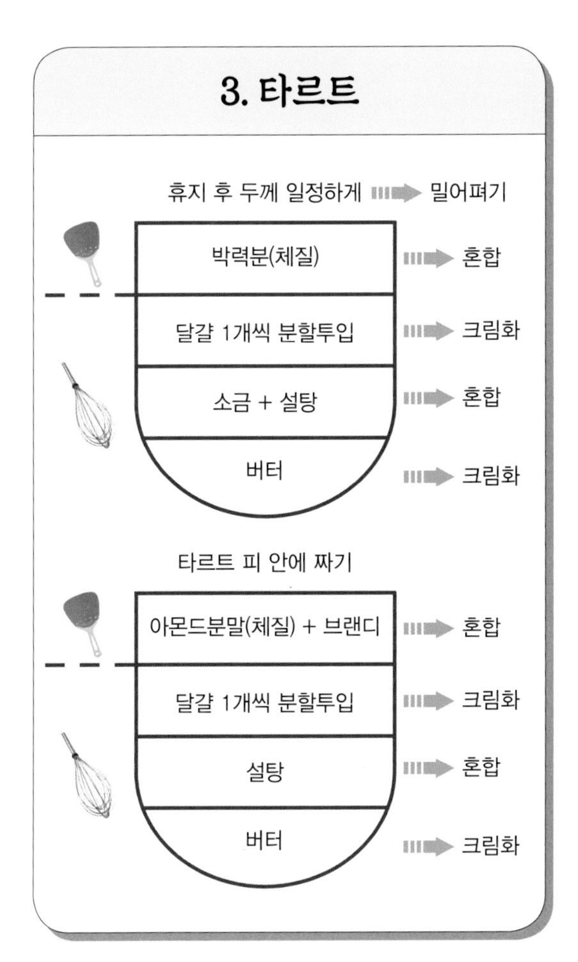
3. 타르트
휴지 후 두께 일정하게
밀어펴기
박력분(체질)
혼합
달걀 1개씩 분할투입
크림화
소금 + 설탕
혼합
버터
크림화
타르트 피 안에 짜기
아몬드분말(체질) + 브랜디
혼합
달걀 1개씩 분할투입
크림화
설탕
혼합
버터
크림화

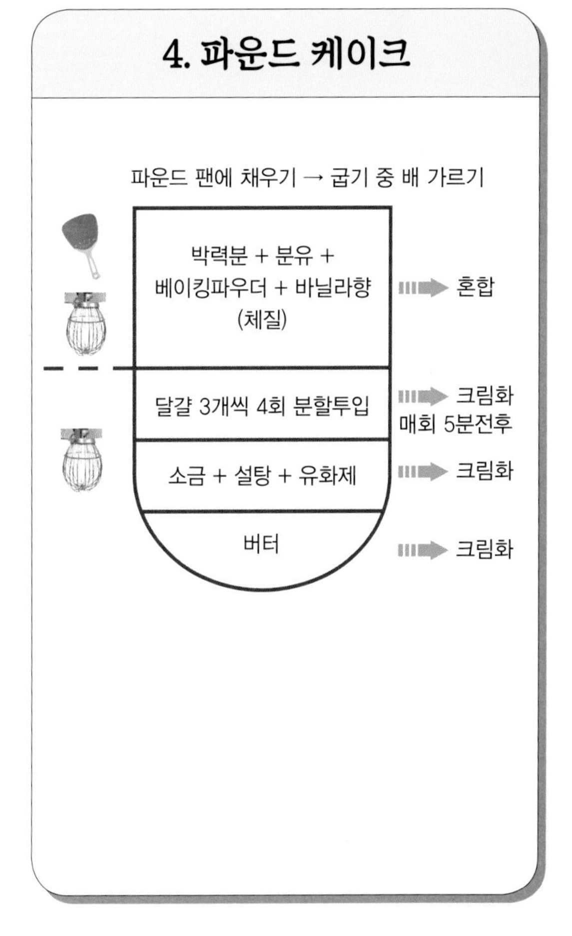
4. 파운드 케이크
파운드 팬에 채우기 → 굽기 중 배 가르기
박력분 + 분유 +
베이킹파우더 + 바닐라향
(체질)
혼합
달걀 3개씩 4회 분할투입
크림화
매회 5분전후
소금 + 설탕 + 유화제
크림화
버터
크림화

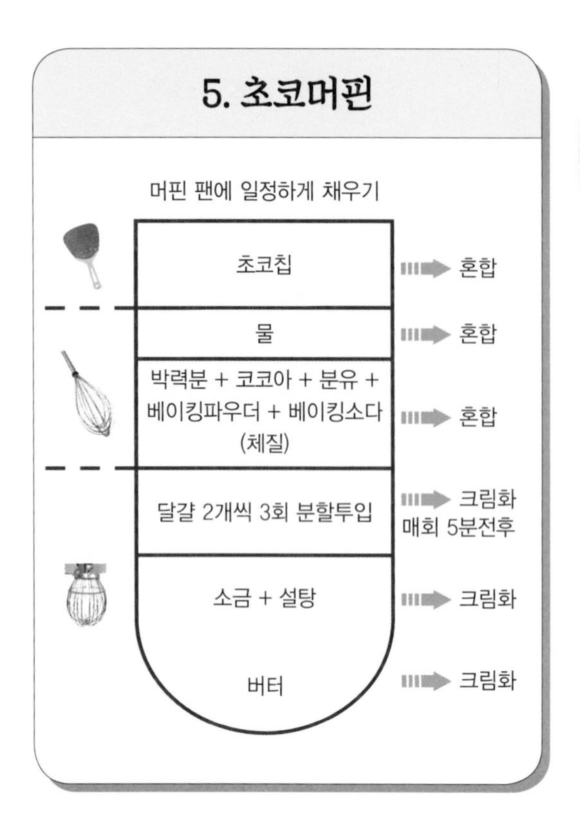
5. 초코머핀
머핀 팬에 일정하게 채우기
초코칩 → 혼합
물 → 혼합
박력분 + 코코아 + 분유 + 베이킹파우더 + 베이킹소다 (체질) → 혼합
달걀 2개씩 3회 분할투입 → 크림화 매회 5분전후
소금 + 설탕 → 크림화
버터 → 크림화

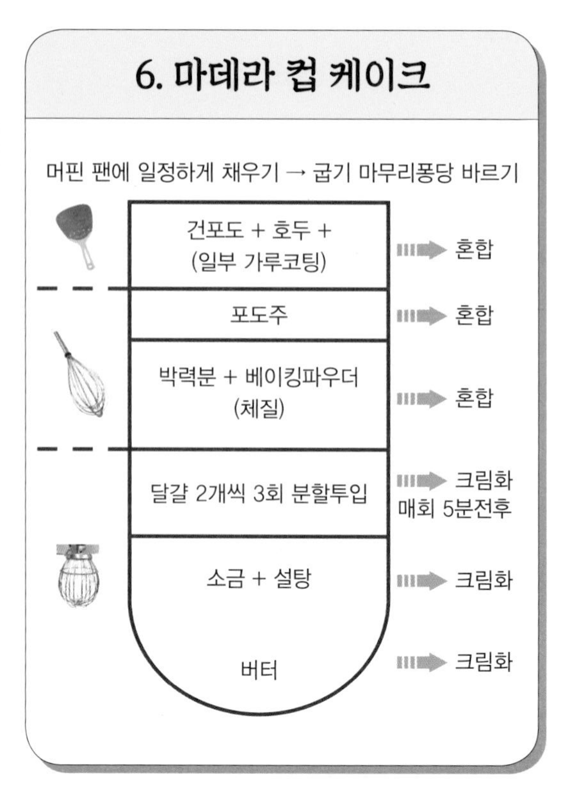
6. 마데라 컵 케이크
머핀 팬에 일정하게 채우기 → 굽기 마무리퐁당 바르기
건포도 + 호두 + (일부 가루코팅) → 혼합
포도주 → 혼합
박력분 + 베이킹파우더 (체질) → 혼합
달걀 2개씩 3회 분할투입 → 크림화 매회 5분전후
소금 + 설탕 → 크림화
버터 → 크림화

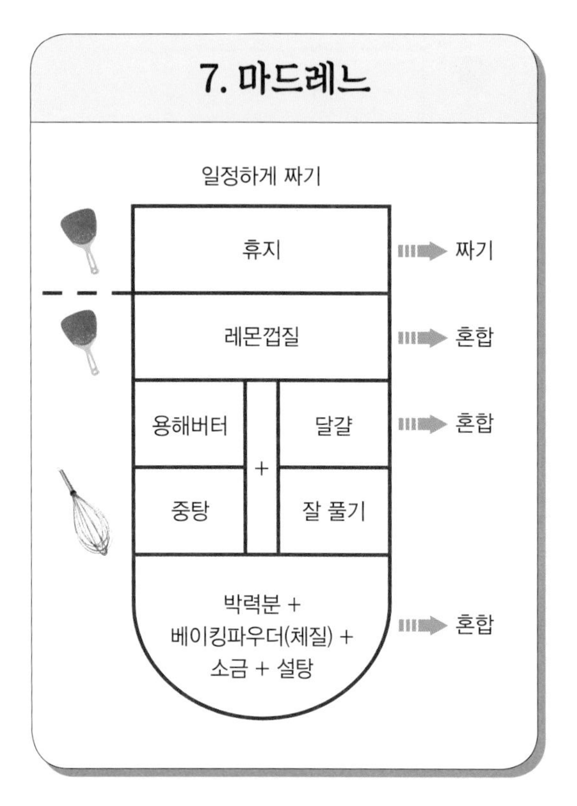
7. 마드레느
일정하게 짜기
휴지 → 짜기
레몬껍질 → 혼합
용해버터
중탕
+
달걀
잘 풀기
→ 혼합
박력분 + 베이킹파우더(체질) + 소금 + 설탕 → 혼합

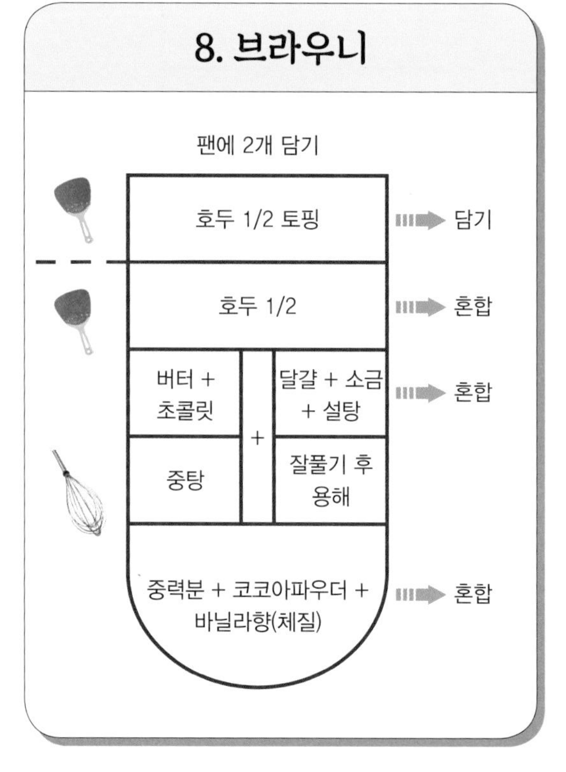
8. 브라우니
팬에 2개 담기
호두 1/2 토핑 → 담기
호두 1/2 → 혼합
버터 + 초콜릿
중탕
+
달걀 + 소금 + 설탕
잘풀기 후 용해
→ 혼합
중력분 + 코코아파우더 + 바닐라향(체질) → 혼합

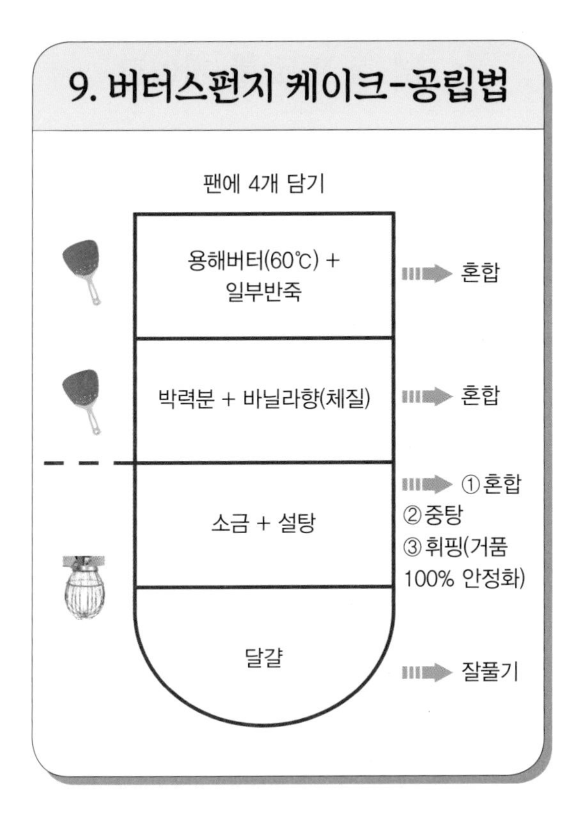
9. 버터스펀지 케이크-공립법
팬에 4개 담기
용해버터(60℃) + 일부반죽
혼합
박력분 + 바닐라향(체질)
혼합
소금 + 설탕
①혼합
②중탕
③휘핑(거품 100% 안정화)
달걀
잘풀기

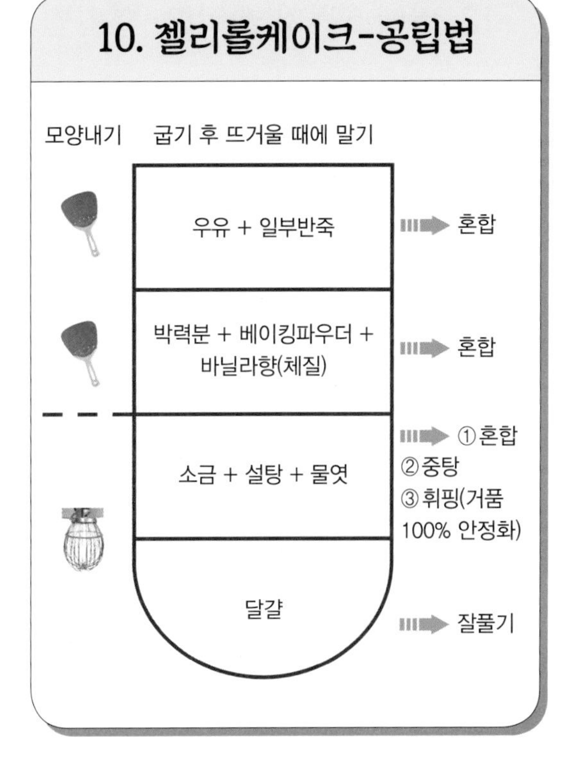
10. 젤리롤케이크-공립법
모양내기
굽기 후 뜨거울 때에 말기
우유 + 일부반죽
혼합
박력분 + 베이킹파우더 + 바닐라향(체질)
혼합
소금 + 설탕 + 물엿
①혼합
②중탕
③휘핑(거품 100% 안정화)
달걀
잘풀기

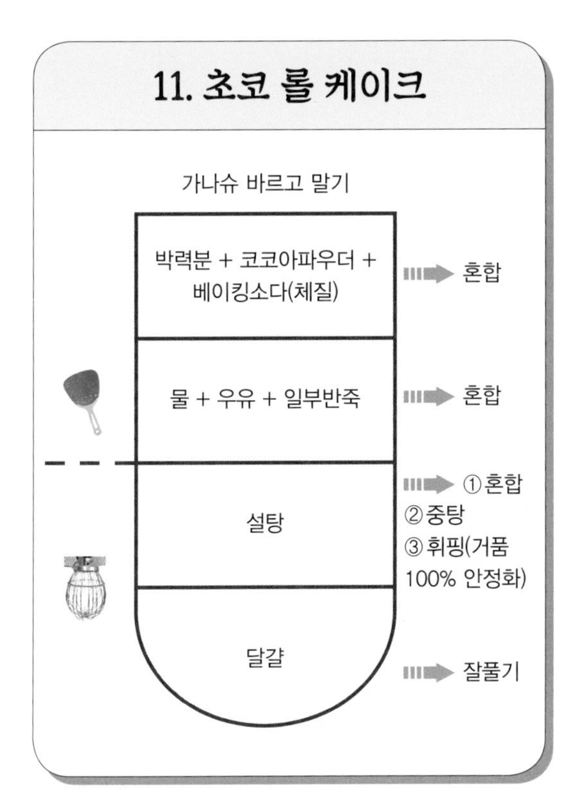
11. 초코 롤 케이크
가나슈 바르고 말기
박력분 + 코코아파우더 + 베이킹소다(체질)
혼합
물 + 우유 + 일부반죽
혼합
설탕
①혼합
②중탕
③휘핑(거품 100% 안정화)
달걀
잘풀기

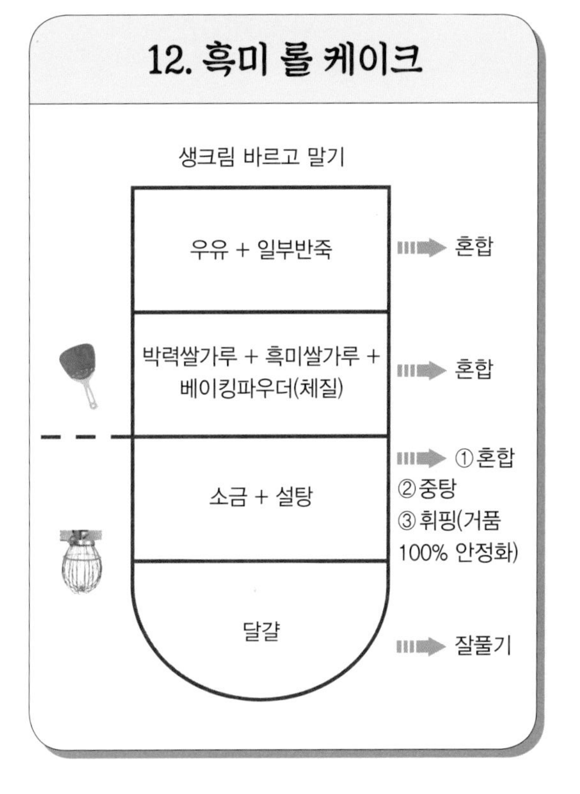
12. 흑미 롤 케이크
생크림 바르고 말기
우유 + 일부반죽
혼합
박력쌀가루 + 흑미쌀가루 + 베이킹파우더(체질)
혼합
소금 + 설탕
①혼합
②중탕
③휘핑(거품 100% 안정화)
달걀
잘풀기

13. 버터스펀지 케이크-별립법

팬에 4개 담기

혼합 ← 머랭1/2

혼합 ← 용해버터 + 일부반죽 (60℃이상)

혼합 ← 박력분 + 바닐라향(체질)

혼합 ← 머랭1/2

중간상태 머랭

① 혼합 ② 중탕 ③ 휘핑 ← 소금 + 설탕A

휘핑

잘 풀어 주기 ← 노른자

흰자 + 설탕B → 용해 혼합

수작업 기계작업

14. 소프트 롤 케이크

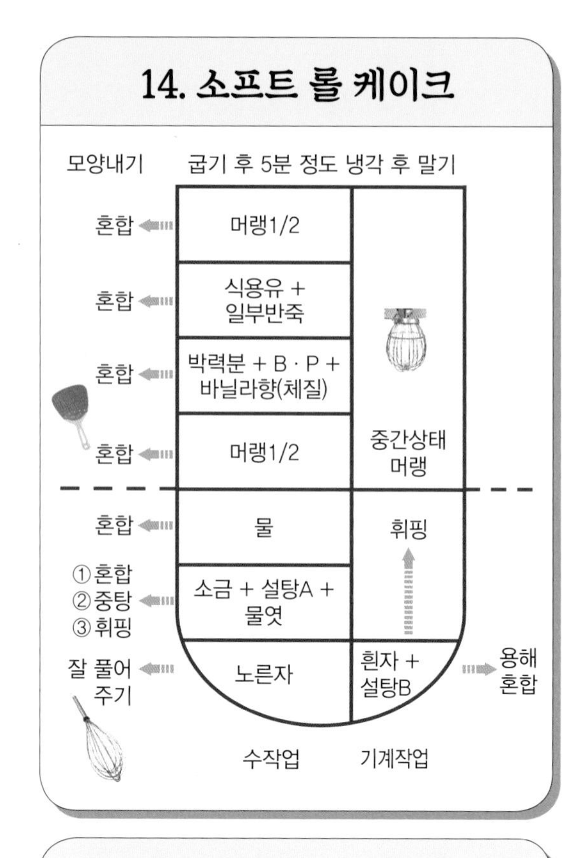

15. 시퐁케이크

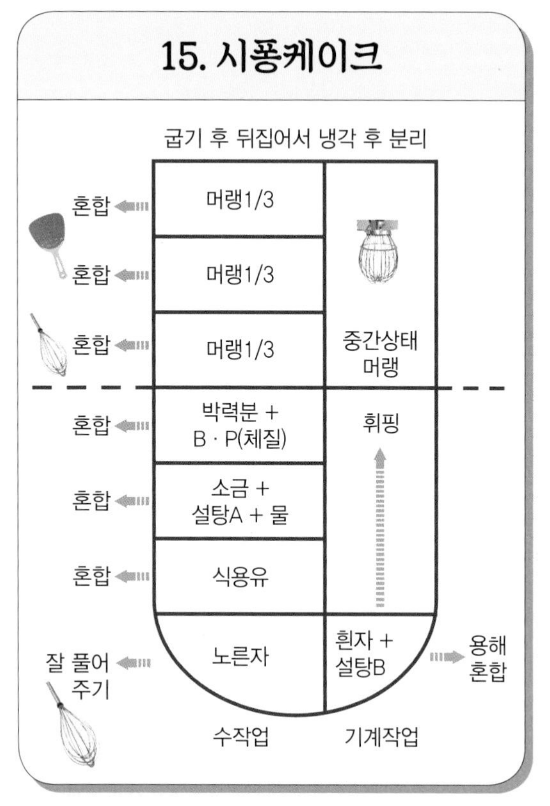

16. 과일 케이크 - 복합별립법

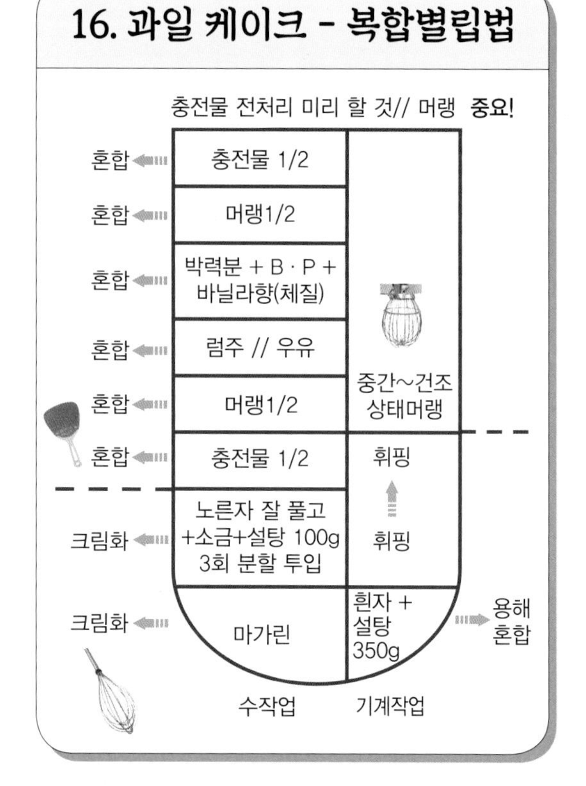

17. 치즈 케이크 - 복합 별립법

중탕 굽기 중 증기 빼주면서 굽기 → 살짝 냉각 후 분리

혼합 ⇐ 머랭1/3
혼합 ⇐ 머랭1/3
혼합 ⇐ 머랭1/3
젖은~중간 상태머랭

혼합 ⇐ 우유//럼주//레몬쥬스
혼합 ⇐ 중력분(체질)
혼합 ⇐ 설탕A
혼합 ⇐ 노른자
휘핑 ↑ 거품60% + 설탕1/3씩

부드럽게 잘 풀기 ⇐ 크림치즈 + 버터
흰자 ⇒ 휘핑

수작업 기계작업

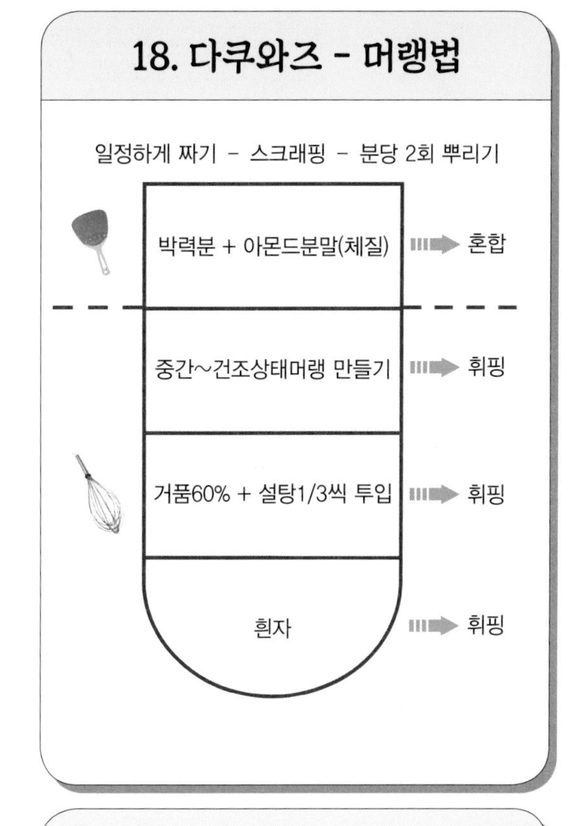

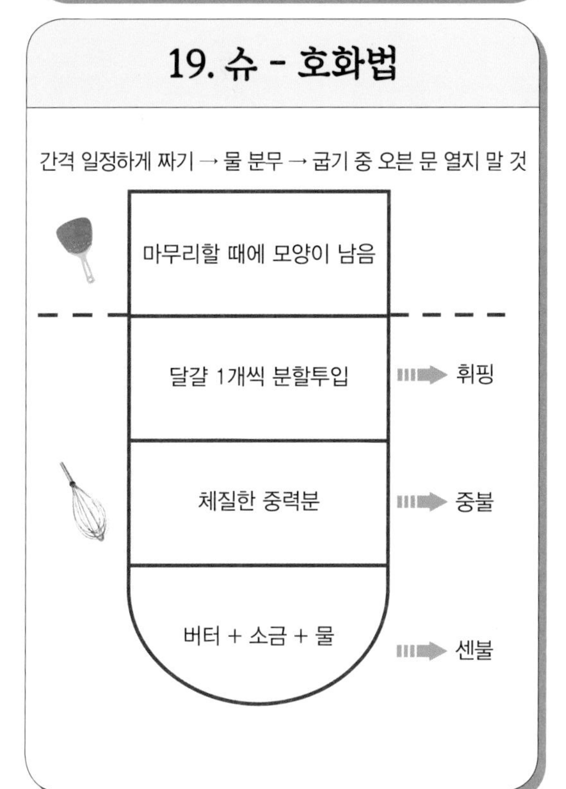

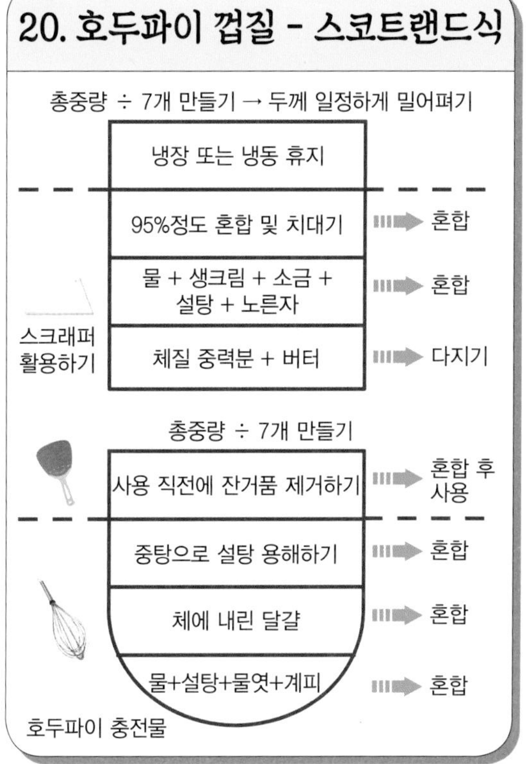

제빵기능사 총정리

1. 표준식빵(비상법) • 최종단계 • 반죽온도 : 30℃

- 최종단계(글루텐 100%)
- 반죽온도 30℃

[픽업단계]
- 저속 2분
- 중속 2분

[클린업단계]
- 유지투입

[발전단계]
- 중속 14분
- 온도체크
  글루텐(80%) 확인

[최종단계]
- 중속 2~4분
- 글루텐(100%)확인
  <감독 온도 검사>

1 재료계량 → 2 믹싱 → 3 1차 발효 → 4 성형 → 5 2차 발효 → 6 굽기

1차 발효
- **온도 30℃**
- 습도 75~80%
- 시간 20분 전후

성형
- 분할(170 x 3개, 4set)
- 둥글리기
- 중간발효(벤치타임)
  15~20분 전후(상태판단)
- 정형(산봉형=삼봉형)
- 팬닝(3개씩 1set)

2차 발효
- 온도 35~40℃ 전후
- 습도 85~90%
- 시간 30~ 40분 전후(상태판단)
  팬 높이 또는 0.5㎝↑ 확인

굽기
- 윗불 170℃
- 아랫불 180℃
- 시간 30~35분 전후(상태판단)
  황금갈색

2. 우유식빵 • 최종단계 • 반죽온도 : 27℃

- 최종단계(글루텐 100%)
- 반죽온도 27℃

[픽업단계]
- 저속 2분
- 중속 2분

[클린업단계]
- 유지투입

[발전단계]
- 중속 14분
- 온도체크
  글루텐(80%) 확인

[최종단계]
- 중속 2~4분
- 글루텐(100%)확인
  감독 온도 검사

1 재료계량 → 2 믹싱 → 3 1차 발효 → 4 성형 → 5 2차 발효 → 6 굽기

1차 발효
- **온도 27℃**
- 습도 75~80%
- 시간 40분 전후

성형
- 분할(180 x 3개, 4set)
- 둥글리기
- 중간발효(벤치타임)
  15~20분 전후(상태판단)
- 정형(산봉형=삼봉형)
- 팬닝(3개씩 1set)

2차 발효
- 온도 35~40℃ 전후
- 습도 85~90%
- 시간 30~40분 전후(상태판단)
  팬 위로 1㎝ ↑ 확인

굽기
- 윗불 170℃ 전후
- 아랫불 180℃ 전후
- 시간 30분 전후(상태판단)

3. 옥수수식빵 • 발전단계 • 반죽온도 : 27℃

- 발전단계(글루텐 80%)
- 반죽온도 27℃

[픽업단계]
- 저속 2분
- 중속 2분

[클린업단계]
- 유지투입
- 저속 4분

[발전단계]
- 중속 6~8분
- 온도체크
  글루텐(80%) 확인

1 재료계량 → 2 믹싱 → 3 1차 발효 → 4 성형 → 5 2차 발효 → 6 굽기

1차 발효
- **온도 27℃**
- 습도 75~80%
- 시간 40분 전후

성형
- 분할(180g x 3개 4set)
- 둥글리기
- 중간발효(벤치타임)
  15~20분 전후(상태판단)
- 정형(산봉형=삼봉형)
- 팬닝(3개씩 1set)

2차 발효
- 온도 35~40℃ 전후
- 습도 85~90%
- 시간 30~40분 전후(상태판단)
  팬 높이 1㎝↑

굽기
- 윗불 170℃
- 아랫불 180~190℃
- 시간 30분 전후(상태판단)

4. 풀만식빵 • 최종단계 • 반죽온도 : 27℃

- 최종단계(글루텐 100%)
- 반죽온도 27℃

[픽업단계]
- 저속 2분
- 중속 2분

[클린업단계]
- 유지투입

[발전단계]
- 중속 14분
- 온도체크
  글루텐(80%) 확인

[최종단계]
- 중속 2~4분
- 글루텐(100%)확인
  감독 온도 검사

1 재료계량 → 2 믹싱 → 3 1차 발효 → 4 성형 → 5 2차 발효 → 6 굽기

1차 발효
- **온도 27℃**
- 습도 75~80%
- 시간 **40**분 전후

성형
- 분할(250g x 2개 5set)
- 둥글리기
- 중간발효(벤치타임)
  15~**20**분 전후(상태판단)
- 정형
- 팬닝(2개씩 1set)

2차 발효
- 온도 38℃
- 습도 85~90%
- 시간 40분 전후(상태판단)
  팬높이 0.5㎝↓ 뚜껑덮기

굽기
- 윗불 190℃ 전후
- 아랫불 190℃ 전후
- 시간 40분 전후(상태판단)

5. 밤식빵 • 최종단계 • 반죽온도 : 27℃

- 발전~최종단계 (글루텐 100%)
- 반죽온도 27°C

[픽업단계]
- 저속 2분
- 중속 2분

[클린업단계]
- 유지투입

[발전단계]
- 중속 14분
- 온도체크 글루텐(80%) 확인

[최종단계]
- 중속 2~4분
- 글루텐(100%)확인 감독 온도 검사

재료계량 (1) → 믹싱 (2) → 1차 발효 (3) → 성형 (4) → 2차 발효 (5) → 굽기 (6)

1차 발효
- **온도 27°C**
- 습도 75~80%
- 시간 40분 전후

성형
- 분할(450g, 5set)
- 둥글리기
- 중간발효(벤치타임) 15~20분 전후(상태판단)
- 정형(one loaf) 한덩어리의 지붕형태 :
- 팬닝(1개씩 1set)

2차 발효
- 온도 35~40°C 전후
- 습도 85~90%
- 시간 30~40분 전후(상태판단) 팬 높이 2cm↓ → 토핑짜기

굽기
- 윗불 170°C
- 아랫불 180~190°C 전후
- 시간 30~35분 전후 (상태판단) 밝은 황금갈색

6. 버터탑식빵 • 발전단계

- 최종단계(글루텐 100%)
- 반죽온도 27°C

[픽업단계]
- 저속 2분
- 중속 2분

[클린업단계]
- 유지투입
- 저속 4분

[발전단계]
- 중속 6분
- 온도체크 글루텐(80%) 확인

[발전단계]
- 중속 3분 전후
- 글루텐(80%)확인 감독 온도 검사

재료계량 (1) → 믹싱 (2) → 1차 발효 (3) → 성형 (4) → 2차 발효 (5) → 굽기 (6)

1차 발효
- 온도 27°C
- 습도 75~80%
- 시간 40분 전후

성형
- 분할(460g, 5set)
- 둥글리기
- 중간발효(벤치타임) 15~20분 전후(상태판단)
- 정형(타원형=럭비공 모양)
- 팬닝(1개씩 1set)

2차 발효
- 온도 35~40°C 전후
- 습도 85~90%
- 시간 30~40분 전후(상태판단) : 팬높이 2cm↓
- 칼집넣기 → 버터 얇게 짜기

굽기
- 윗불 170°C
- 아랫불 180~190°C 전후
- 시간 30~35분 전후(상태판단)
- 버터 바르기

7. 쌀식빵 • 최종단계 • 반죽온도 : 27℃

- 최종단계(글루텐 100%)
- 반죽온도 27°C

[픽업단계]
- 저속 2분
- 중속 2분

[클린업단계]
- 유지투입

[발전단계]
- 중속 14분
- 온도체크 글루텐(80%) 확인

[최종단계]
- 중속 2~4분
- 글루텐(100%)확인 감독 온도 검사

재료계량 (1) → 믹싱 (2) → 1차 발효 (3) → 성형 (4) → 2차 발효 (5) → 굽기 (6)

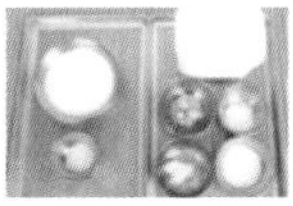

1차 발효
- **온도 27°C**
- 습도 75~80%
- 시간 40분 전후

성형
- 분할(198g×3개, 4set)
- 둥글리기
- 중간발효(벤치타임) 15~20분 전후(상태판단)
- 정형(산봉형=삼봉형)
- 팬닝(3개씩 1set)

2차 발효
- 온도 35~40°C 전후
- 습도 85~90%
- 시간 30~40분 전후(상태판단) 팬 위로 1㎝ ↑ 확인

굽기
- 윗불 170°C 전후
- 아랫불 180°C 전후
- 시간 30분 전후(상태판단)

8. 단팥빵(비상법) • 최종단계 • 반죽온도 : 30℃

- 최종단계 (글루텐 100%)
- 반죽온도 30°C

[픽업단계]
- 저속 2분
- 중속 2분

[클린업단계]
- 유지투입

[발전단계]
- 중속 14분
- 온도체크 글루텐(80%) 확인

[최종단계]
- 중속 2~4분
- 글루텐(110~120%)확인 <감독 온도 검사>

재료계량 (1) → 믹싱 (2) → 1차 발효 (3) → 성형 (4) → 2차 발효 (5) → 굽기 (6)

1차 발효
- **온도 30°C**
- 습도 75~80%
- 시간 20분 전후

성형
- 분할(50 x 36개)
- 둥글리기
- 중간발효(벤치타임) 15~20분 전후(상태판단)
- 정형
- 팬닝

2차 발효
- 온도 35~40°C 전후
- 습도 85~90%
- 시간 30분 전후(상태판단)

굽기
- 윗불 190~200°C
- 아랫불 140~150°C
- 시간 10~15분 전후(상태판단) (1/2 색 나면 팬 돌리기)

제빵기능사 총정리

9. 소보로빵 • 최종단계 • 반죽온도 : 27℃

- 최종단계(글루텐 100%)
- 반죽온도 27℃

[픽업단계]
- 저속 2분
- 중속 2분

[클린업단계]
- 유지투입

[발전단계]
- 중속 14분
- 온도체크
  글루텐(80%) 확인

[최종단계]
- 중속 2~4분
- 글루텐(100%)확인
  감독 온도 검사

① 재료계량

② 믹싱

③ 1차 발효
- **온도 27℃**
- 습도 75~80%
- 시간 40분 전후

④ 성형
- 분할(50g x 25개)
- 둥글리기
- 중간발효(벤치타임)
  10~15분 전후(상태판단)
- 정형
- 팬닝

⑤ 2차 발효
- 온도 38℃ 전후
- 습도 80~85%
- 시간 30~40분 전후(상태판단)

⑥ 굽기
- 윗불 185~195℃
- 아랫불 140~150℃ 전후
- 시간 15분 전후
  (상태판단: 황금갈색)
  ½색이 나면 팬 돌리기

10. 크림빵 • 최종단계 • 반죽온도 : 27℃

[픽업단계]
- 저속 2분
- 중속 2분

[클린업단계]
- 유지투입

[발전단계]
- 중속 14분
- 온도체크
  글루텐(80%) 확인

[최종단계]
- 중속 2~4분
- 글루텐(100%)확인
  감독 온도 검사

① 재료계량

② 믹싱
- 최종단계
  (글루텐 100%)
- 반죽온도 27℃

③ 1차 발효
- **온도 27℃**
- 습도 75~80%
- 시간 40분 전후

④ 성형
- 분할(45g, 24개)
  충전물 12개 / 비충전물 12개
- 둥글리기 후 타원형
- 중간발효(벤치타임)
  15분 전후(상태판단)
- 정형(조개모양)

⑤ 2차 발효
- 온도 35~40℃ 전후
- 습도 85~90%
- 시간 30~40분 전후(상태판단)

⑥ 굽기
- 윗불 200~210℃
- 아랫불 140~150℃
- 시간 10~15분 전후
  (상태판단: 황금갈색)
  ½색이 나면 팬 돌리기

11. 트위스트 • 최종단계 • 반죽온도 : 27℃

[픽업단계]
- 저속 2분
- 중속 2분

[클린업단계]
- 유지투입

[발전단계]
- 중속 14분
- 온도체크
  글루텐(80%) 확인

[최종단계]
- 중속 2~4분
- 글루텐(100%)확인
  감독 온도 검사

① 재료계량

② 믹싱
- 최종단계
  (글루텐 100%)
- 반죽온도 27℃

③ 1차 발효
- **온도 27℃**
- 습도 75~80%
- 시간 40분 전후

④ 성형
- 분할(50g, 24개)
- 둥글리기 후 통통한 스틱
- 중간발효(벤치타임)
- 15~20분 전후(상태판단)
- 정형(8자형, 달팽이형)
- 팬닝(1판 12개)

⑤ 2차 발효
- 온도 35~40℃ 전후
- 습도 85~90%
- 시간 30~40분 전후(상태판단)

⑥ 굽기
- 윗불 210~220℃
- 아랫불 140~150℃ 전후
- 시간 10~15분 전후
  (상태판단: 황금갈색)
  ½색이 나면 팬 돌리기

12. 빵도넛 • 최종단계 • 반죽온도 : 27℃

- 최종단계(글루텐 100%)
- 반죽온도 27℃

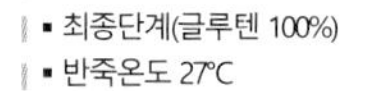

[픽업단계]
- 저속 2분(1분)
- 중속 2분

[클린업단계]
- 유지투입

[발전단계]
- 중속 14분
- 온도체크
  글루텐(80%) 확인

[최종단계]
- 중속 2~4분
- 글루텐(100%)전후
  <감독 온도 검사>

① 재료계량

② 믹싱

③ 1차 발효
- **온도 27℃**
- 습도 75~80%
- 시간 40분 전후

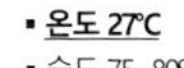

④ 성형
- 분할 46g
- 둥글리기 → 통통한스틱
- 중간발효(벤치타임)
  10~15분 전후(상태판단)
- 정형(8자형, 꽈배기형)

⑤ 2차 발효
- 온도 27℃ 전후
- 습도 75~80%
- 시간 30분 전후(상태판단)

⑥ 튀기기
- 튀김온도 185℃

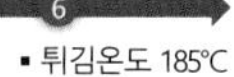

13. 버터롤 • 최종단계 • 반죽온도 : 27℃

- 최종단계(글루텐 100%)
- 반죽온도 27℃

[픽업단계]
- 저속 2분
- 중속 2분

[클린업단계]
- 유지투입

[발전단계]
- 중속 14분
- 온도체크 글루텐(80%) 확인

[최종단계]
- 중속 2~4분
- 글루텐(100%)확인 감독 온도 검사

① 재료계량

② 믹싱

③ 1차 발효
- 온도 27℃
- 습도 75~80%
- 시간 40분 전후

④ 성형
- 분할(50g, 24개)
- 둥글리기 후 통통한 스틱
- 중간발효(벤치타임) 10~15분 전후(상태판단)
- 정형
- 팬닝(1판 12개)

⑤ 2차 발효
- 온도 35~40℃ 전후
- 습도 85~90%
- 시간 30~40분 전후(상태판단)

⑥ 굽기
- 윗불 190~200℃
- 아랫불 140~150℃ 전후
- 시간 10~15분 전후 (상태판단: 황금갈색) ½색이 나면 팬 돌리기

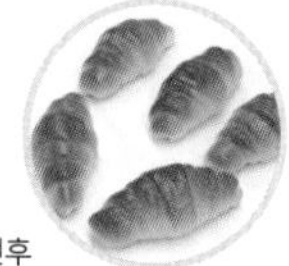

14. 스위트롤 • 최종단계 • 반죽온도 : 27℃

[픽업단계]
- 저속 2분
- 중속 2분

[클린업단계]
- 유지투입

[발전단계]
- 중속 14분
- 온도체크 글루텐(80%) 확인

[최종단계]
- 중속 2~4분
- 글루텐(100%)확인 감독 온도 검사

① 재료계량

② 믹싱
- 발전~최종단계 (글루텐 100%)
- 반죽온도 27℃

③ 1차 발효
- 온도 27℃
- 습도 75~80%
- 시간 30분 전후

④ 성형
- 덧가루→기본작업 : 손바닥이용→ 펴기
- 밀어펴기(40X110~120㎝)
- 용해버터(60g) 바르기
- 계피설탕 뿌리기
- 탄력적으로 말기(끝부분 1㎝ 물칠(접착제))
- 이음매봉하기
- 두께 조절 후 재단(야자잎, 트리플리프(세잎새형))

⑤ 2차 발효
- 온도 35~40℃ 전후
- 습도 85~90%
- 시간 30~40분 전후(상태판단)

⑥ 굽기
- 윗불190~ 200℃
- 아랫불 140~150℃ 전후
- 시간 10~15분 전후 (상태판단) ½색 이 나면 팬 돌리기 황금갈색

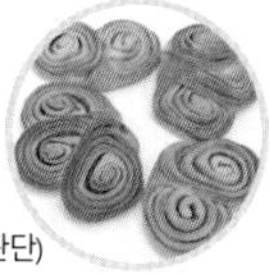

15. 소시지빵 • 최종단계 • 반죽온도 : 27℃

- 최종단계 (글루텐 100%)
- 반죽온도 27℃

[픽업단계]
- 저속 2분
- 중속 2분

[클린업단계]
- 유지투입

[발전단계]
- 중속 14분
- 온도체크 글루텐(80%) 확인

[최종단계]
- 중속 2~4분
- 글루텐(100%)확인 <감독 온도 검사>

① 재료계량

② 믹싱

③ 1차 발효
- 온도 27℃
- 습도 75~80%
- 시간 40분 전후
- 토핑물 준비

④ 성형
- 분할(70g x 12개)
- 둥글리기 후 통통한스틱
- 중간발효(벤치타임) 10~15분 전후(상태판단)
- 정형(낙엽 6개 , 꽃잎 6개)

⑤ 2차 발효
- 온도 35~40℃ 전후
- 습도 85~90%
- 시간 30~40분 전후(상태판단)
- 토핑물 혼합

⑥ 굽기
- 윗불 220~230℃
- 아랫불 150℃ 전후
- 시간 10~15분 전후(상태판단) (1/2 색나면→팬돌리기)

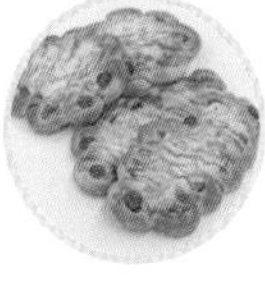

16. 모카빵 • 최종단계 • 반죽온도 : 27℃

[픽업단계]
- 저속 2분
- 중속 2분

[클린업단계]
- 유지투입

[발전단계]
- 중속 14분
- 온도체크 글루텐(80%) 확인

[최종단계]
- 중속 2~4분
- 글루텐(100%)확인 감독 온도 검사

반죽 8~10등분하여 건포도 넣고 중저속으로 혼합

① 재료계량

② 믹싱
- 최종단계 (글루텐 100%)
- 반죽온도 27℃

③ 1차 발효
- 온도 27℃
- 습도 75~80%
- 시간 40분 전후 → 이때, 토핑 제조 (냉장·냉동휴지)

④ 성형
- 분할(250g x 6개)
- 둥글리기
- 중간발효(벤치타임) 10~15분 전후(상태판단)
- 비스킷 분할(100g, 6개)
- 정형(타원형=럭비공 모양) 및 팬닝

⑤ 2차 발효
- 온도 35~40℃ 전후
- 습도 85~90%
- 시간 30~40분 전후(상태판단)

⑥ 굽기
- 윗불 180℃
- 아랫불 160℃ 전후
- 시간 25~30분 전후(상태판단) 커피색상 ½색이 나면 팬 돌리기

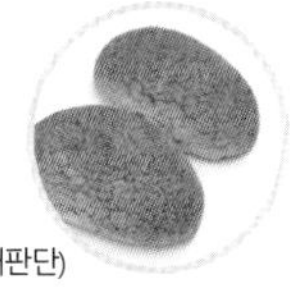

제빵기능사 총정리

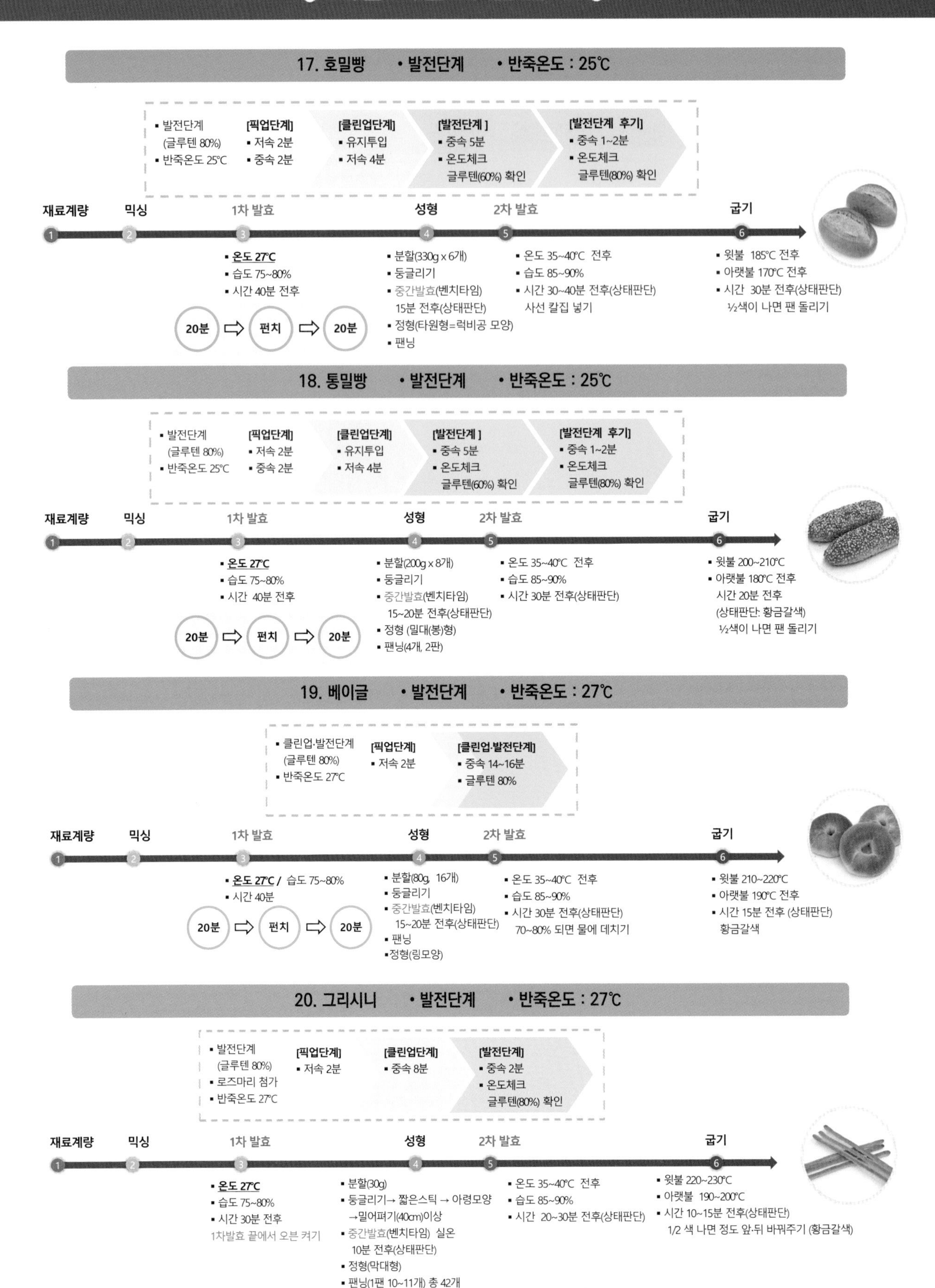

17. 호밀빵 • 발전단계 • 반죽온도 : 25℃
▪ 발전단계 (글루텐 80%)
▪ 반죽온도 25℃
[픽업단계]
▪ 저속 2분
▪ 중속 2분
[클린업단계]
▪ 유지투입
▪ 저속 4분
[발전단계]
▪ 중속 5분
▪ 온도체크 글루텐(60%) 확인
[발전단계 후기]
▪ 중속 1~2분
▪ 온도체크 글루텐(80%) 확인
재료계량
믹싱
1차 발효
성형
2차 발효
굽기
▪ 온도 27℃
▪ 습도 75~80%
▪ 시간 40분 전후
20분
펀치
20분
▪ 분할(330g x 6개)
▪ 둥글리기
▪ 중간발효(벤치타임) 15분 전후(상태판단)
▪ 정형(타원형=럭비공 모양)
▪ 팬닝
▪ 온도 35~40℃ 전후
▪ 습도 85~90%
▪ 시간 30~40분 전후(상태판단) 사선 칼집 넣기
▪ 윗불 185℃ 전후
▪ 아랫불 170℃ 전후
▪ 시간 30분 전후(상태판단) ½색이 나면 팬 돌리기
18. 통밀빵 • 발전단계 • 반죽온도 : 25℃
▪ 발전단계 (글루텐 80%)
▪ 반죽온도 25℃
[픽업단계]
▪ 저속 2분
▪ 중속 2분
[클린업단계]
▪ 유지투입
▪ 저속 4분
[발전단계]
▪ 중속 5분
▪ 온도체크 글루텐(60%) 확인
[발전단계 후기]
▪ 중속 1~2분
▪ 온도체크 글루텐(80%) 확인
재료계량
믹싱
1차 발효
성형
2차 발효
굽기
▪ 온도 27℃
▪ 습도 75~80%
▪ 시간 40분 전후
20분
펀치
20분
▪ 분할(200g x 8개)
▪ 둥글리기
▪ 중간발효(벤치타임) 15~20분 전후(상태판단)
▪ 정형 (밀대(봉)형)
▪ 팬닝(4개, 2판)
▪ 온도 35~40℃ 전후
▪ 습도 85~90%
▪ 시간 30분 전후(상태판단)
▪ 윗불 200~210℃
▪ 아랫불 180℃ 전후 시간 20분 전후 (상태판단: 황금갈색) ½색이 나면 팬 돌리기
19. 베이글 • 발전단계 • 반죽온도 : 27℃
▪ 클린업·발전단계 (글루텐 80%)
▪ 반죽온도 27℃
[픽업단계]
▪ 저속 2분
[클린업·발전단계]
▪ 중속 14~16분
▪ 글루텐 80%
재료계량
믹싱
1차 발효
성형
2차 발효
굽기
▪ 온도 27℃ / 습도 75~80%
▪ 시간 40분
20분
펀치
20분
▪ 분할(80g, 16개)
▪ 둥글리기
▪ 중간발효(벤치타임) 15~20분 전후(상태판단)
▪ 팬닝
▪ 정형(링모양)
▪ 온도 35~40℃ 전후
▪ 습도 85~90%
▪ 시간 30분 전후(상태판단) 70~80% 되면 물에 데치기
▪ 윗불 210~220℃
▪ 아랫불 190℃ 전후
▪ 시간 15분 전후 (상태판단) 황금갈색
20. 그리시니 • 발전단계 • 반죽온도 : 27℃
▪ 발전단계 (글루텐 80%)
▪ 로즈마리 첨가
▪ 반죽온도 27℃
[픽업단계]
▪ 저속 2분
[클린업단계]
▪ 중속 8분
[발전단계]
▪ 중속 2분
▪ 온도체크 글루텐(80%) 확인
재료계량
믹싱
1차 발효
성형
2차 발효
굽기
▪ 온도 27℃
▪ 습도 75~80%
▪ 시간 30분 전후
1차발효 끝에서 오븐 켜기
▪ 분할(30g)
▪ 둥글리기→ 짧은스틱 → 아령모양 →밀어펴기(40㎝)이상
▪ 중간발효(벤치타임) 실온 10분 전후(상태판단)
▪ 정형(막대형)
▪ 팬닝(1팬 10~11개) 총 42개
▪ 온도 35~40℃ 전후
▪ 습도 85~90%
▪ 시간 20~30분 전후(상태판단)
▪ 윗불 220~230℃
▪ 아랫불 190~200℃
▪ 시간 10~15분 전후(상태판단) 1/2 색 나면 정도 앞·뒤 바꿔주기 (황금갈색)

01. 버터 쿠키
02. 쇼트 브레드 쿠키
03. 타르트
04. 파운드 케이크
05. 초코 머핀
06. 마데라 컵 케이크
07. 마드레느
08. 브라우니
09. 버터 스펀지 케이크(공립법)
10. 젤리 롤 케이크
11. 초코 롤 케이크
12. 흑미 롤 케이크
13. 버터 스펀지 케이크(별립법)
14. 소프트 롤 케이크
15. 시퐁 케이크(시퐁법)
16. 과일 케이크
17. 치즈 케이크
18. 다쿠아즈
19. 슈
20. 호두 파이

짜는 형태의 쿠키

버터 쿠키

시험시간 2시간

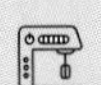

반죽방법 크림법

오븐온도 200~190℃/150℃전후
10~15분 전후(상태판단)

요구사항

버터 쿠키를 제조하여 제출하시오.

❶ 배합표의 각 재료를 계량하여 재료별로 진열하시오(6분).
❷ 반죽은 크림법으로 제조하시오.
❸ 반죽온도는 22℃를 표준으로 하시오.
❹ 별모양깍지를 끼운 짤주머니를 사용하여 2가지 모양짜기를 하시오(8자, 장미모양).
❺ 반죽은 전량을 사용하여 성형하시오.

배 합 표

비율(%)	재료명	무게(g)
100	박력분	400
70	버터	280
50	설탕	200
1	소금	4
30	달걀	120
0.5	바닐라향	2
251.5	계	1,006

1. 짜는 형태이기에 크림화를 충분히 할 것
(부드러워야 잘 짜진다)
2. 짤주머니에 많이 담지 말 것. 힘 조절이 중요함
3. 짜기 할 때에 깍지를 들고 짜기
❖ 반죽이 선명해야 쿠키가 잘 구워짐
4. 크기와 두께가 일정해야 함
❖ 그래야 굽기 중 색상이 일정함
5. 굽기 중 색상이 나면 앞과 뒤의 방향을 바꿔준다.

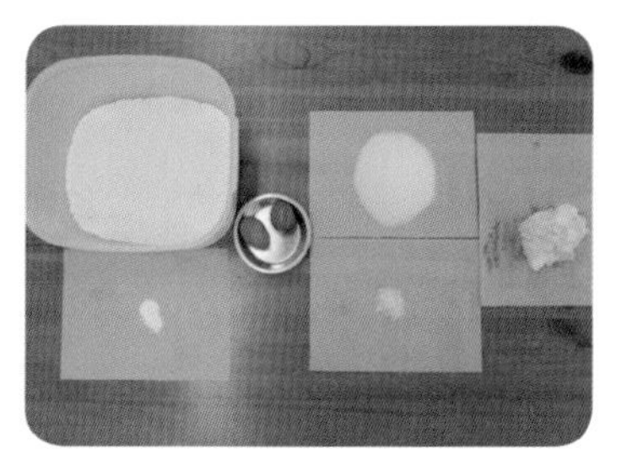

01 재료계량

02 버터 크림화 시작하기

03 버터 크림화 완료하기

04 소금+설탕
▶혼합하여 크림화하기

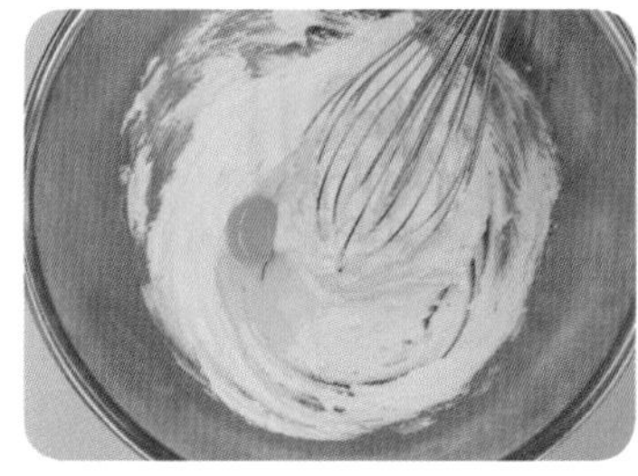

05 계란 1개씩 나누어 넣기
▶혼합하여 크림화하기

06 계란 1개 넣기
▶크림화 완료하기

07 박력분+바닐라 향
▶혼합 후 체질하기

08 가루재료
▶혼합하기

09 가루재료
▶자르듯이 혼합하기

10 가루재료
▶95% 혼합하기
(짜면서 5%는 혼합된다.)

11 짜주머니+별깍지
▶**반죽 1/3** 담아 짜기
▶간격을 미리 표시하기

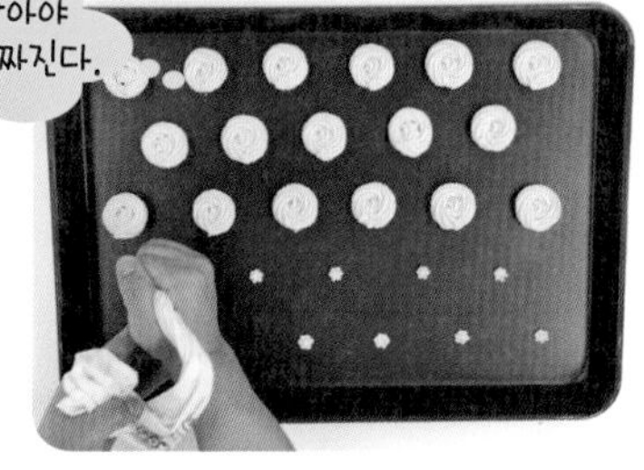

12 장미모양 짜기
▶**크기**와 **두께**를 일정하게 짜기

13 장미모양 짜기
▶**크기**와 **두께**를 일정하게 짜기

14 장미모양 짜기
▶**크기**와 **두께**를 일정하게 짜기

15 짜주머니+별깍지
▶반죽 1/3 담아 짜기
▶간격을 미리 표시하기

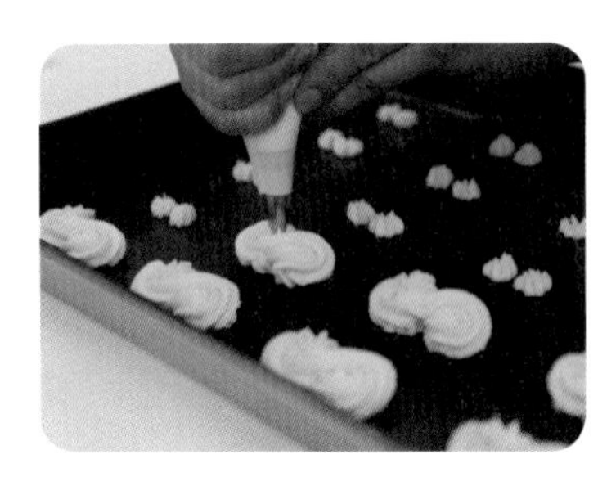

16 8자 모양 짜기
▶**크기**와 **두께**가 일정하게 짜기

17 8자 모양 짜기
▶**크기**와 **두께**가 일정하게 짜기

18 굽기
▶상 200~190℃전후 10~15분
▶하 150~140℃전후 상태판단

19 굽기 완료 상태
▶1/2색이 나면 앞과 뒤를 방향을 바꿔 골고루 굽기

20 장미모양 버터쿠키

21 8자 모양 버터쿠키

밀어펴는 형태의 쿠키

쇼트 브레드 쿠키

시험시간 2시간

반죽방법 크림법

오븐온도 200~190℃/150℃전후 10~15분 전후(상태판단)

요구사항

쇼트 브레드 쿠키를 제조하여 제출하시오.

❶ 배합표의 각 재료를 계량하여 재료별로 진열하시오(9분).
❷ 반죽은 수작업으로 하여 크림법으로 제조하시오.
❸ 반죽온도는 20℃를 표준으로 하시오.
❹ 제시한 정형기를 사용하여 두께 0.7~0.8cm, 지름 5~6cm(정형기에 따라 가감) 정도로 정형하시오.
❺ 제시한 2개의 팬에 전량 성형하시오.(단, 시험장 팬의 크기에 따라 감독위원이 별도로 지정할 수 있다.)
❻ 달걀 노른자칠을 하여 무늬를 만드시오.
달걀은 총 7개를 사용하며, 달걀 크기에 따라 감독위원이 가감하여 지정할 수 있다.
❻ –1 배합표 반죽용 4개(달걀 1개+노른자용 달걀 3개)
❻ –2 달걀 노른자칠용 달걀 3개

배 합 표

비율(%)	재료명	무게(g)
100	박력분	500
33	마가린	165(166)
33	쇼트닝	165(166)
35	설탕	175(176)
1	소금	5(6)
5	물엿	25(26)
10	달걀	50
10	노른자	50
0.5	바닐라향	2.5(2)
227.5	계	1,137.5(1,142)

1. 밀어펴는 형태의 쿠키이기에 크림화 최소화
2. 휴지 충분히 주고 4등분하여 되기 맞추며 밀어펴기 할 것
   ❖ 두께가 중요함
3. 밀어펴기 할 때에 덧가루 확인하기
   ❖ 덧가루가 없으면 반죽이 바닥에 붙어서 밀어펴기가 힘들거나 바닥에서 잘 떨어지지 않는다. 덧가루 사용하고 붓을 이용해서 털기
4. 노른자 광택제는 최대한 노른자만 사용하기
   ❖ 선명한 색상이 나와야 제품의 상품화가 좋음

01 재료계량

02 마가린+쇼트닝
▶크림화 시작하기

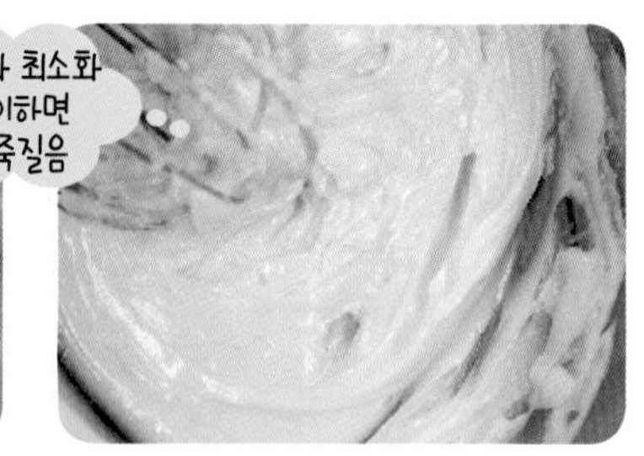

03 마가린+쇼트닝
▶크림화 완료하기

04 소금+설탕+물엿
▶혼합하여 크림화하기

05 소금+설탕+물엿
▶크림화 완료하기

06 노른자 넣기
▶혼합하여 크림화하기

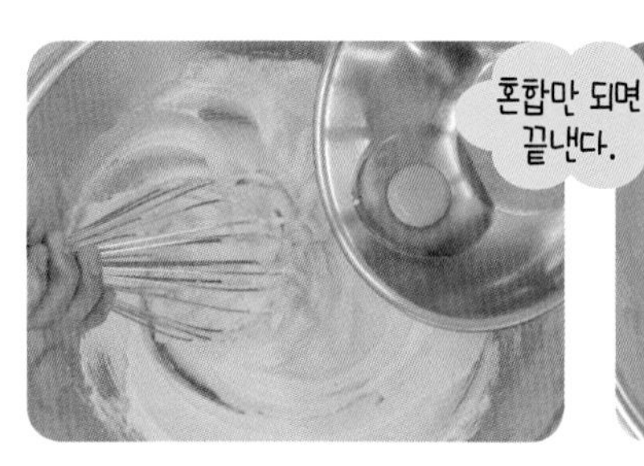

07 계란 1개 넣기
▶크림화 완료하기

08 크림을 정리한다.

09 박력분+바닐라 향
▶혼합 후 체질하기

10 가루재료
▶혼합하기

11 가루재료
▶자르듯이 혼합하기

12 가루재료
▶95% 혼합하기
(밀면서 5%는 혼합된다.)

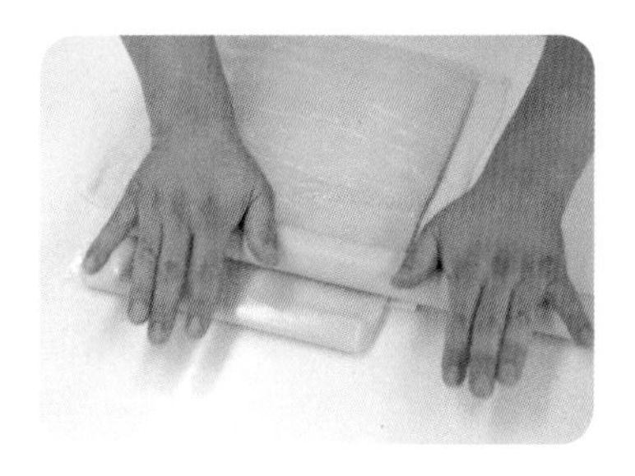

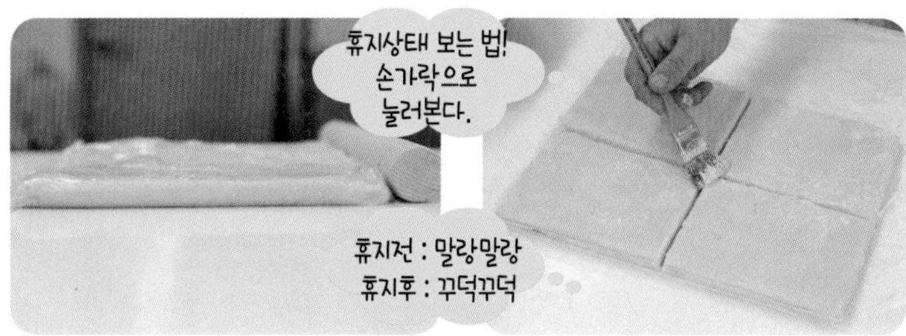

13 반죽
▶비닐에 싸기
▶두께 일정하게 밀어펴기

14 반죽
▶두께 일정하게 밀어펴기
▶냉장 휴지 20~30분 정도

15 반죽(덧가루 사용)
▶밀어펴기 좋게 휴지 후
▶4등분 정도하면 밀어 펴기가 좋다.

16 반죽
▶밀어펴기 좋게 치대기 후
▶밀어펴기 하면 좋다.

17 반죽
▶밀어펴기
(적절한 덧가루 사용하기)

18 반죽
▶두께 0.8cm 정도 밀어펴기

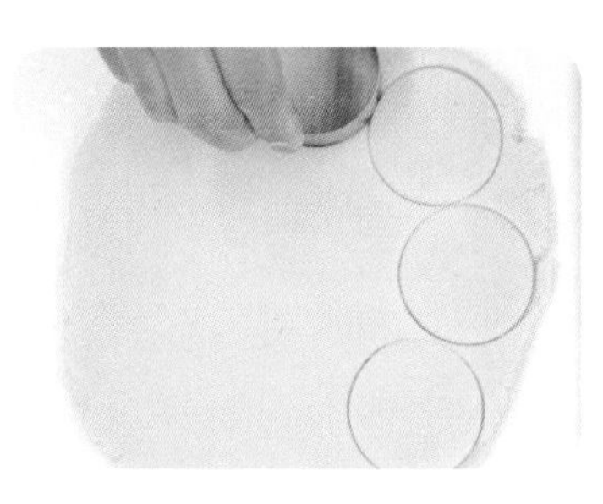

19 반죽
▶쿠키 틀로 파치반죽 적게 찍어 내기

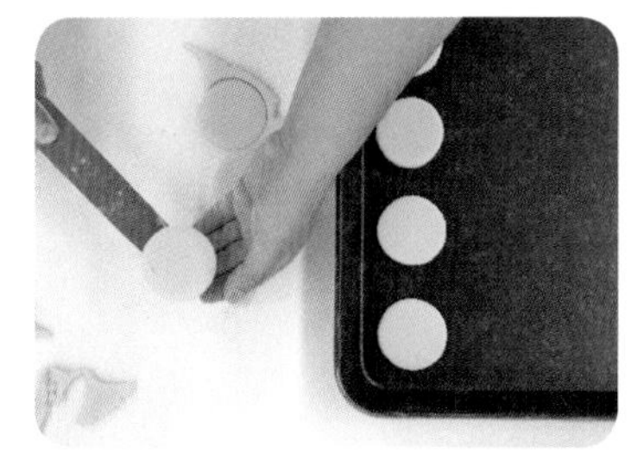

20 팬 넣기

21 반죽
▶첫번째 반죽 두께이용하기
▶두께 0.8cm 정도 밀어펴기

22 팬 넣기
▶간격 잘 맞추기
▶옆색에 영향 줌

23 원형 틀 및 주름 틀
▶이용하여 찍어내기

24 팬 넣기

25 노른자 2회 바르기
▶광택제 역할

26 포크이용 살짝 얹듯이
▶격자 모양내기

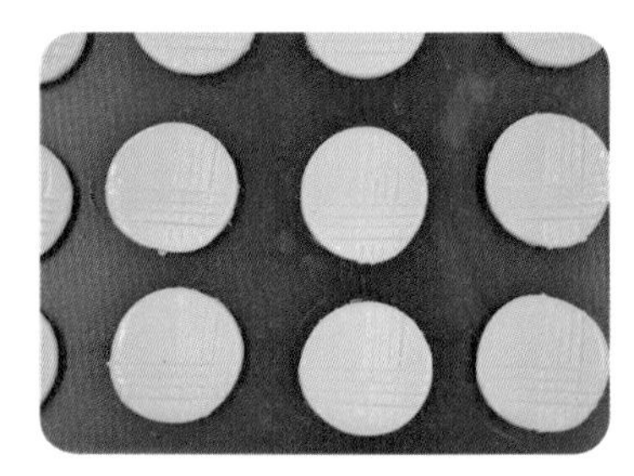

27 포크이용
▶격자 모양내기

28 포크이용 살짝 얹듯이
▶물결 모양내기

29 포크이용
▶물결 모양내기

30 격자모양과 물결모양

31 굽기
▶상 200~190℃전후 10~15분
▶하 150~140℃전후 상태판단

32 굽기
▶1/2색이 나면 앞과 뒤를 방향을 바꿔 골고루 굽기

33 굽기
▶1/2색이 나면 앞과 뒤를 방향을 바꿔 골고루 굽기

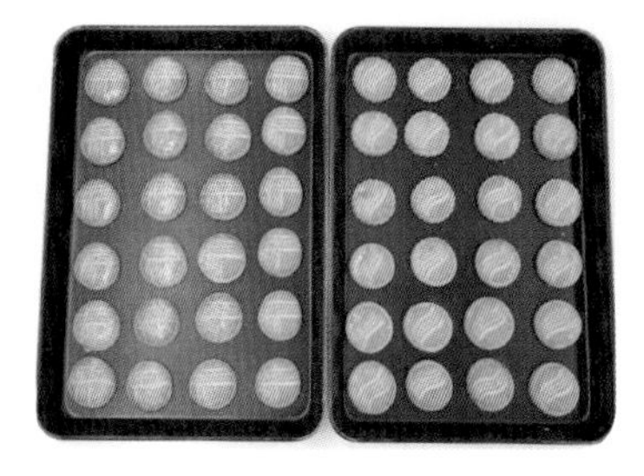

34 굽기 완료 상태
▶격자모양과 물결모양

35 물결모양 쇼트브레드쿠키

36 격자모양 쇼트브레드쿠키

밀어펴고 채우는 형태

타르트

시험시간 2시간 20분

반죽방법 크림법

오븐온도 180~170℃/200℃전후
30분 전후(상태판단)

요구사항

타르트를 제조하여 제출하시오.

❶ 배합표의 반죽용 재료를 계량하여 재료별로 진열하시오(5분).
(충전물 · 토핑 등의 재료는 휴지시간을 활용하시오.)
❷ 반죽은 크림법으로 제조하시오.
❸ 반죽온도는 20℃를 표준으로 하시오.
❹ 반죽은 냉장고에서 20~30분 정도 휴지하시오.
❺ 두께 3mm정도로 밀어펴서 팬에 맞게 성형하시오.
❻ 아몬드크림을 제조해서 팬(ϕ10~12cm) 용적의 60~70% 정도 충전하시오.
❼ 아몬드슬라이스를 윗면에 고르게 장식하시오.
❽ 8개를 성형하시오.
❾ 광택제로 제품을 완성하시오.

배 합 표

– 반죽

비율(%)	재료명	무게(g)
100	박력분	400
25	달걀	100
26	설탕	104
40	버터	160
0.5	소금	2
191.5	계	766

– 충전물

비율(%)	재료명	무게(g)
100	아몬드분말	250
90	설탕	226
100	버터	250
65	달걀	162
12	브랜디	30
367	계	918

– 토핑 및 광택제

66.6	아몬드슬라이스(토핑)	100

비율(%)	재료명	무게(g)
100	에프리코트혼당(광택제)	150
40	물	60
140	계	210

1. 반죽 ❖ 크림화 최소화
   (밀어펴기 형태 : 두께 일정하게 밀어펴기)
2. 크림 ❖ 크림화 충분히 하기(채우는 형태)
3. 밀어펴기 ❖ 파치 최소화
   ❖ 포크이용 구멍내기(들뜸 방지하기)
4. 크림 채우고 아몬드토핑 골고루 토핑하기
5. 구운 후 광택제 꼭! 끓이고 뜨거울 때에 바르기

01 재료계량 〈타르트 반죽〉

02 버터 크림화 시작하기

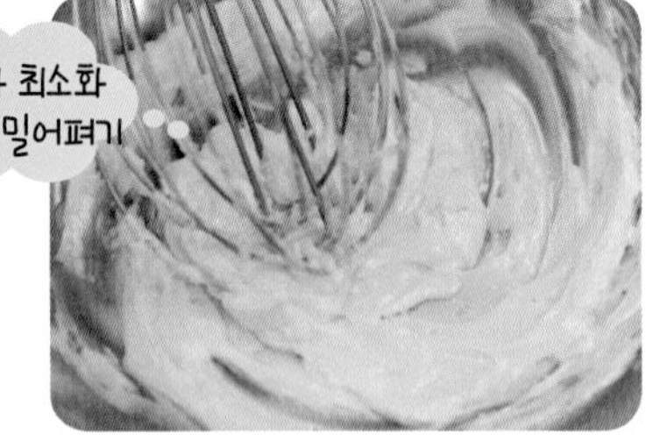

03 버터 크림화 완료하기

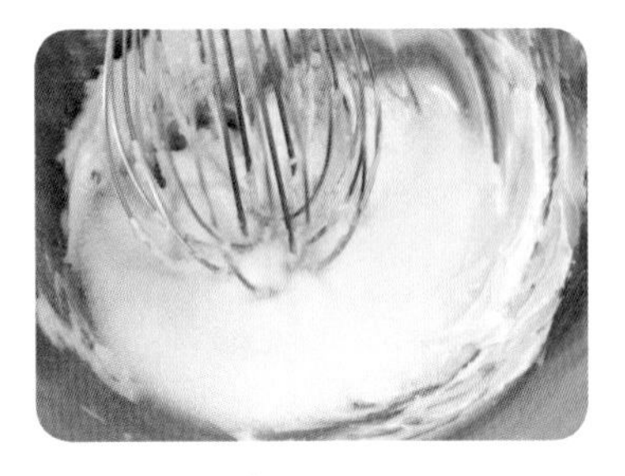

04 소금+설탕
▶혼합하여 크림화하기

05 계란 1개씩 나누어 넣기
▶혼합하여 크림화하기

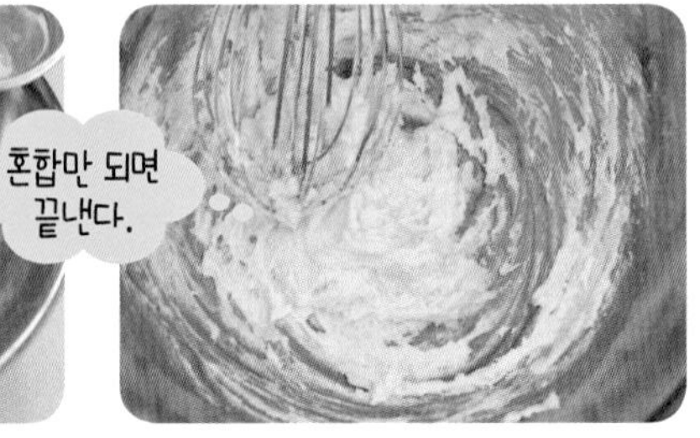

06 크림정도
▶혼합하여 크림화하기

07 계란 1개씩 나누어 넣기
▶혼합하여 크림화하기

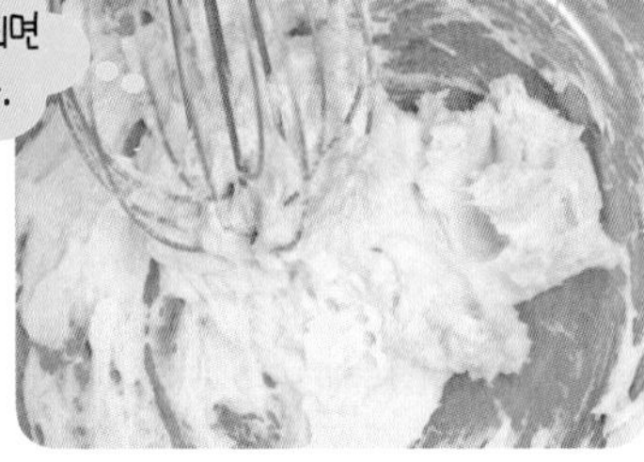

08 크림정도
▶크림화 완료하기

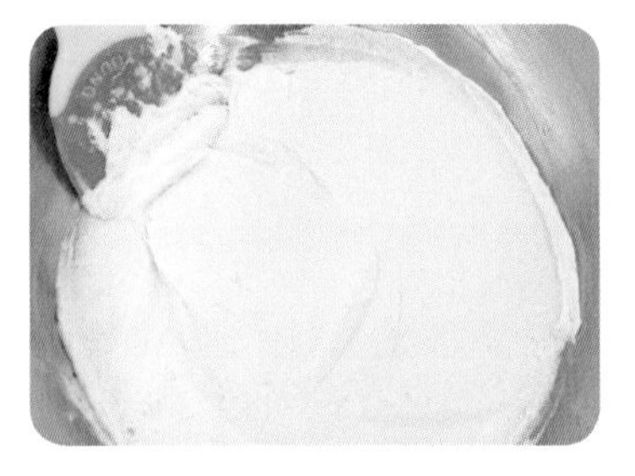

09 크림을 알뜰주걱으로 정리하기

10 가루재료
▶혼합하기

11 반죽완료
▶비닐에 넣기

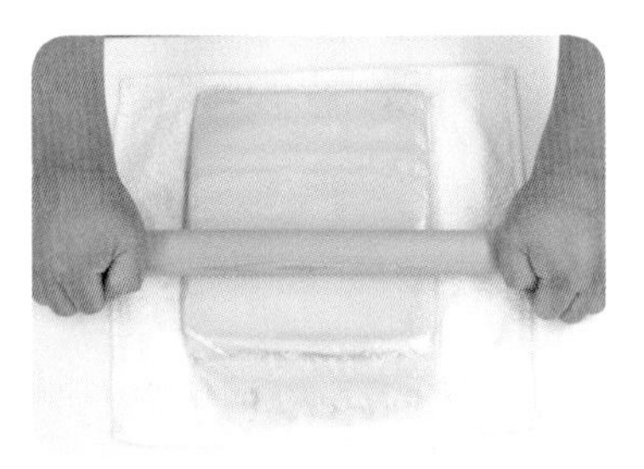

12 반죽
▶두께 일정하게 밀어펴기
▶냉장 휴지 20~30분 정도

13 충전용 아몬드크림
▶재료계량

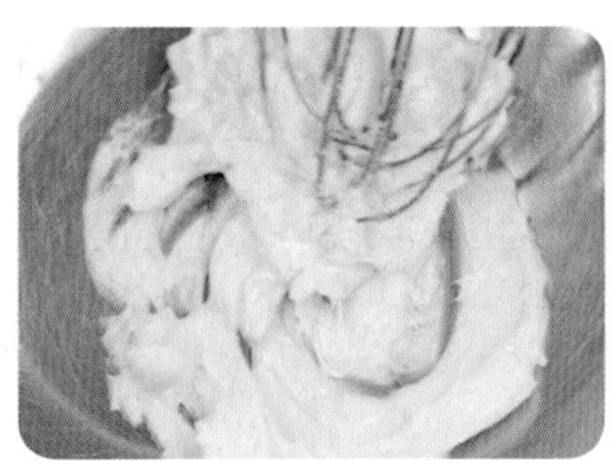

14 버터 크림화 시작하기

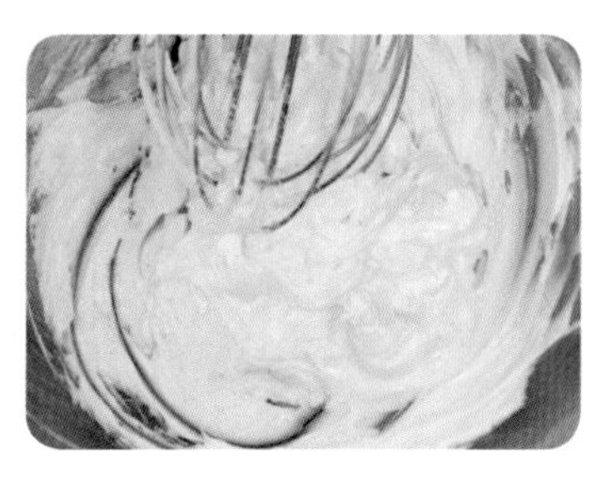

15 버터 크림화 완료하기

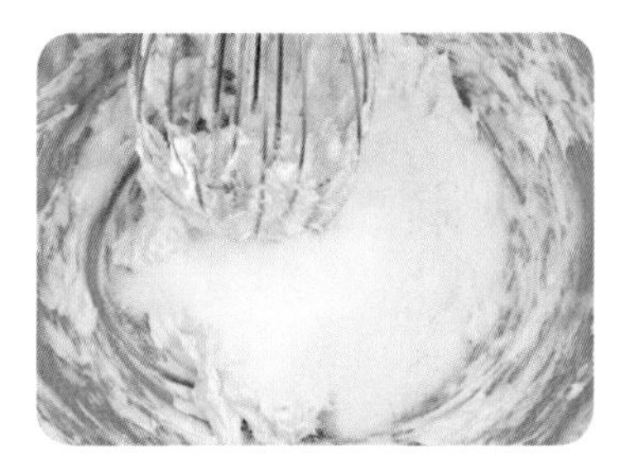

16 설탕
▶혼합하여 크림화하기

17 계란 1개씩 나누어 넣기
▶3회 혼합하여 크림화하기

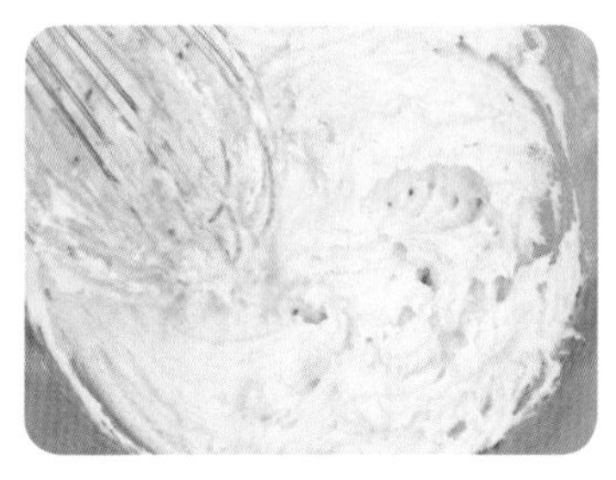

18 계란 3회 분할 투입
▶크림화 완료하기

19 크림을 알뜰주걱으로 정리하기

20 아몬드분말
▶혼합하기

21 브랜디
▶혼합하기

22 반죽완료하기
▶짜주머니에 담기

23 타르트 팬 바닥에 버터 칠하기
(껍질 밑색 구움이 좋다.)

24 타르트 팬 8개 준비
(간격 잘 맞추기)

25 반죽
▶8등분하기

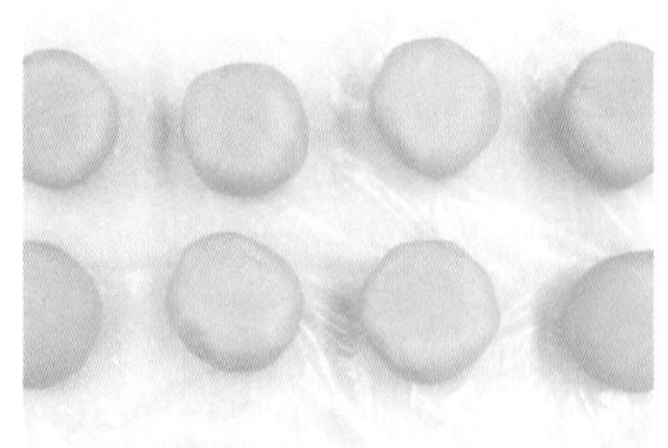

26 반죽
▶살짝 치대어 둥글게 하기

27 반죽(덧가루 활용)
▶두께 일정하기 밀어펴기

28 반죽
▶타르트 팬 지름과 높이를 계산해서 밀어펴기

29 반죽
▶테두리 부분 정리하면서 밀어펴기

30 반죽
▶포크로 적절히 구멍내기
▶들뜸방지와 열전도 좋음

31 반죽
▶바닥부분과 옆부분 정리

32 반죽
▶밀대이용 끝부분 정리

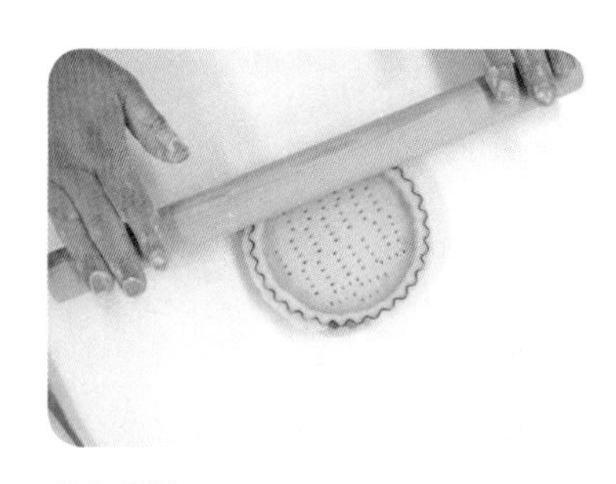

33 반죽
▶밀대이용 끝부분 정리

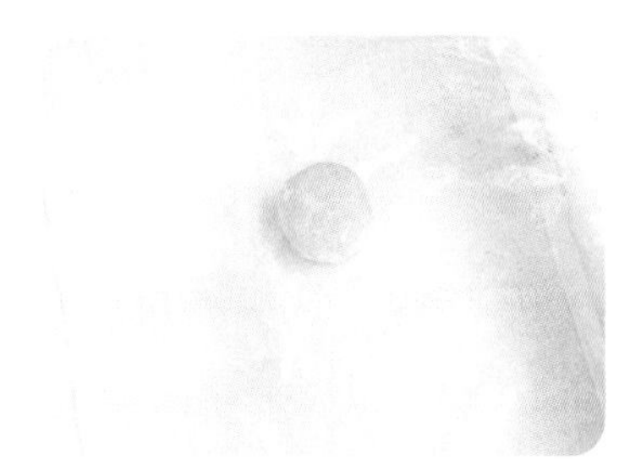

34 다른 예)) 반죽
▶비닐이용해서 밀어펴기

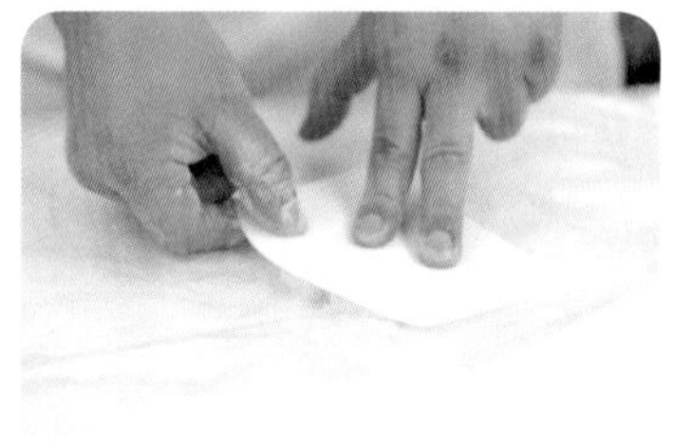

35 반죽
▶스크래퍼 이용한 후 밀어펴기

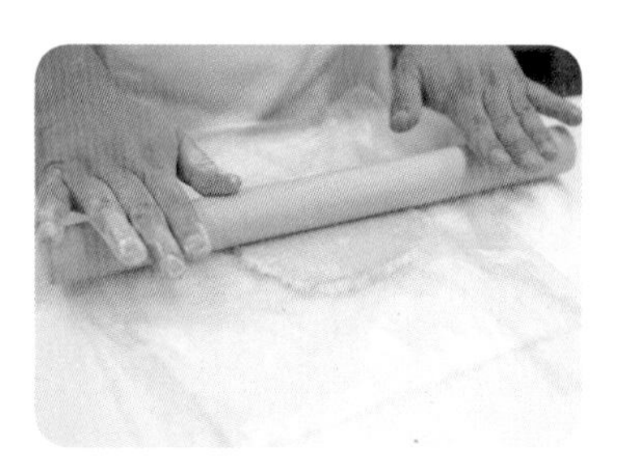

36 반죽
▶비닐이용해서 밀어펴기
▶덧가루가 최소화

37 다른 예) 반죽
▶면포를 이용해서 밀어펴기

38 반죽
▶파이팬 이용한 후 밀어펴기

39 반죽
▶면포를 이용해서 밀어펴기
▶덧가루가 일정함

40 타르트 팬 8개 준비

41 아몬드크림 짜기

42 아몬드 슬라이스 토핑

43 굽기 전 8개 완료

44 굽기
상 180~170℃전후 30분 전후
하 200℃전후 상태판단

45 굽기
2/3정도 되면 상태를 보면서
돌려주기

46 애프리코트 혼당+물
▶끓여서 바르기 준비하기

47 구운 후에
▶광택제 바르기

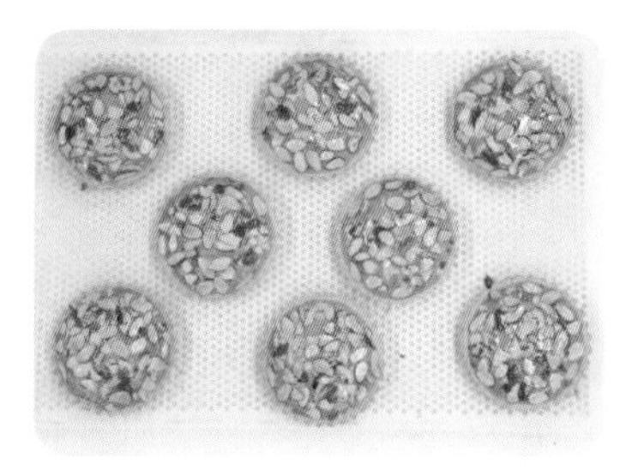

48 광택제 바르기
▶완료하기

크림화 100%로
윗부분 배 가르기

파운드 케이크

시험시간 2시간 30분

반죽방법 크림법

오븐온도 200℃/170℃전후
1차 굽기 10~15분
(껍질착색 후 가운데 칼집 넣기)
170℃/170℃전후
2차 굽기 30분 전후 총 45분 전후
(상태판단)

요구사항

파운드 케이크를 제조하여 제출하시오.

❶ 배합표의 각 재료를 계량하여 재료별로 진열하시오(9분).
❷ 반죽은 크림법으로 제조하시오.
❸ 반죽온도는 23℃를 표준으로 하시오.
❹ 반죽의 비중을 측정하시오.
❺ 윗면을 터뜨리는 제품을 만드시오.
❻ 반죽은 전량을 사용하여 성형하시오.

배 합 표

비율(%)	재료명	무게(g)
100	박력분	800
80	설탕	640
80	버터	640
2	유화제	16
1	소금	8
2	탈지분유	16
0.5	바닐라향	4
2	베이킹파우더	16
80	달걀	640
347.5	계	2,780

KEY POINT

1. 버터와 소금과 설탕을 넣고 크림화 충분히 하기
2. 달걀은 4회 분할 투입 후 매회 크림화 충분히 하고서 다음 작업을 하도록 한다(가벼워야 비중이 잘 나옴).
3. 가루재료를 혼합할 때에는 매끈하게 혼합이 되면 끝낸다(글루텐 최소화).
4. 1차 구울 때에 껍질이 충분히 형성되고 칼집을 넣기 해야 배가 잘 터진다.
5. 2차 굽기는 온도 낮추고 충분히 굽는다.

01 재료계량

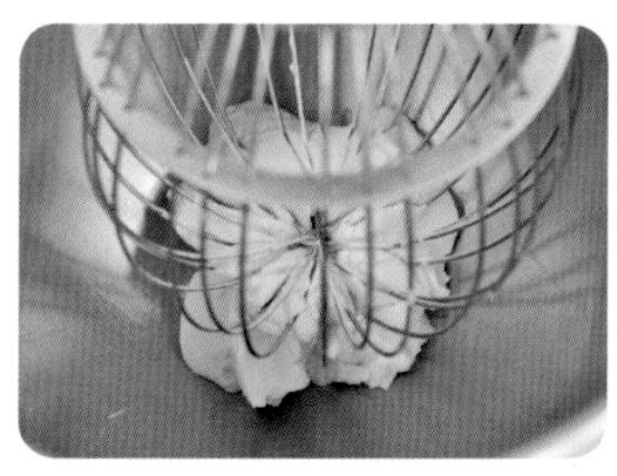

02 버터 크림화 시작하기

03 소금+설탕+유화제
▶혼합하여 크림화하기

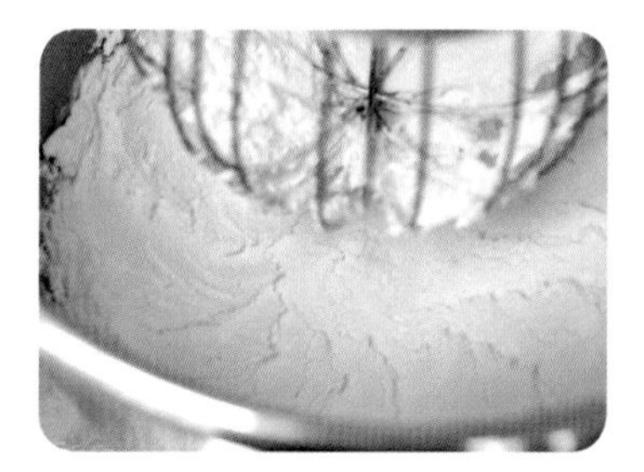

04 버터 크림화 완료하기

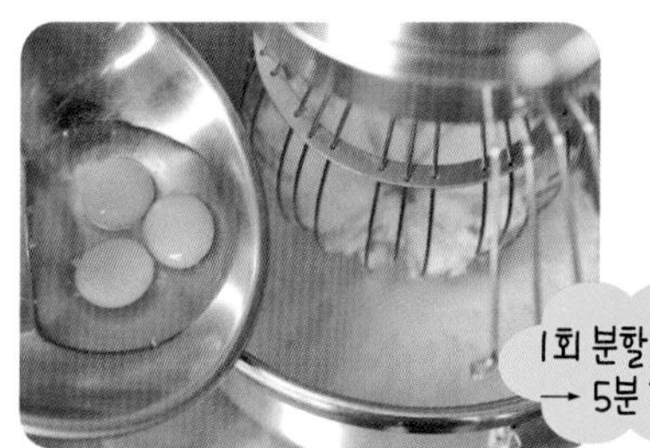

05 달걀 3개씩 나누어 넣기
▶혼합하여 크림화하기

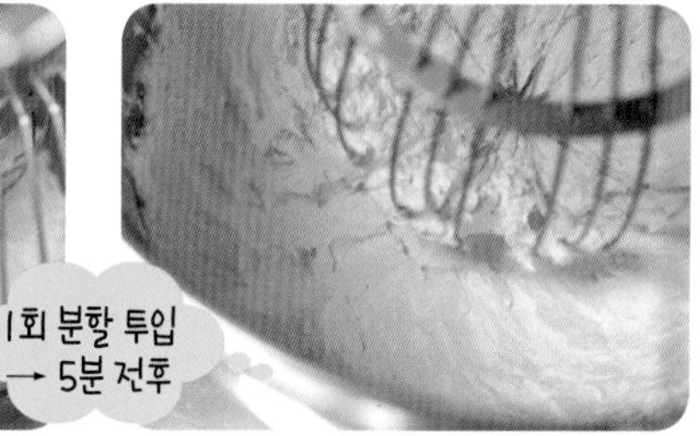

06 달걀 3개씩 나누어 넣기
▶혼합하여 크림화하기

07 달걀 3개씩 나누어 넣기
▶혼합하여 크림화하기

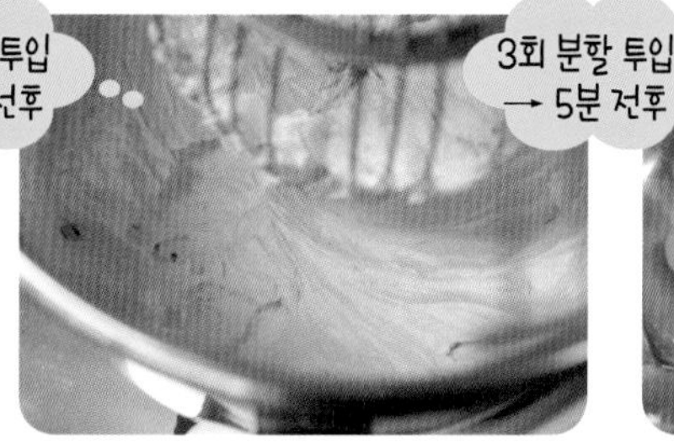

08 달걀 3개씩 나누어 넣기
▶혼합하여 크림화하기

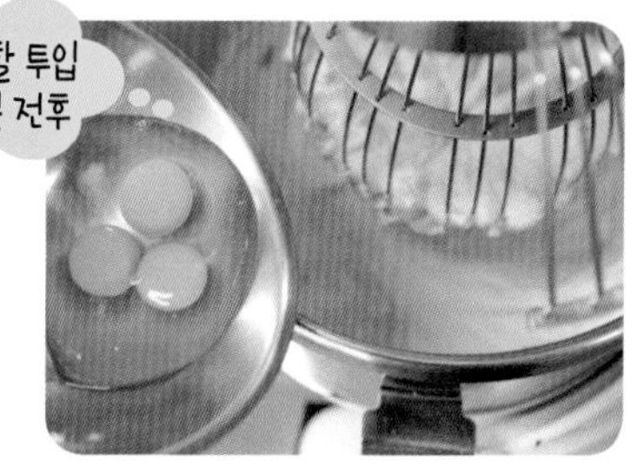

09 달걀 3개씩 나누어 넣기
▶혼합하여 크림화하기

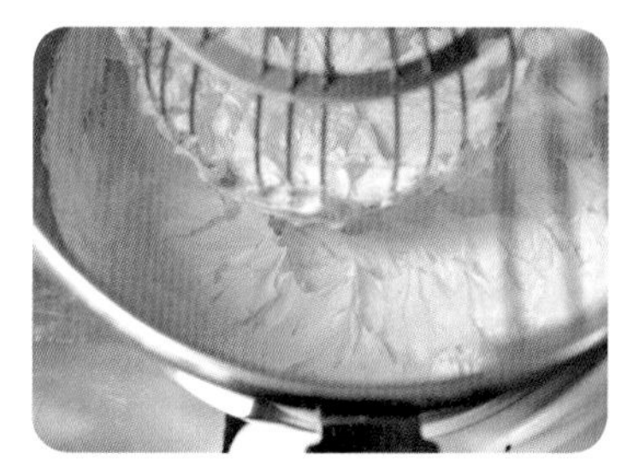

10 달걀 3개씩 나누어 넣기
▶혼합하여 크림화하기

11 달걀 3개씩 나누어 넣기
▶혼합하여 크림화하기

12 크림화 완료하기
▶부피가 충분히 있어야함

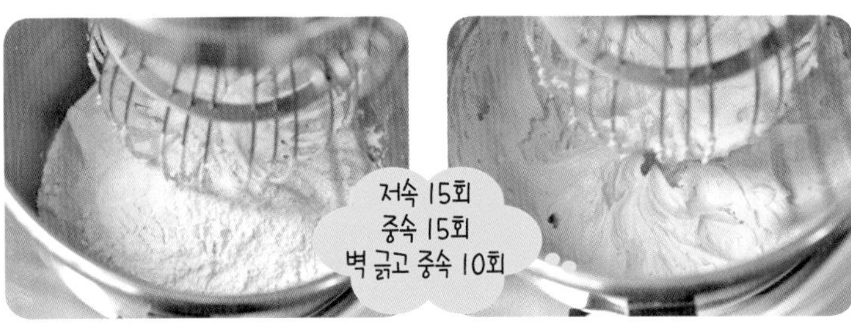

13 박력분+분유+베이킹파우더+바닐라 향
▶혼합 후 체질 ▶혼합

14 가루재료 혼합하여 완료

15 거품기에 묻어 있는반죽 긁어내기

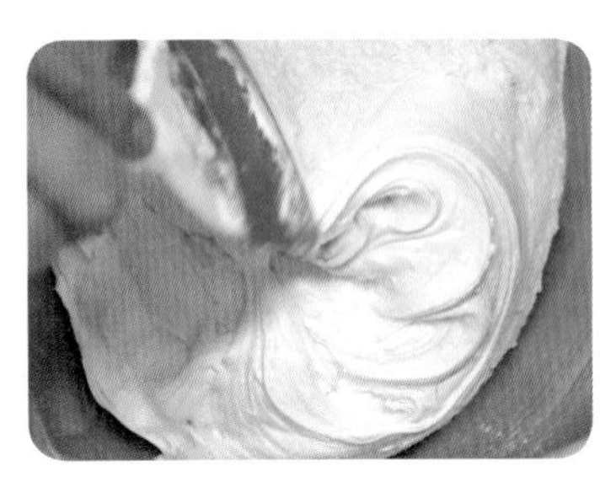

16 벽 긁어 마무리하기
(스크래핑하기)

17 물 무게
비중 : 0.80±0.05
반죽온도 : 23℃

18 반죽 무게
비중 : 0.80±0.05
반죽온도 : 23℃

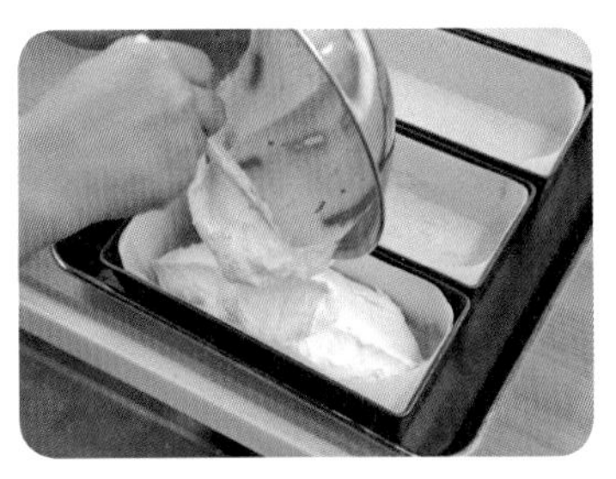
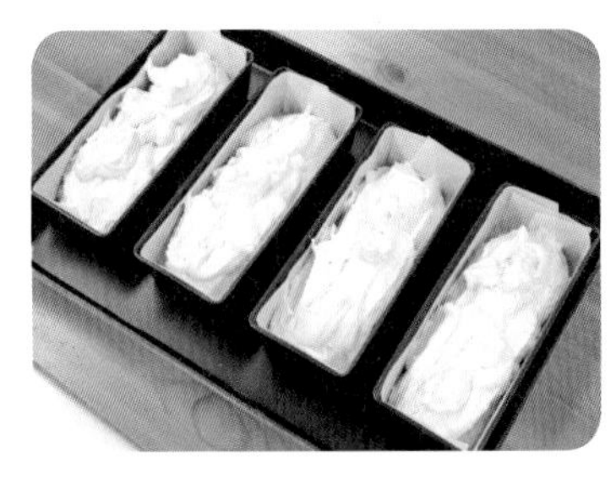

19 파운드 팬에 위생지깔기
▶70% 정도 채우기

20 파운드 팬에 위생지깔기
▶총중량 ÷ 4개로 채우기

21 반죽을 알뜰주걱을 이용
▶라운드 U형으로 정리하기

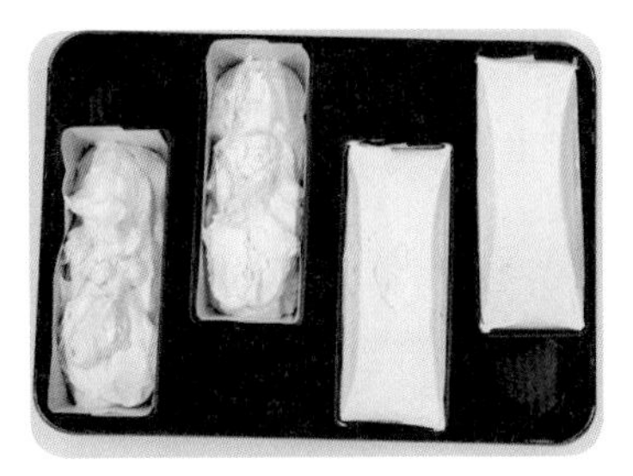
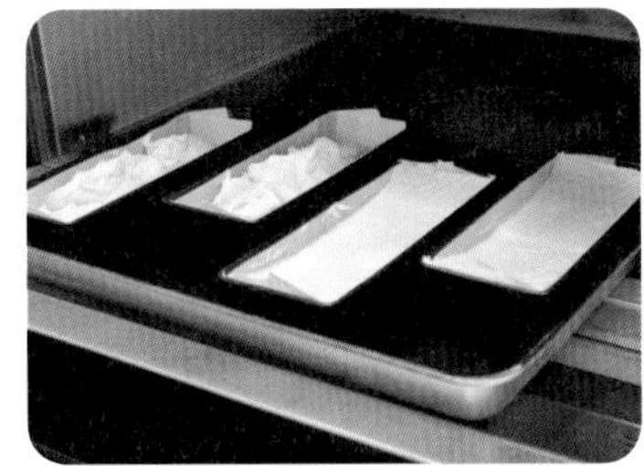

22 4개를 팬 간격 띄우기

23 1차 굽기
상 200℃전후 10~15분
하 170℃전후 상태판단

24 1차 굽기(껍질 착색)
상 200℃전후 10~15분
하 170℃전후 상태판단

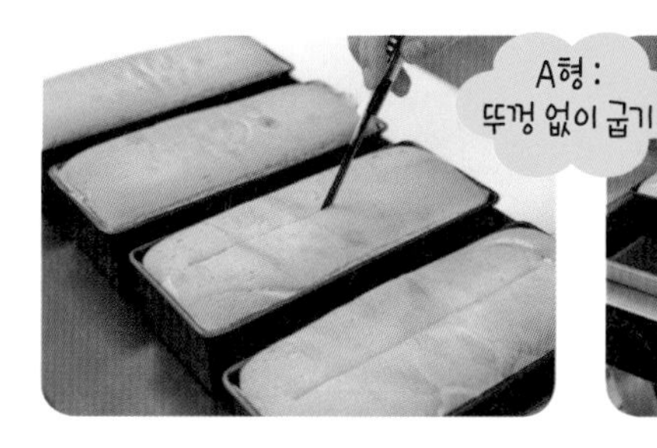

25 껍질 형성 후
▶칼집 넣기

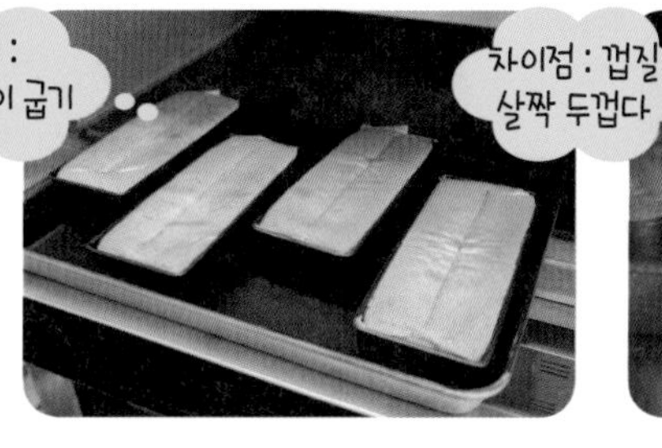

26 2차 굽기
상 170℃전후 30분 전후
하 170℃전후 상태판단

27 2차 굽기–배가 올라온다
상 170℃전후 30분 전후
하 170℃전후 상태판단

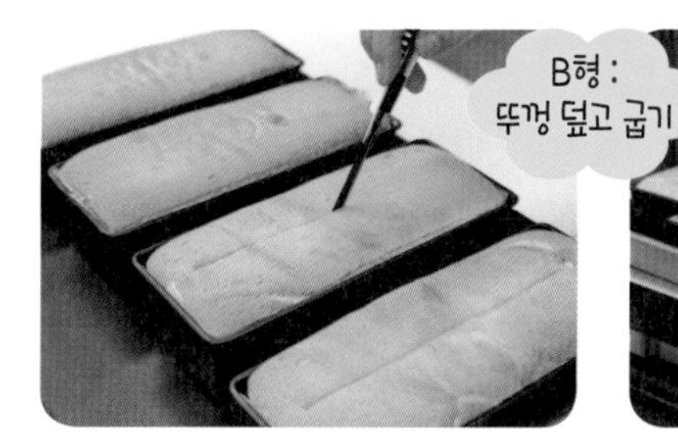

28 껍질 형성 후
▶칼집 넣기

29 2차 굽기
상 200℃전후 30분 전후
하 170℃전후 상태판단

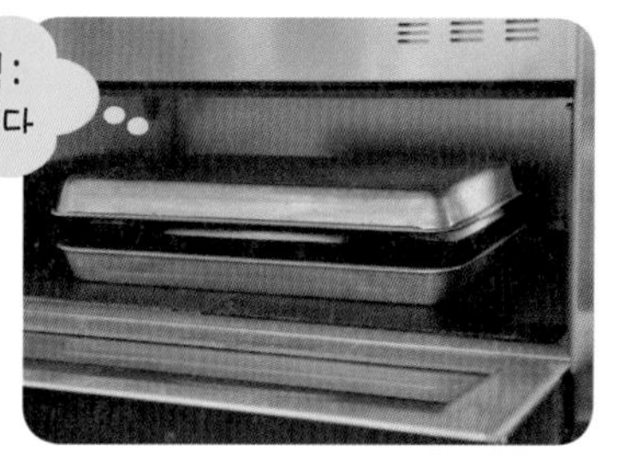

30 2차 굽기–배가 올라온다
상 200℃전후 30분 전후
하 170℃전후 상태판단

31 굽기 완료

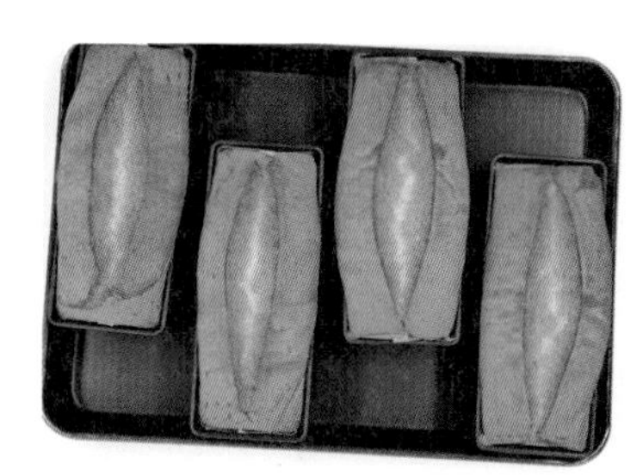

32 굽기 완료

33 굽기 완료

크림화 100%로
초코칩 골고루 분포

초코 머핀 (초코컵 케이크)

시험시간 1시간 50분

반죽방법 크림법

오븐온도 180~170℃/160℃전후
25~30분 전후(상태판단)

요구사항

초코 머핀(초코컵 케이크)을 제조하여 제출하시오.

❶ 배합표의 각 재료를 계량하여 재료별로 진열하시오(11분).
❷ 반죽은 크림법으로 제조하시오.
❸ 반죽온도는 24℃를 표준으로 하시오.
❹ 초코칩은 제품의 내부에 골고루 분포되게 하시오.
❺ 반죽분할은 주어진 팬에 알맞은 양으로 패닝하시오.
❻ 반죽은 전량을 사용하여 성형하시오.
※ 감독위원은 시험 전 주어진 팬을 감안하여 팬의 개수를 지정하여 공지한다.

배 합 표

비율(%)	재료명	무게(g)
100	박력분	500
60	설탕	300
60	버터	300
60	달걀	300
1	소금	5(4)
0.4	베이킹소다	2
1.6	베이킹파우더	8
12	코코아파우더	60
35	물	175(174)
6	탈지분유	30
36	초코칩	180
372	계	1,860(1,858)

1. 버터와 소금과 설탕을 넣고 크림화 충분히 하기
2. 달걀은 3회 분할 투입 후 매회 크림화 충분히 하고서 다음 작업을 하도록 한다(가벼워야 부피감이 잘 나옴).
3. 가루재료를 혼합할 때에는 매끈하게 혼합이 되면 끝낸다(글루텐 최소화).
4. 짜기 할 때에는 총중량의 개수를 확인하고 가볍게 짜기를 해야 초코칩의 분산이 골고루 된다.

01 재료계량

02 버터 크림화 준비

03 버터 크림화 준비
▶넓게 펴기

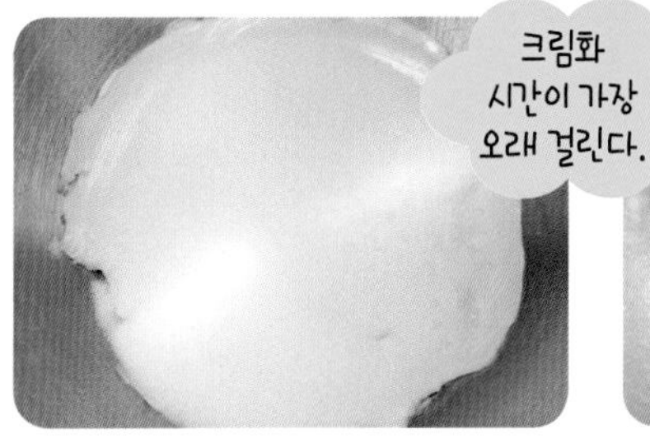

04 소금+설탕
▶혼합하여 크림화 시작하기

05 소금+설탕
▶혼합하여 크림화 완료하기

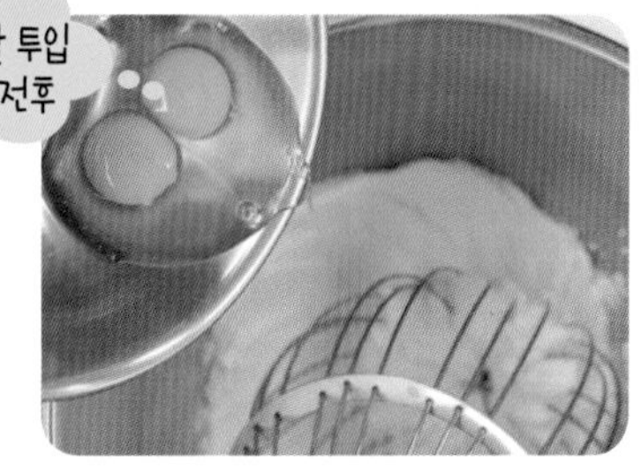

06 계란 2개씩 나누어 넣기
▶휘핑하여 크림화하기

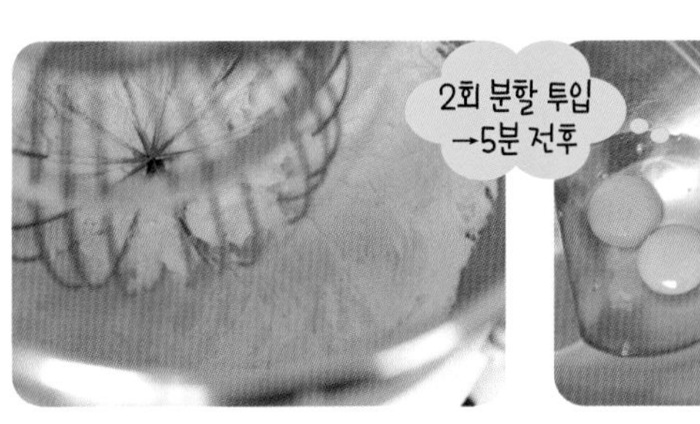

07 계란 2개씩 나누어 넣기
▶휘핑하여 크림화하기

08 계란 2개씩 나누어 넣기
▶휘핑하여 크림화하기

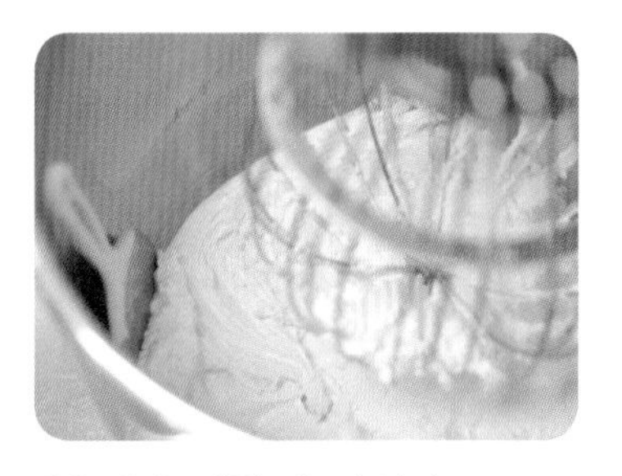

09 계란 2개씩 나누어 넣기
▶휘핑하여 크림화하기

10 계란 2개씩 나누어 넣기
▶휘핑하여 크림화하기

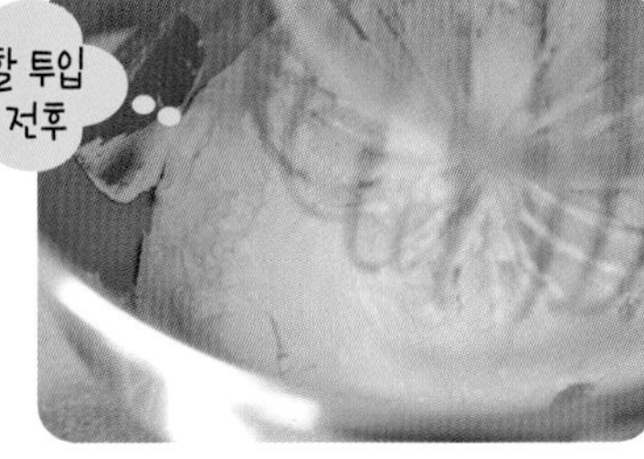

11 계란 2개씩 나누어 넣기
▶휘핑하여 크림화 완료하기

12 박력분+분유+코코아 +
베이킹파우더+베이킹소다
▶혼합 후 체질

13 벽 긁어 마무리하기
(스크래핑하기)

14 벽 긁어 마무리하기
(스크래핑하기)

15 벽 긁어 마무리하기
(스크래핑하기)

16 가루재료 혼합하기

17 물 혼합하기

18 매끈하게 혼합하기
(반죽이 매끈하면 끝내기)
오버하면 글루텐 형성됨(X)

19 거품기에 묻어 있는 반죽 긁어내기

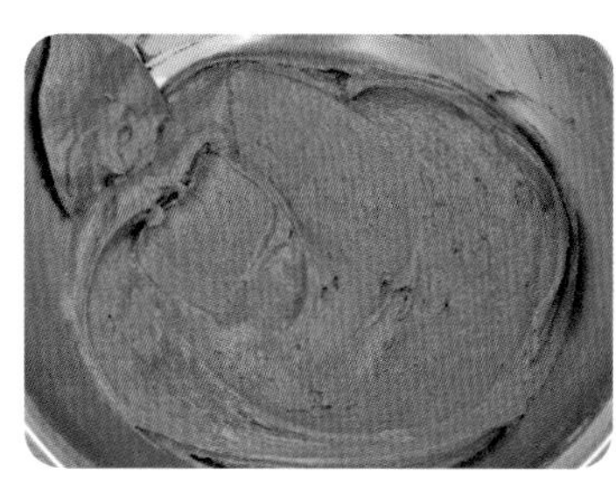
20 벽 긁어 마무리하기(스크래핑하기)

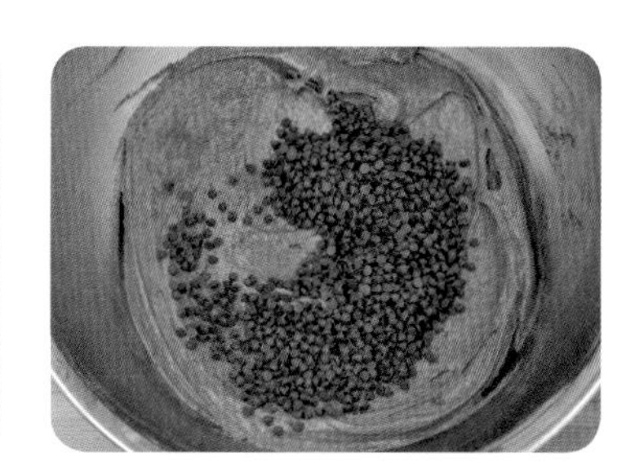
21 충전물 혼합하기(초코칩)

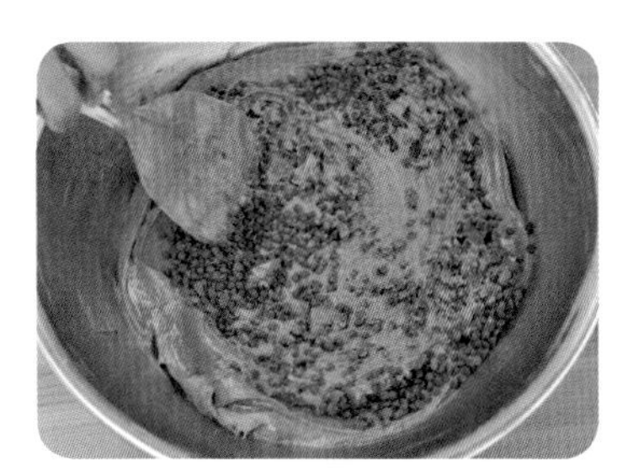
22 충전물 혼합하기(초코칩)

23 벽 긁어 마무리하기
(스크래핑하기)

24 반죽담기
▶손이용 바로 담기

25 반죽 짜기
▶총중량 ÷ 24개 짜기
▶1개당 76g 정도 짜기

26 반죽 짜기
▶총중량 ÷ 24개 짜기
▶1개당 76g 정도 짜기

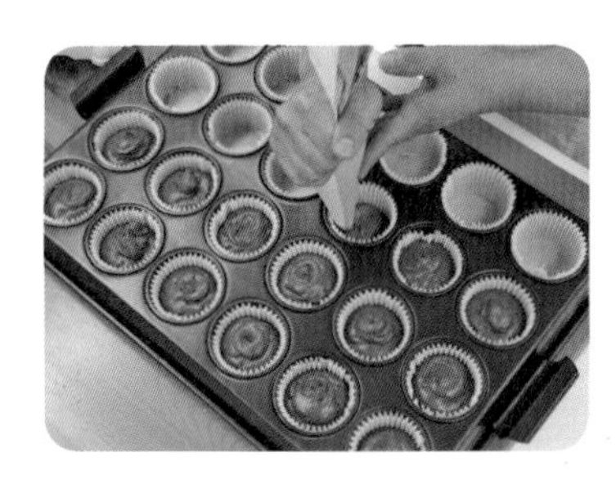

27 반죽 짜기
▶1개당 76g 정도 짜기
▶높이를 보면서 짜면 좋음

28 반죽 짜기
▶1개당 76g 정도 짜기
▶스크래퍼 이용하면 좋음

29 반죽 짜기 완료하기

30 굽기
상 180℃전후 25~30분 전후
하 160℃전후 상태판단

31 굽기
▶한판만 들어갈 경우에 측면으로 들어가면 좋음

32 굽기 완료

33 초코머핀 뒤집기
▶일률적으로 뒤집기

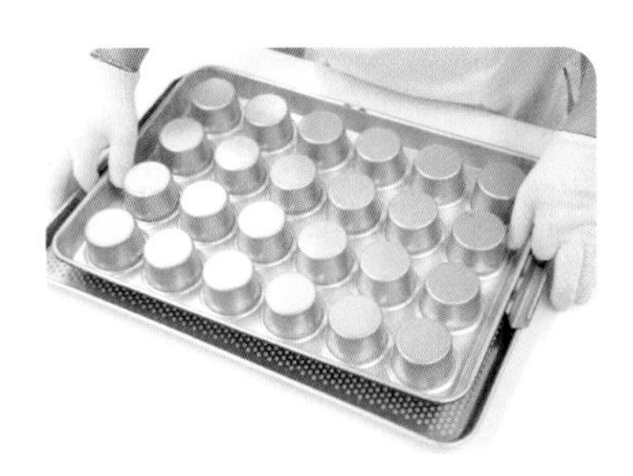

34 초코머핀 뒤집기
▶일률적으로 뒤집기

35 초코머핀 뒤집기
▶일률적으로 뒤집기

36 초코머핀(초코컵케이크) 완료하기

크림화 100%로
충전물 골고루 분포

마데라(컵) 케이크

시험시간 2시간

반죽방법 크림법

오븐온도 180~170℃/160℃
25~30분 전후(상태판단)

요구사항

마데라(컵) 케이크를 제조하여 제출하시오.

❶ 배합표의 각 재료를 계량하여 재료별로 진열하시오(9분).
❷ 반죽은 크림법으로 제조하시오.
❸ 반죽온도는 24℃를 표준으로 하시오.
❹ 반죽분할은 주어진 팬에 알맞은 양을 패닝하시오.
❺ 적포도주 퐁당을 1회 바르시오.
❻ 반죽은 전량을 사용하여 성형하시오.
※ 감독위원은 시험 전 주어진 팬을 감안하여 팬의 개수를 지정하여 공지한다.

배 합 표

비율(%)	재료명	무게(g)
100	박력분	400
85	버터	340
80	설탕	320
1	소금	4
85	달걀	340
2.5	베이킹파우더	10
25	건포도	100
10	호두	40
30	적포도주	120
418.5	계	1,674

(※충전용 재료는 계량시간에서 제외)

비율(%)	재료명	무게(g)
20	분당	80
5	적포도주	20

1. 버터와 소금과 설탕을 넣고 크림화 충분히 하기
2. 달걀은 3회 분할 투입 후 매회 크림화 충분히 하고서 다음 작업을 하도록 한다(가벼워야 부피감이 잘 나옴).
3. 가루재료를 혼합할 때에는 매끈하게 혼합이 되면 끝낸다(글루텐 최소화).
4. 짜기 할 때에는 총중량의 개수를 확인하고 가볍게 짜기를 해야 충전물의 분산이 골고루 된다.
5. 굽기 후 퐁당은 1회 바르기하고 잘 말리기

01 재료계량

02 건포도 전처리
▶포도주에 담그기

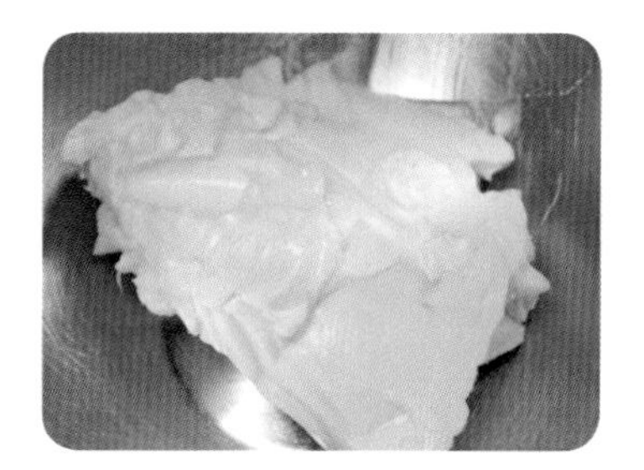

03 버터 크림화 준비

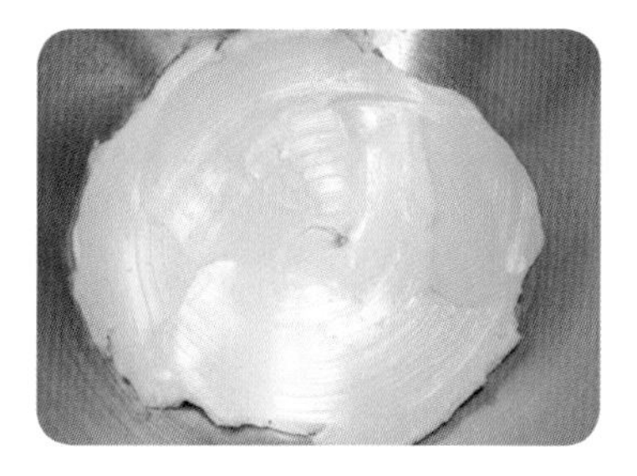

04 버터 크림화 준비
▶넓게 펴기

05 소금+설탕
▶혼합하여 크림화 시작하기

06 소금+설탕
▶혼합하여 크림화 완료하기

07 계란 2개씩 나누어 넣기
▶휘핑하여 크림화하기

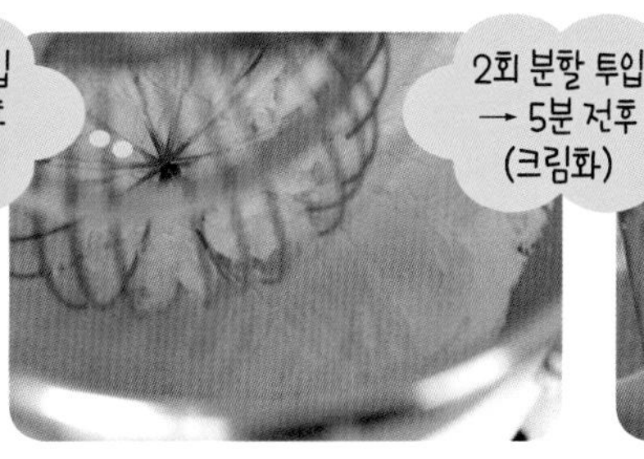

08 계란 2개씩 나누어 넣기
▶휘핑하여 크림화하기

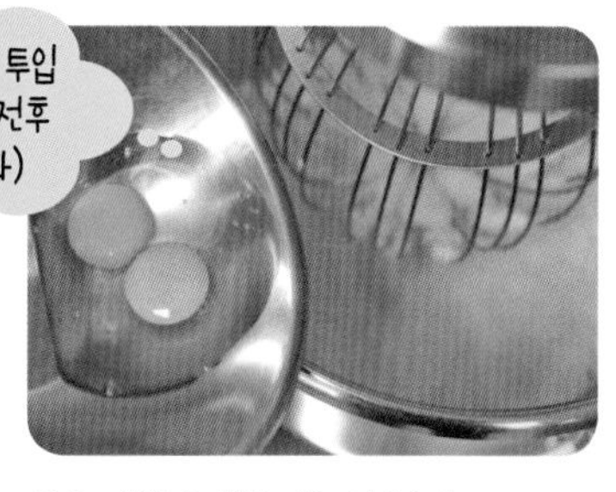

09 계란 2개씩 나누어 넣기
▶휘핑하여 크림화하기

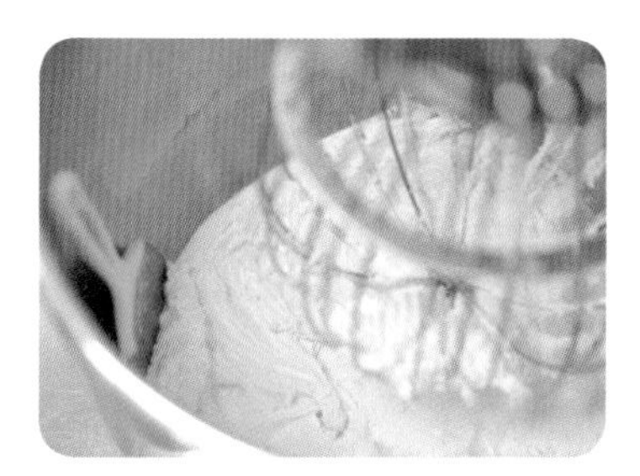

10 계란 2개씩 나누어 넣기
▶휘핑하여 크림화하기

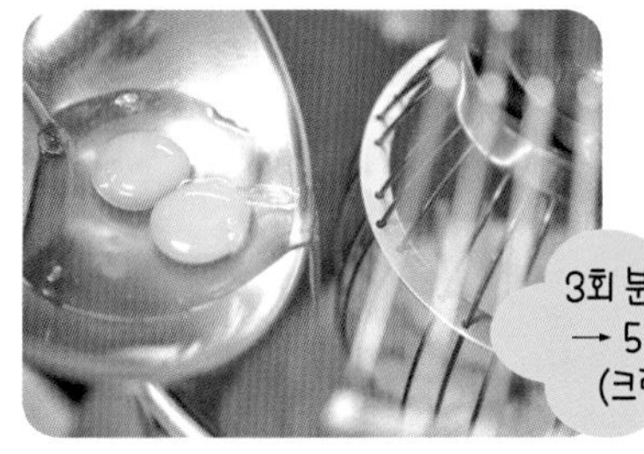

11 계란 2개씩 나누어 넣기
▶휘핑하여 크림화하기

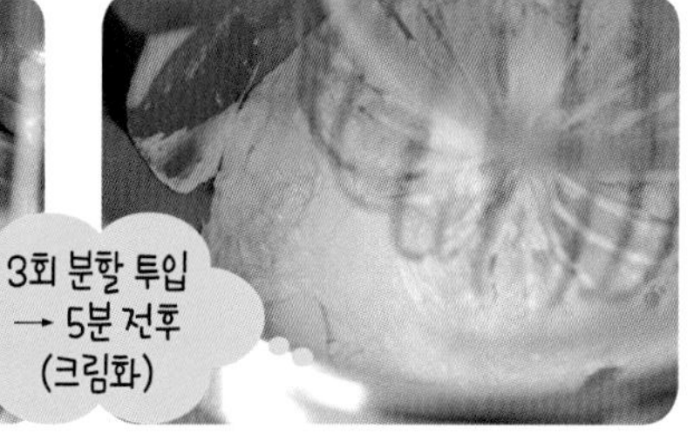

12 계란 2개씩 나누어 넣기
▶휘핑하여 크림화 완료하기

13 건포도
▶체에 받치기(배수)

14 거품기에 묻어 있는 반죽 긁어내기

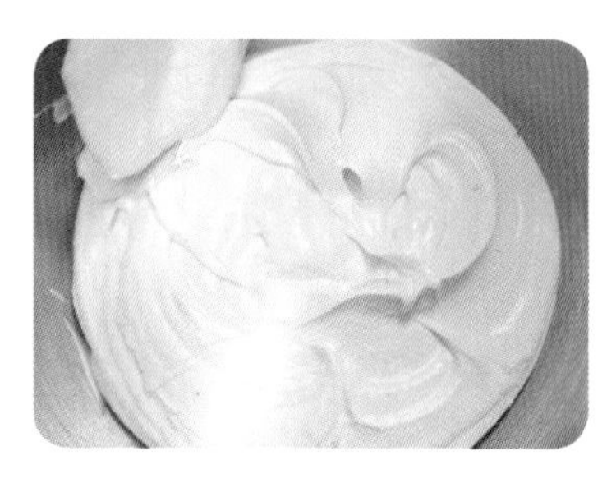

15 벽 긁어 마무리하기(스크래핑하기)

16 박력분 + 베이킹파우더
▶혼합 후 체질

17 건포도 + 호두
▶전처리

18 건포도 + 호두
▶전처리는+밀가루 코팅

19 건포도 + 호두
▶밀가루 (30g 정도) 코팅
▶굽기 중 가라앉음 완화

20 가루재료 혼합하기

21 가루재료 혼합하여 완료
(반죽이 매끈하면 끝내기)
오버하면 글루텐 형성됨(X)

22 포도주 혼합하기

23 포도주 혼합하여 완료
(반죽이 매끈하면 끝내기)
오버하면 글루텐 형성됨(X)

24 거품기에 묻어 있는 반죽 긁어내기

25 벽 긁어하기(스크래핑하기)

26 충전물 혼합하기(건포도+호두)

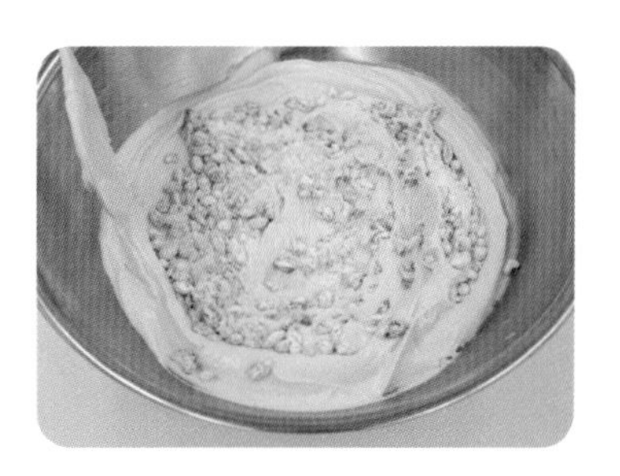

27 충전물 혼합하기(건포도+호두)

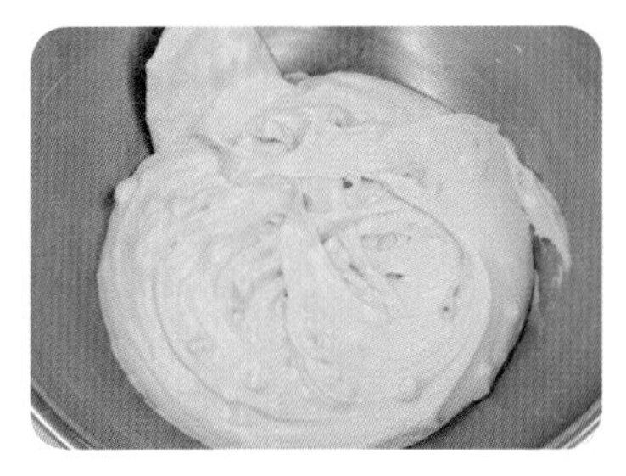

28 벽 긁어 마무리하기(스크래핑하기)

29 반죽담기
▶계량컵 이용하기

30 반죽담기
▶손이용 바로 담기

31 반죽 짜기
▶총중량 ÷ 24개 짜기
▶1개당 66g 정도 짜기

32 반죽 짜기
▶1개당 66g 정도 짜기
▶높이를 보면서 짜면 좋음

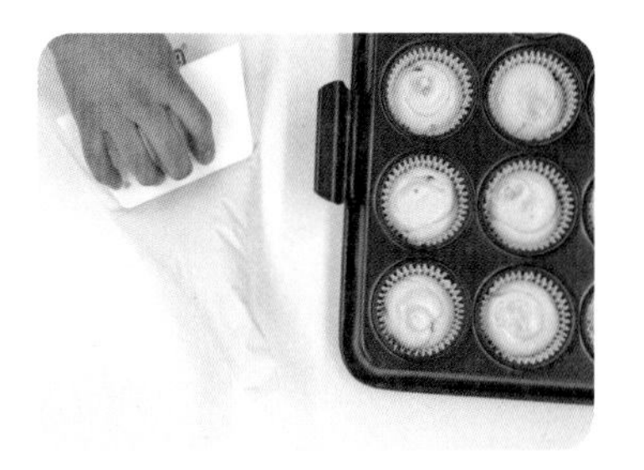

33 반죽 짜기
▶1개당 66g 정도 짜기
▶스크래퍼 이용하면 좋음

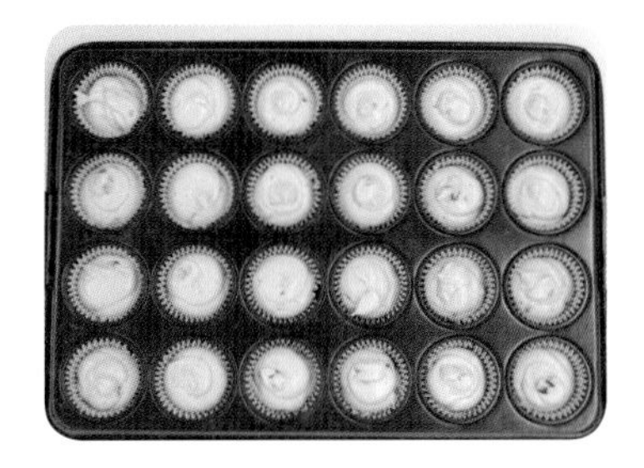

34 반죽 짜기 완료하기

35 굽기
상 180℃전후 25~30분 전후
하 160℃전후 상태판단

36 굽기
▶한판만 들어갈 경우에 측면으로
들어가면 좋음

37 퐁당 만들기
▶분당 + 적포도주
▶혼합하기

38 퐁당 만들기
▶분당 + 적포도주
▶혼합하기

39 퐁당 만들기
▶분당 + 적포도주
▶혼합하기

40 굽기 완료

41 퐁당 1회 바르기
▶테두리 1cm남기고 바르기

42 퐁당 바르기
▶테두리 1cm남기고 바르기

43 퐁당 말리기
▶오븐에서 2분 전후로 말리기 (상태판단)

44 퐁당 말리기
▶오븐에서 2분 전후로 말리기 (상태판단)

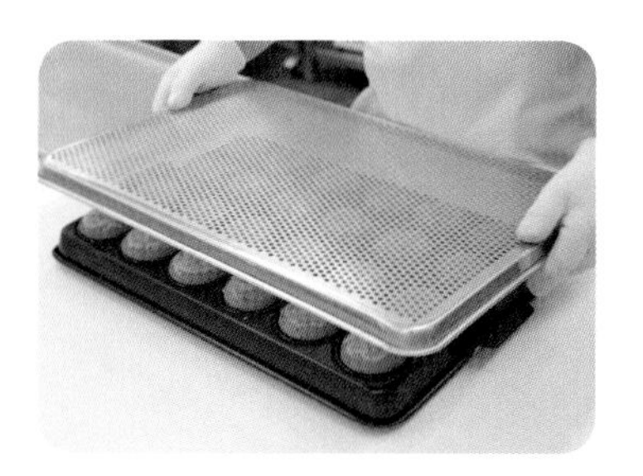

45 케이크 뒤집기
▶일률적으로 뒤집기

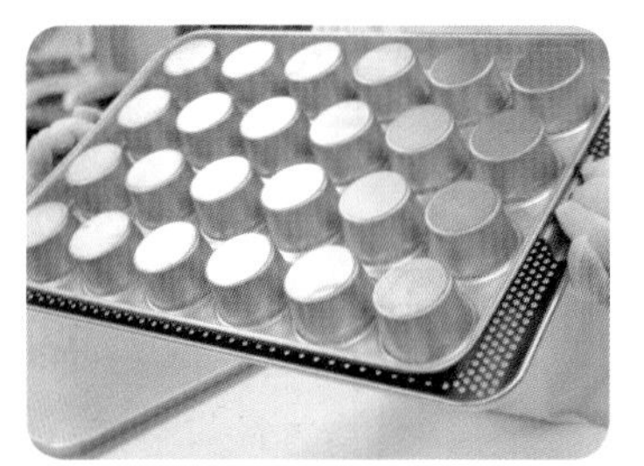

46 케이크 뒤집기
▶일률적으로 뒤집기

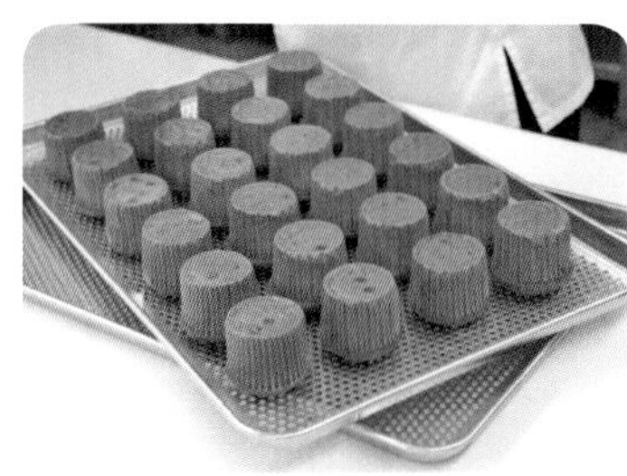

47 케이크 뒤집기
▶일률적으로 뒤집기

48 마데라 컵 케이크 완료하기

일정하게 짜는 형태로
일정한 크기

마드레느

시험시간 1시간 50분

반죽방법 1단계법

오븐온도 180℃전후/140℃전후
15분 전후(상태판단)

요구사항

마드레느를 제조하여 제출하시오.

❶ 배합표의 각 재료를 계량하여 재료별로 진열하시오(7분).
❷ 마드레느는 수작업으로 하시오.
❸ 버터를 녹여서 넣는 1단계법(변형) 반죽법을 사용하시오.
❹ 반죽온도는 24℃를 표준으로 하시오.
❺ 실온에서 휴지 시키시오.
❻ 제시된 팬에 알맞은 반죽량을 넣으시오.
❼ 반죽은 전량을 사용하여 성형하시오.

배 합 표

비율(%)	재료명	무게(g)
100	박력분	400
2	베이킹파우더	8
100	설탕	400
100	달걀	400
1	레몬껍질	4
0.5	소금	2
100	버터	400
403.5	계	1,614

1. 반죽을 혼합할 때에는 매끈하게 혼합이 되면 끝낸다(글루텐 최소화).
2. 팬에 버터 바르기 및 밀가루 코팅은 확실하게 함 (시험장 팬은 많이 사용해서 꼭! 잘 발라야 함)
3. 휴지 이후에 짜기는 일정하게 개수를 확인하면서 짠다(크기 일정하게 하기).
4. 굽기 중 색상이 나면 앞 뒤의 방향을 바꿔준다.
5. 굽기 후 일정한 색상을 보고서 분리한다.

01 재료계량

02 버터
▶중탕으로 녹이기
▶온도체크 꼭! 하기

03 박력분 + 베이킹파우더
▶혼합 후 체질

04 박력분 + 베이킹파우더 + 소금 + 설탕
▶골고루 혼합하기

05 박력분 + 베이킹파우더 + 소금 + 설탕
▶골고루 혼합하기

06 가루재료
▶골고루 혼합하기
▶온도체크 꼭! 하기

07 레몬껍질
▶노란 부분만 사용하기
▶잘게 다져서 사용하기

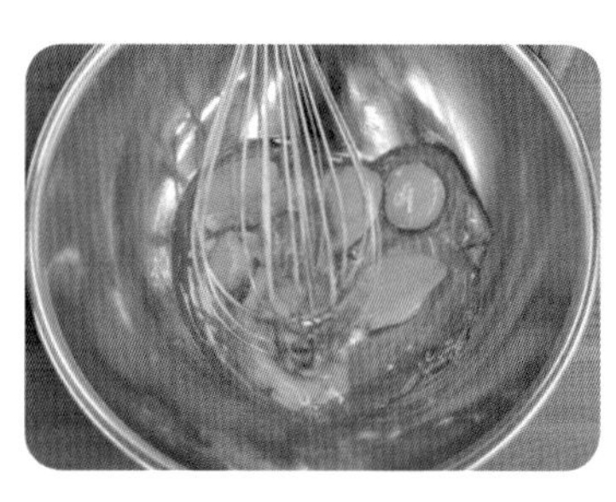

08 계란
▶잘 풀어놓기

09 계란
▶잘 풀어놓기
▶온도체크 꼭! 하기

10 전체 혼합 준비하기

11 가루재료 + 계란
▶투입

12 용해 버터
▶중탕으로 준비
▶투입

13 다진 레몬 껍질
▶투입

14 골고루 혼합하기
(반죽이 매끈하면 끝내기)
오버하면 글루텐 형성됨(X)

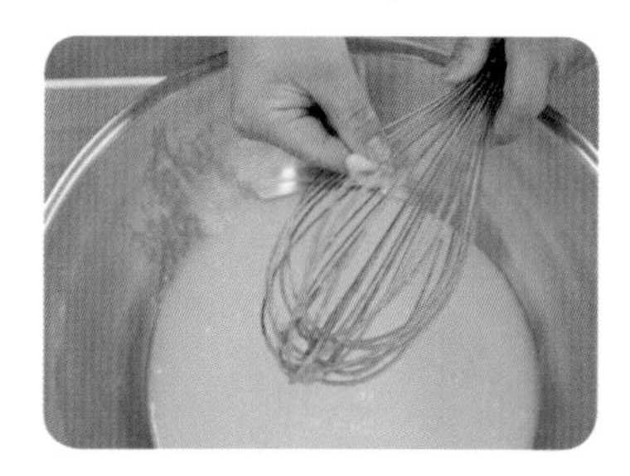

15 거품기에 묻어 있는 반죽 긁어내기

16 벽 긁어 마무리하기
▶실온 휴지주기
▶굳으면 짜기

17 휴지시간 동안에
▶마들렌 팬에 버터 바르기
▶이형제 역할

18 휴지시간 동안에
▶마들렌 팬에 버터 바르기
▶이형제 역할

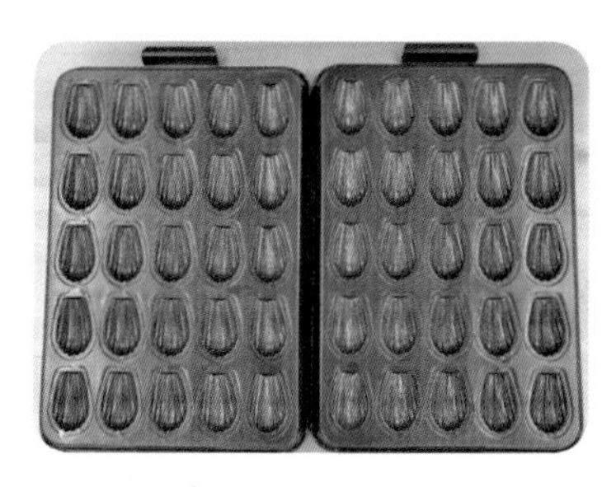

19 휴지시간 동안
▶마들렌 팬에 버터 바르기
▶이형제 역할

20 휴지시간 동안
▶밀가루 추가 바르기
▶이형제 역할

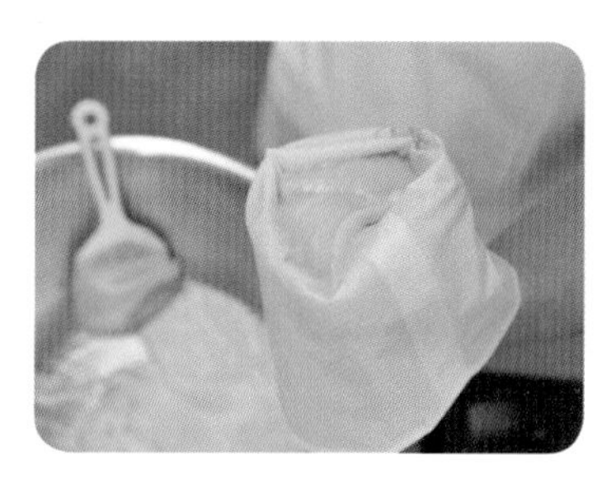

21 반죽담기
▶1/3만 담기
▶많이 담으면 힘 조절 힘듦

22 반죽짜기
▶80% 정도 짜기

23 반죽짜기
▶80% 정도 짜기
▶높이를 보고 짜면 좋음

24 반죽짜기
▶80% 정도 짜기

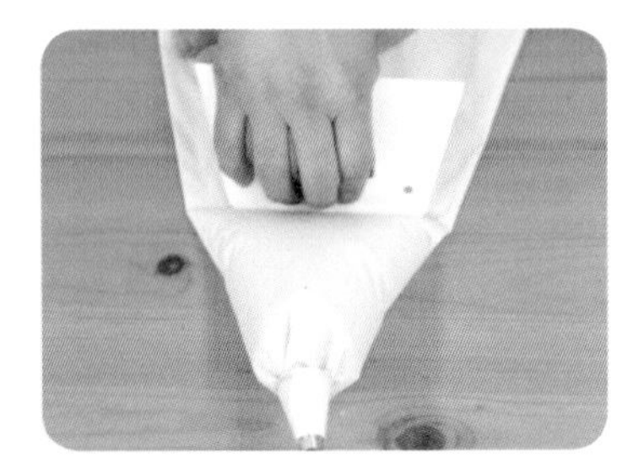

25 반죽짜기
▶80% 정도 짜기
▶스크래퍼 이용하면 좋음

26 반죽짜기
▶80% 정도 짜기
▶전체 양을 일정하게 하기

27 굽기
상 180℃전후 15분 전후
하 140℃전후 상태판단

28 굽기 중간 상태
1/2색이 나면 앞과 뒤를 방향을 바꿔 골고루 굽기

29 굽기 완료 상태
1/2색이 나면 앞과 뒤를 방향을 바꿔 골고루 굽기

30 굽기 완료 상태
▶껍질색을 잘 보도록 하기

31 마드레느 뒤집기
▶일률적으로 뒤집기

32 마드레느 뒤집기
▶일률적으로 뒤집기

33 마드레느 뒤집기
▶일률적으로 뒤집기

34 마드레느 뒤집기
▶일률적으로 뒤집기

35 마드레느(마들렌) 완료하기

36 마드레느(마들렌) 완료하기

두 개의 브라우니
충분히 구울 것

브라우니

시험시간 1시간 50분

반죽방법 1단계법

오븐온도 170℃전후/160℃전후
50분 전후(상태판단)

요구사항

브라우니를 제조하여 제출하시오.

❶ 배합표의 각 재료를 계량하여 재료별로 진열하시오(9분).
❷ 브라우니는 수작업으로 반죽하시오.
❸ 버터와 초콜릿을 함께 녹여서 넣는 1단계 변형반죽법으로 하시오.
❹ 반죽온도는 27℃를 표준으로 하시오.
❺ 반죽은 전량을 사용하여 성형하시오.
❻ 3호 원형팬 2개에 패닝하시오.
❼ 호두의 반은 반죽에 사용하고 나머지 반은 토핑하며, 반죽 속과 윗면에 골고루 분포되게 하시오(호두는 구어서 사용).

배 합 표

비율(%)	재료명	무게(g)
100	중력분	300
120	달걀	360
130	설탕	390
2	소금	6
50	버터	150
150	다크초콜릿(커버춰)	450
10	코코아파우더	30
2	바닐라향	6
50	호두	150
614	계	1,842

1. 호두는 꼭! 구워서 사용하기
2. 초콜릿과 버터는 중탕으로 녹인 후 꼭! 온도 체크하기
3. 반죽을 혼합할 때에는 매끈하게 혼합이 되면 끝낸다(글루텐 최소화).
4. 호두는 꼭! 1/2 씩 나누어서 사용하기(1/2은 반죽에 사용하고 1/2은 토핑용으로 사용하기)
5. 굽기는 충분히 할 것. 아니면 주저앉음

01 재료계량

02 버터 + 다크 초콜릿
▶중탕으로 녹이기
▶온도체크 꼭! 하기

03 호두
▶구워서 사용하기

04 중력분 + 바닐라 향 + 코코아
▶혼합 후 체질

05 가루재료 준비

06 계란
▶잘 풀어놓기

07 계란 + 소금 + 설탕
▶골고루 혼합하기

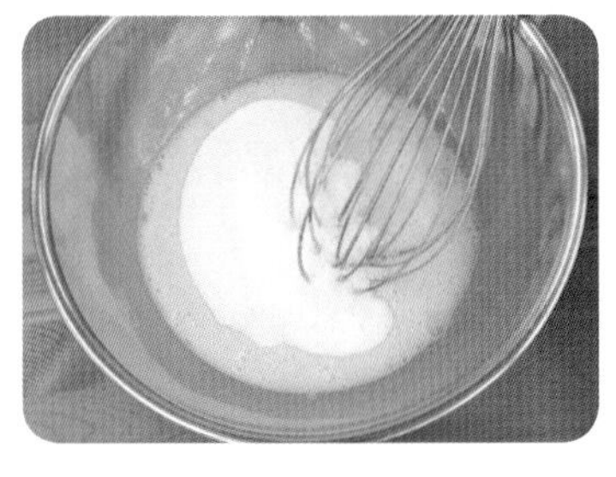

08 계란 + 소금 + 설탕
▶골고루 혼합하기

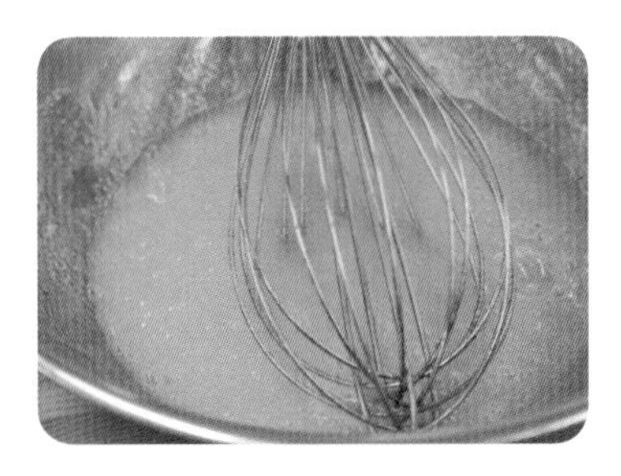

09 계란 + 소금 + 설탕
▶잘 혼합하기
▶온도체크 꼭! 하기

10 전체 재료 준비하기

11 버터 + 다크 초콜릿
▶녹인 제품 골고루 혼합
▶온도체크 꼭! 하기

12 가루재료 + 계란
▶투입

13 버터+다크 초콜릿
▶투입

14 전 재료
▶골고루 혼합하기

15 골고루 혼합하기
(반죽이 매끈하면 끝내기)
오버하면 글루텐 형성됨(X)

16 거품기에 묻어 있는 반죽 긁어내기

17 벽 긁어 마무리하기

18 구운 호두분태 1/2 혼합

19 구운 호두분태 1/2 혼합

20 벽 긁어 마무리하기

21 총중량 ÷ 2개로 반죽 붓기

22 2개로 나누어 놓기

23 구운 호두분태 1/2
▶토핑하기

24 굽기
상 170℃전후 50분 전후
하 160℃전후 상태판단

25 굽기
상 170℃전후 50분 전후
하 160℃전후 상태판단

26 브라우니 완제품굽기
상 170℃전후 50분 전후
하 160℃전후 상태판단

27 굽기 완료
상 170℃전후 50분 전후
하 160℃전후 상태판단

28 굽기 완료

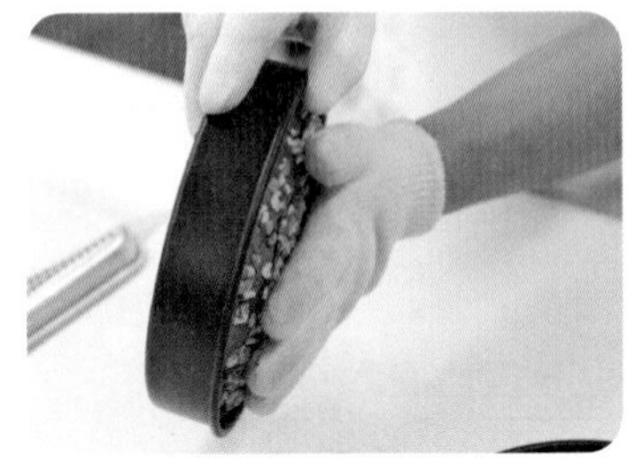

29 팬에서 분리하기

30 팬에서 분리하기

31 팬에서 분리하기

32 브라우니 완제품

33 브라우니 완제품

부피감 스펀지형태

버터 스펀지 케이크

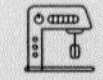

시험시간 1시간 50분

반죽방법 공립법

오븐온도 180~170℃/160℃전후
35~40분(상태판단)

요구사항

버터 스펀지 케이크(공립법)를 제조하여 제출하시오.

1. 배합표의 각 재료를 계량하여 재료별로 진열하시오(6분).
2. 반죽은 공립법으로 제조하시오.
3. 반죽온도는 25℃를 표준으로 하시오.
4. 반죽의 비중을 측정하시오.
5. 제시한 팬에 알맞도록 분할하시오.
6. 반죽은 전량을 사용하여 성형하시오.

배 합 표

비율(%)	재료명	무게(g)
100	박력분	500
120	설탕	600
180	달걀	900
1	소금	5(4)
0.5	바닐라향	2.5(2)
20	버터	100
421.5	계	2,107.5(2,106)

KEY POINT

1. 달걀은 잘 풀고 소금과 설탕은 혼합 후에 꼭! 중탕으로 용해가 된 후에 따뜻할 때에 거품을 올릴 것. 그래야 거품화가 잘 된다.
2. 체질한 가루재료는 신속하게~ 정확하게~가라앉지 않게 혼합하기
3. 용해버터의 온도는 60℃이상 유지하기(용해버터는 온도가 낮아지면 반죽의 거품을 죽임. 즉, 소포제).
4. 용해버터는 일부 반죽과 혼합하여 사용한다(반죽의 성질을 만들어 혼합하는게 포인트).

01 재료계량

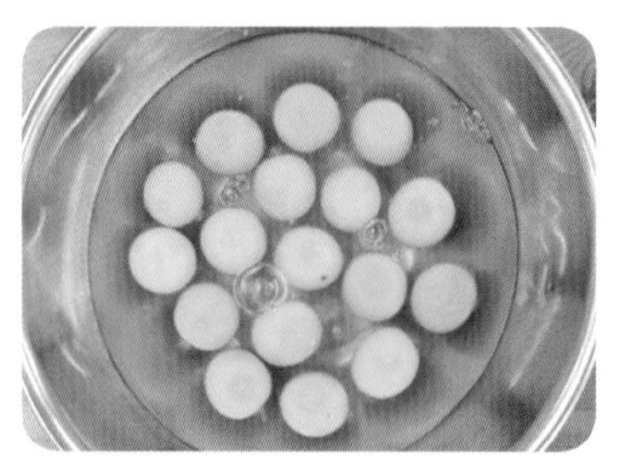

02 달걀
▶손실 없이 깬 후 풀기

03 소금 + 설탕
▶혼합 후 중탕하기

04 소금 + 설탕
▶혼합 후 중탕하기
▶온도 너무 높지 않게 하기

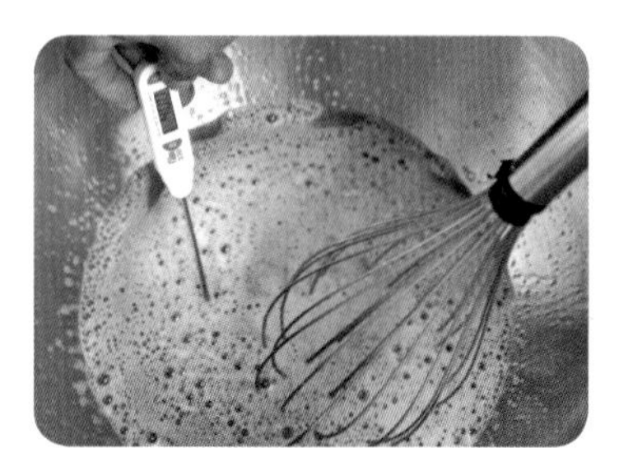

05 소금 + 설탕
▶중탕(43℃전후)하기
▶온도 너무 높지 않게 하기

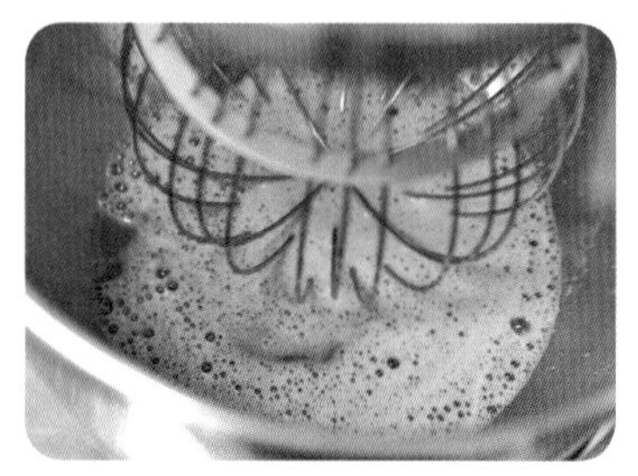

06 휘핑 시작하기
▶고속 3분 ▶중속 3분
▶저속 3분

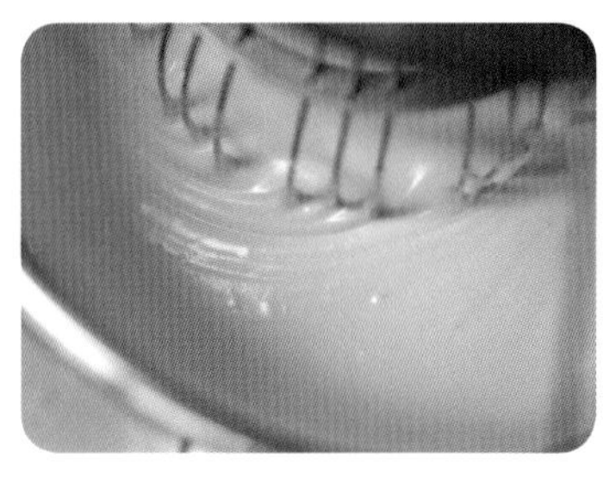

07 휘핑 완료하기
▶아이보리색 = 밝은 반죽색
▶휘퍼 모양이 남을 것

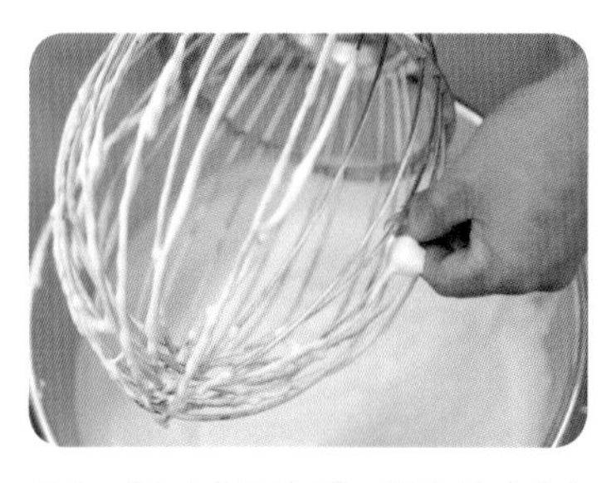

08 거품기에 묻어 있는 반죽 긁어내기
▶반죽이 주루룩 쌓일 정도

09 반죽 : 대 스텐볼에 옮기기

10 박력분 + 바닐라 향
▶혼합 후 체질 ▶혼합

11 가루재료 신속하게 혼합
▶바닥 부분 골고루 혼합
▶매끈하게 혼합하기

12 가루재료 혼합하여 완료

13 반죽에
▶용해버터(60℃이상)
▶혼합하기

14 반죽에
▶용해버터 + 일부반죽
▶혼합하기

15 반죽에
▶용해버터 + 일부반죽
▶혼합하기

16 반죽에
▶용해버터 + 일부반죽
▶혼합하기

17 반죽에
▶용해버터 + 일부반죽
▶혼합하기

18 반죽에
▶용해버터 + 일부반죽
▶혼합하기

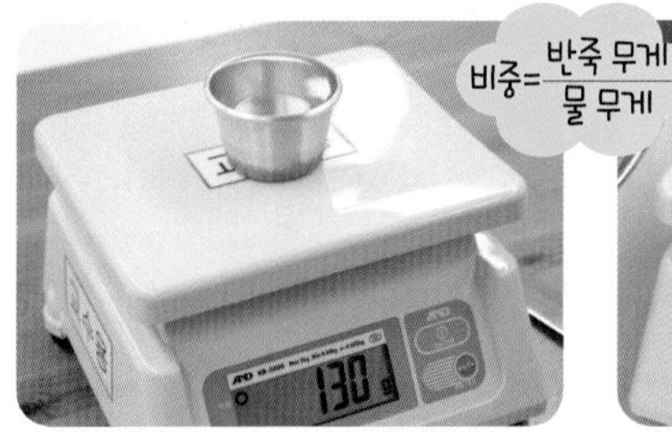

19 물 무게
비중 : 0.50±0.05
반죽온도 : 25℃

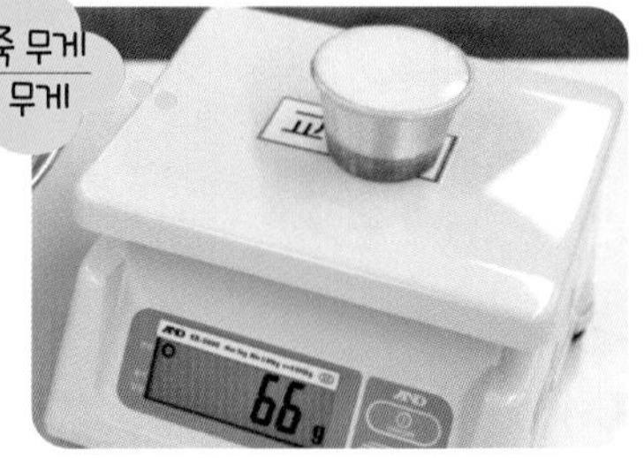

20 반죽 무게
비중 : 0.50±0.05
반죽온도 : 25℃

21 원형 팬에 위생지 깔기
▶총중량 ÷ 4개로 채우기

22 원형 팬에 위생지 깔기
▶총중량 ÷ 4개로 채우기

23 윗부분을 정리 후 굽기
▶얼룩 방지

24 윗부분을 정리 후 굽기
▶4개 팬 넣기

25 굽기
상 180~170℃전후 35~40분
하 160℃전후 상태판단

26 굽기
상 180~170℃전후 35~40분
하 160℃전후 상태판단

27 굽기
상 180~170℃전후 35~40분
하 160℃전후 상태판단

28 굽기 후 부피감 있음

29 굽기 후 1/2자르기 내상

30 내상이 밝고 기공이 일정함

뜨거울 때에 말고
모양 잡아주기

젤리 롤 케이크

시험시간 1시간 30분

반죽방법 공립법

오븐온도 170℃전후/160℃전후
25~30분(상태판단)

요구사항

젤리 롤 케이크를 제조하여 제출하시오.

❶ 배합표의 각 재료를 계량하여 재료별로 진열하시오(8분).
❷ 반죽은 공립법으로 제조하시오.
❸ 반죽온도는 23℃를 표준으로 하시오.
❹ 반죽의 비중을 측정하시오.
❺ 제시한 팬에 알맞도록 분할하시오.
❻ 반죽은 전량을 사용하여 성형하시오.
❼ 캐러멜 색소를 이용하여 무늬를 완성하시오(무늬를 완성하지 않으면 제품 껍질 평가 0점 처리).

배 합 표

비율(%)	재료명	무게(g)
100	박력분	400
130	설탕	520
170	달걀	680
2	소금	8
8	물엿	32
0.5	베이킹파우더	2
20	우유	80
1	바닐라향	4
431.5	계	1,726

(※ 충전용 재료는 계량시간에서 제외)

50	잼	200

KEY POINT

1. 달걀은 잘 풀고 소금과 설탕은 혼합 후에 꼭! 중탕으로 용해가 된 후에 따뜻할 때에 거품을 올릴 것. 그래야 거품화가 잘 된다.
2. 체질한 가루재료는 신속하게~정확하게~가라앉지 않게 혼합하기
3. 비중은 0.50정도 맞추기(너무 가벼우면 제품의 부피가 크게나와서 굽기 후에 말기하면 터진다).
4. 잼은 잘 풀어준 후에 발라야 잘 발린다.

01 재료계량

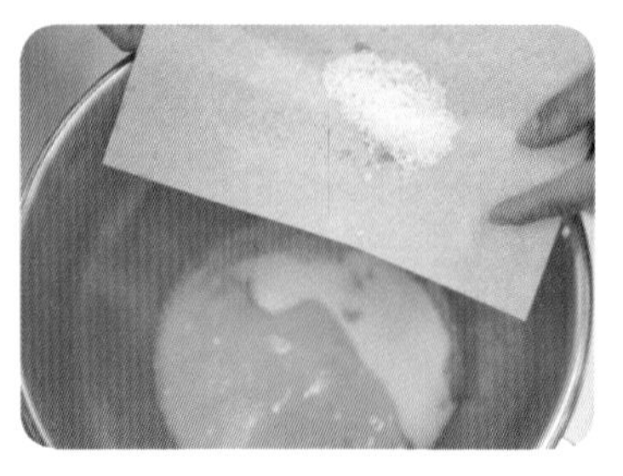

02 달걀
▶손실 없이 깬 후 풀기
▶소금 + 설탕 ▶혼합하기

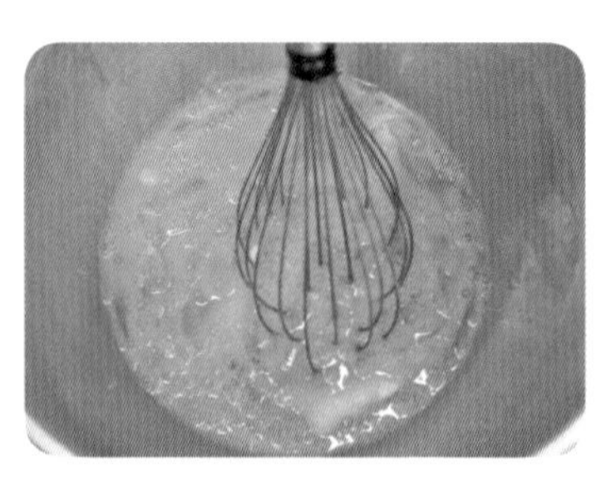

03 소금 + 설탕 + 물엿
▶혼합 후 중탕하기

04 소금 + 설탕 + 물엿
▶혼합 후 중탕하기
▶온도 너무 높지 않게 하기

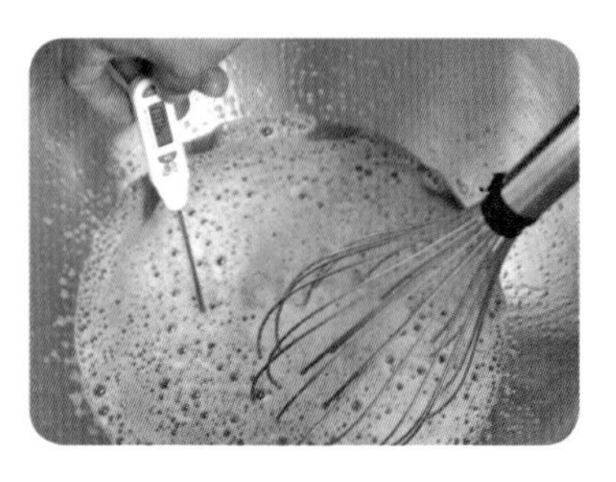

05 소금 + 설탕 + 물엿
▶중탕(43℃전후)하기
▶온도 너무 높지 않게 하기

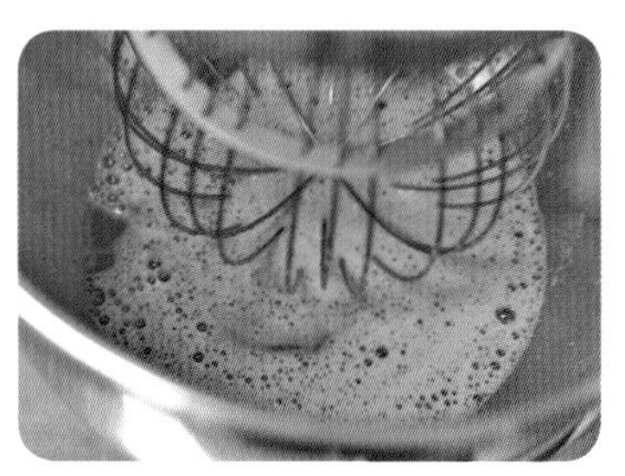

06 휘핑 시작하기
▶고속 3분 ▶중속 3분
▶저속 3분

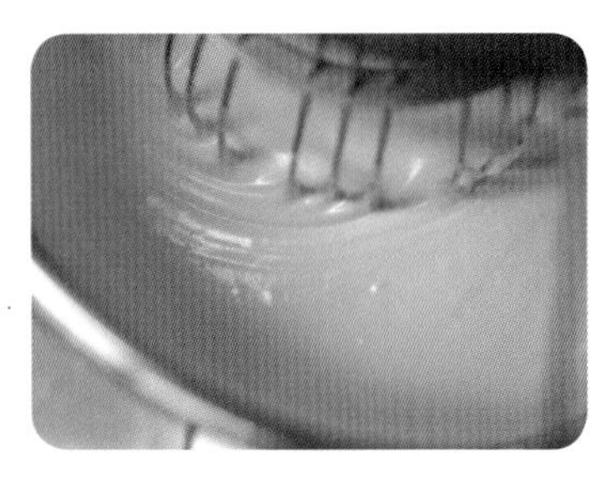

07 휘핑 완료하기
▶아이보리색 = 밝은 반죽색
▶휘퍼 모양이 남을 것

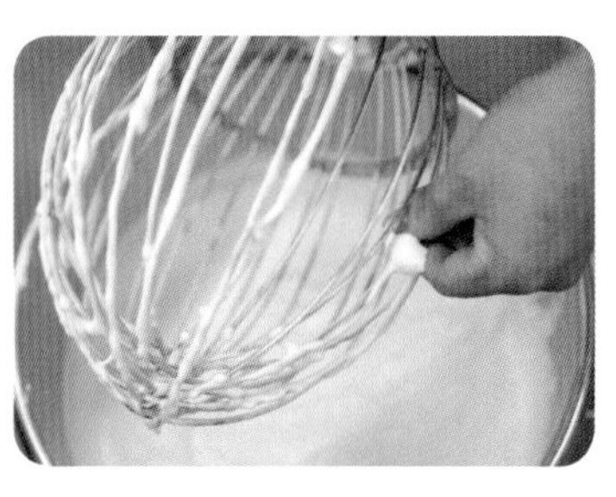

08 거품기에 묻어 있는 반죽 긁어내기
▶반죽이 주루룩 쌓일 정도

09 반죽 : 대 스텐볼에 옮기기

10 박력분 + 바닐라 향
▶혼합 후 체질 ▶혼합

11 가루재료 신속하게 혼합
▶바닥 부분 골고루 혼합
▶매끈하게 혼합하기

12 가루재료 혼합하여 완료

13 반죽에
▶우유(30℃ 정도)
▶혼합하기

14 반죽에
▶우유 + 일부반죽
▶혼합하기

15 반죽에
▶우유 + 일부반죽
▶혼합하기

16 물 무게
▶비중 : 0.50±0.05
▶반죽온도 : 25℃

17 반죽 무게
▶비중 : 0.50±0.05
▶반죽온도 : 25℃

18 평철판 + 위생지
▶반죽 붓기

19 반죽
▶수평 맞추기

20 반죽 30g + 캐러멜 6g 정도
▶모양내기용

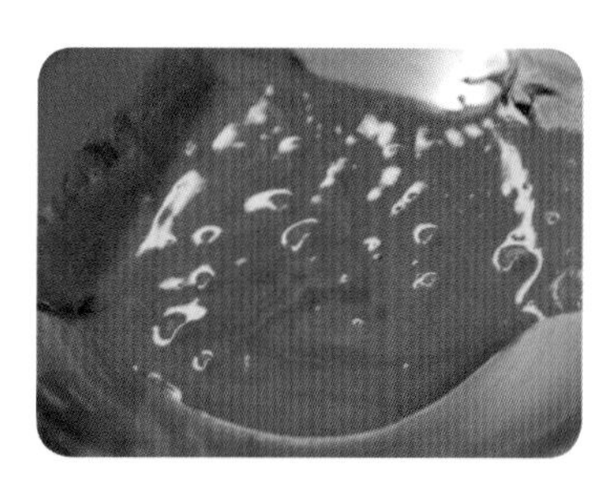

21 반죽 + 캐러멜
▶혼합하기

22 짜주머니에 담기

23 3cm 간격으로 짜기
▶간격 잘 맞추기

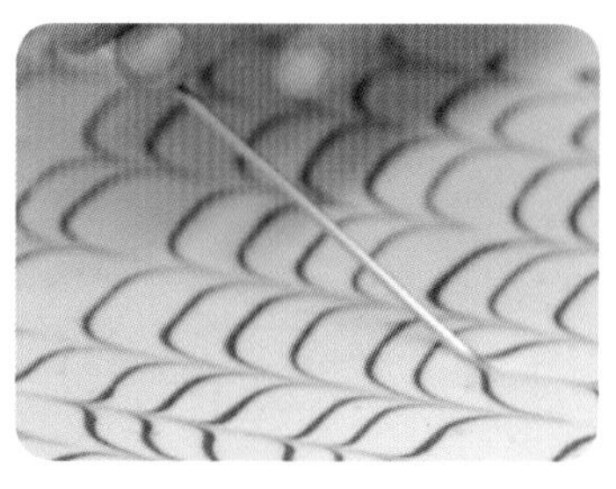

24 온도계나 이쑤시게 활용
▶0.5cm 깊이로 지그재그

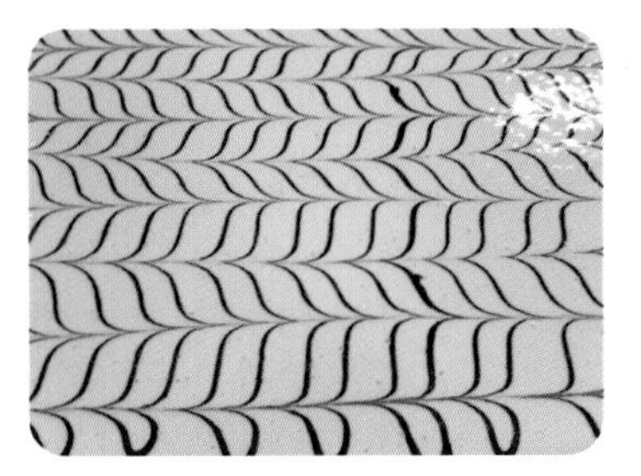

25 모양내기 완료

26 굽기
▶상 170℃전후 25~30분
▶하 160℃전후 상태판단

27 젖은 면포에 놓기
▶종이 옆면 먼저 분리
▶전체적으로 분리

28 딸기잼 골고루 바르기
▶주걱이용 1/3부분을 살짝 라인 만들고 말기

29 살짝 누르듯이 말기

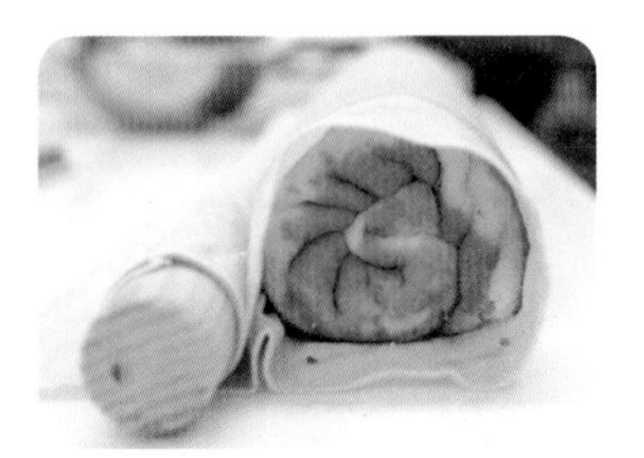

30 말기 후 면포이용
▶모양잡기

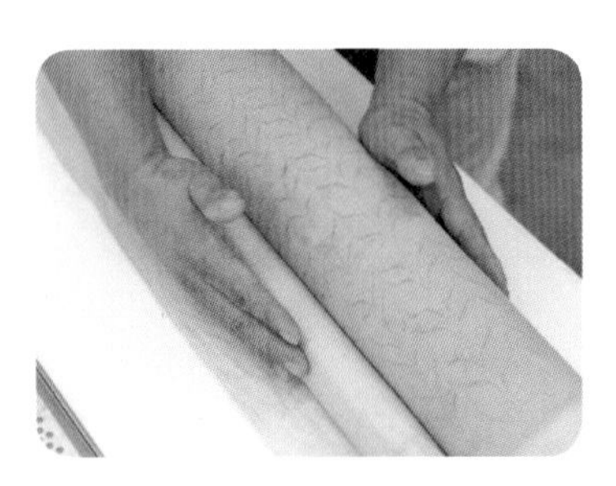

31 말기 후 면포이용
▶손을 이용해서 모양잡기

32 젤리 롤 케이크 완성품

33 젤리 롤 케이크 절단면

가나슈 상태보고 말아주기

초코 롤 케이크

시험시간 1시간 50분

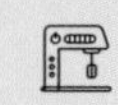

반죽방법 공립법

오븐온도 190℃전후/160℃전후
15분 전후(상태판단)

요구사항

초코 롤 케이크를 제조하여 제출하시오.

❶ 배합표의 각 재료를 계량하여 재료별로 진열하시오(7분).
❷ 반죽은 공립법으로 제조하시오.
❸ 반죽온도는 24℃를 표준으로 하시오.
❹ 반죽의 비중을 측정하시오.
❺ 제시한 철판에 알맞도록 패닝하시오.
❻ 반죽은 전량을 사용하시오.
❼ 충전용 재료는 가나슈를 만들어 제품에 전량 사용하시오.
❽ 시트를 구운 윗면에 가나슈를 바르고, 원형이 잘유지되도록 말아 제품을 완성하시오(반대 방향으로 롤을 말면 성형 및 제품평가 해당항목 감점).

배 합 표

비율(%)	재료명	무게(g)
100	박력분	168
285	달걀	480
128	설탕	216
21	코코아파우더	36
1	베이킹소다	2
7	물	12
17	우유	30
559	계	944

(※ 충전용재료는 계량시간에서 제외)

119	다크커버츄어	200
119	생크림	200
12	럼	20

1. 달걀은 잘 풀고 소금과 설탕은 혼합 후에 꼭! 중탕으로 용해가 된 후에 따뜻할 때에 거품을 올릴 것. 그래야 거품화가 잘 된다.
2. 체질한 가루재료는 신속하게~정확하게~가라앉지 않게 혼합하기
3. 가나슈는 사용온도를 꼭! 체크한다.
4. 가나슈 바르고 상태를 보고서 말기한다.
5. 말아 준 이후에 모양잡아 준 후에 완제품 완료하기

01 재료계량

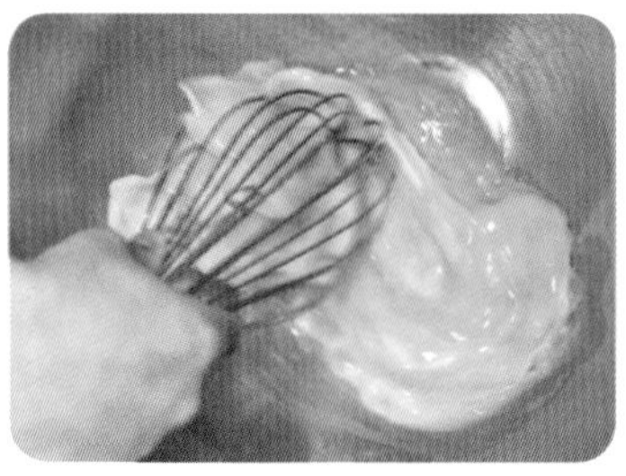

02 달걀
▶손실 없이 깬 후 풀기

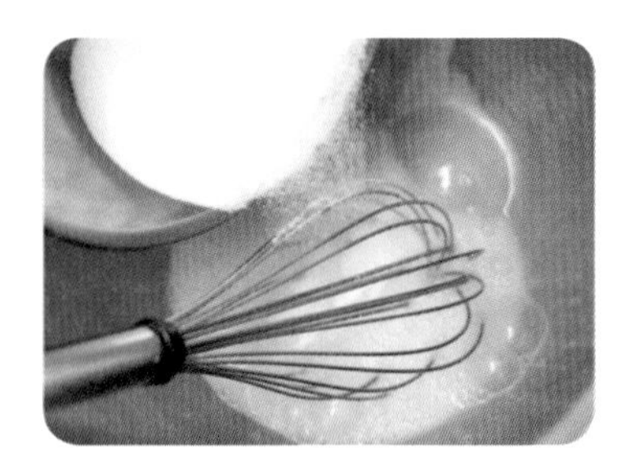

03 설탕
▶혼합 후 중탕하기

04 설탕
▶혼합 후 중탕하기
▶온도 너무 높지 않게 하기

05 박력분 + 코코아 + 베이킹 소다
▶혼합 후 체질하기

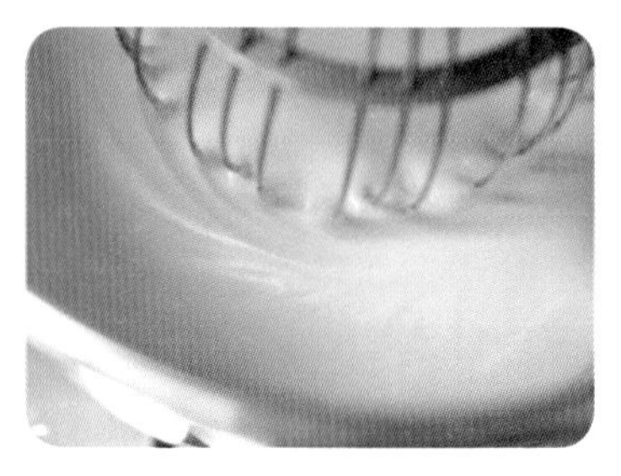

06 휘핑 시작하기
▶고속 3분 ▶중속 3분
▶저속 3분

07 휘핑 완료하기
▶아이보리색 = 밝은 반죽색
▶휘퍼 모양이 남을 것

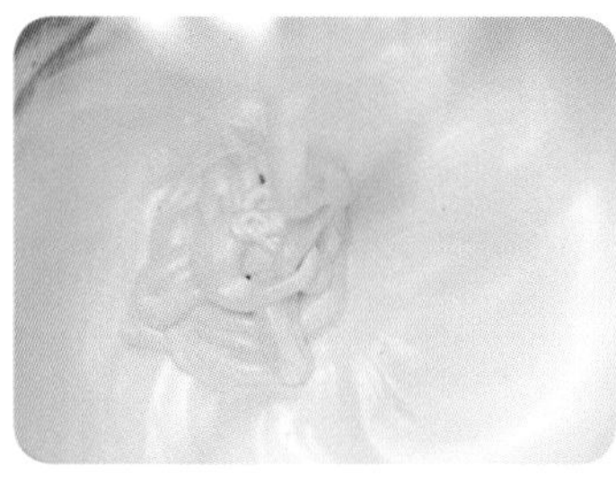

08 거품기에 묻어 있는 반죽 긁어내기
▶반죽이 주루룩 쌓일 정도

09 반죽 : 대 스텐볼에 옮기기

10 반죽의 일부를
▶우유 + 물 + 일부반죽
▶혼합하기

11 반죽의 일부를
▶우유 + 물 + 일부반죽
▶혼합하기

12 반죽의 일부를
▶우유 + 물 + 일부반죽
▶혼합하기

13 반죽의 일부를
▶우유 + 물 + 일부반죽
▶매끈하게 혼합하기

14 박력분 + 코코아 + 베이킹 소다
▶혼합

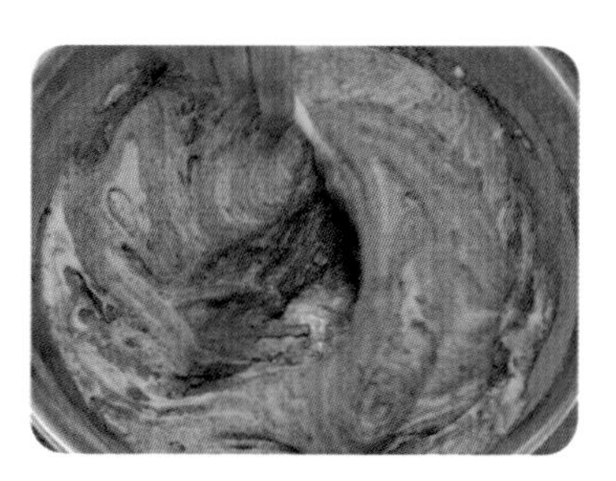

15 박력분 + 코코아 + 베이킹 소다
▶덩어리 지지않도록 혼합

16 박력분 + 코코아 + 베이킹 소다
▶신속 정확하게 혼합

17 박력분 + 코코아 + 베이킹 소다
▶매끈하게 혼합

18 비중재기

19 물 무게
비중 : 0.50±0.05
반죽온도 : 24℃

20 반죽 무게
비중 : 0.50±0.05
반죽온도 : 24℃

21 팬에 위생지 깔기
▶채우기

22 팬에 위생지 깔기
▶모서리 부분 채우기

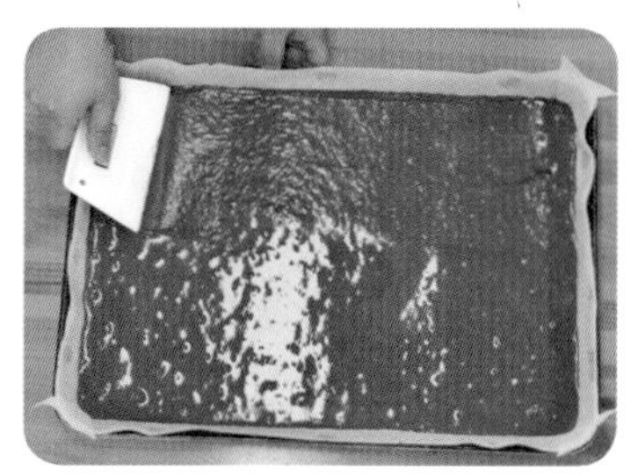

23 팬에 위생지 깔기
▶수평 맞추기

24 굽기
▶상 190℃전후 15분 전후
▶하 160℃전후 상태판단

25 가나슈 준비 재료계량

26 다크 초콜릿
▶중탕으로 녹이기

27 다크 초콜릿 + 생크림
▶혼합

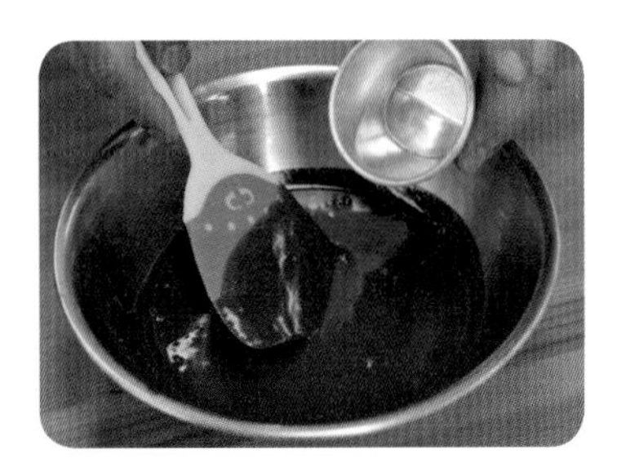

28 가나슈+럼
▶혼합 ▶사용온도 체크할 것!
▶사용 온도는 높으면 안됨

29 굽기 완료
▶상 190℃전후 15분 전후
▶하 160℃전후 상태판단

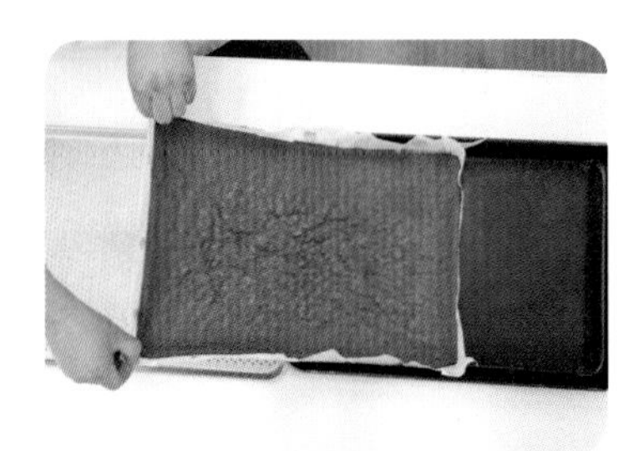

30 종이 끝부분 잡고 옮기기

31 뒤집어서 종이 제거하기

32 면포 또는 종이에 놓기

33 껍질부분이 위에 놓기

34 가나슈 바르기
▶광택이 사라지기 시작하면 말기

35 동그랗게 말기

36 모양잡기 후 면포 제거

생크림 상태보고 말아주기

흑미 롤 케이크

시험시간 1시간 50분

반죽방법 공립법

오븐온도 180℃전후/160℃전후
15~18분 전후(상태판단)

요구사항

흑미 롤 케이크(공립법)를 제조하여 제출하시오.

1. 배합표의 각 재료를 계량하여 재료별로 진열하시오(7분).
2. 반죽은 공립법으로 제조하시오.
3. 반죽온도는 25℃를 표준으로 하시오.
4. 반죽의 비중을 측정하시오.
5. 제시한 팬에 알맞도록 분할하시오.
6. 반죽은 전량을 사용하여 성형하시오.
   (시트의 밑면이 윗면이 되게 정형하시오.)

배 합 표 (추가 품목으로 사정에 따라 변동 가능함)

– 반죽

비율(%)	재료명	무게(g)
80	박력쌀가루	240
20	흑미쌀가루	60
100	설탕	300
155	달걀	465
0.8	소금	2.4(2)
0.8	베이킹파우더	2.4(2)
60	우유	180
416.6	계	1,249.8(1249)

(※ 충전용재료는 계량시간에서 제외)

– 생크림

60	생크림	150

1. 달걀은 잘 풀고 소금과 설탕은 혼합 후에 꼭! 중탕으로 용해가 된 후에 따뜻할 때에 거품을 올릴 것. 그래야 거품화가 잘 된다.
2. 체질한 가루재료는 신속하게~ 정확하게~가라앉지 않게 혼합하기
3. 생크림은 충분히 안정적으로 올려 꼭! 체크한다.
4. 생크림 바르고 상태를 보고서 말기한다.
5. 말아 준 이후에 모양잡아 준 후에 완제품 완료하기

01 재료계량

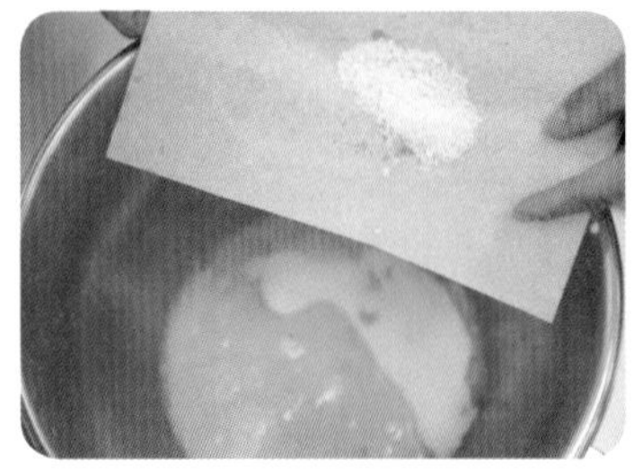

02 달걀
▶손실 없이 깬 후 풀기
▶소금 + 설탕 ▶혼합하기

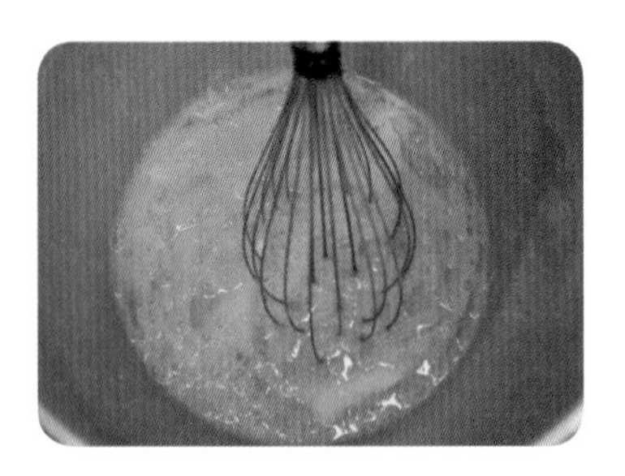

03 소금 + 설탕
▶혼합 후 중탕하기

04 소금 + 설탕
▶혼합 후 중탕하기
▶온도 너무 높지 않게 하기

05 소금 + 설탕
▶중탕(43℃전후)하기
▶온도 너무 높지 않게 하기

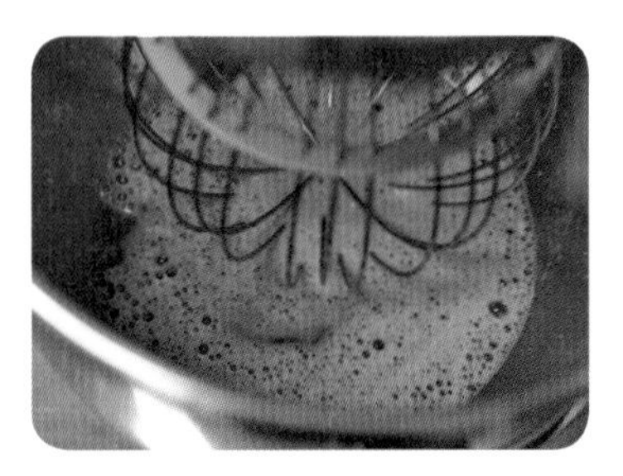

06 휘핑 시작하기
▶고속 3분 ▶ 중속 3분
▶저속 3분

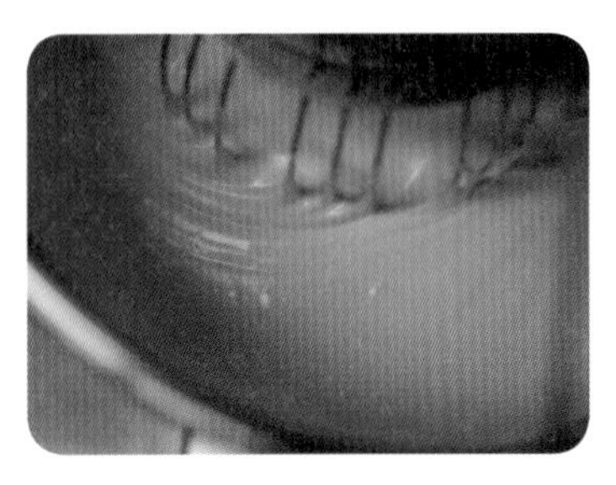

07 휘핑 완료하기
▶아이보리색 = 밝은 반죽색
▶휘퍼 모양이 남을 것

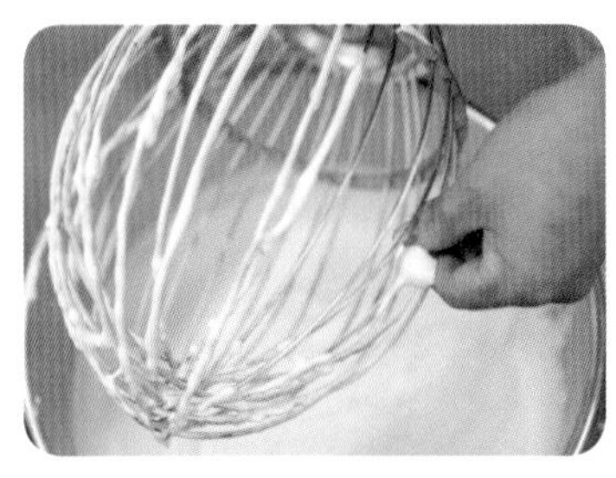

08 거품기에 묻어 있는 반죽 긁어내기
▶반죽이 주루룩 쌓일 정도

09 반죽 : 대 스텐볼에 옮기기

10 박력쌀가루 + 흑미쌀가루 + 베이킹파우더
▶혼합 후 체질 ▶혼합

11 가루재료 신속하게 혼합
▶바닥 부분 골고루 혼합
▶매끈하게 혼합하기

12 우유
▶30℃정도 중탕
▶준비하기

13 우유 + 일부반죽
▶혼합하기

14 반죽에
▶우유 + 일부반죽
▶혼합하기

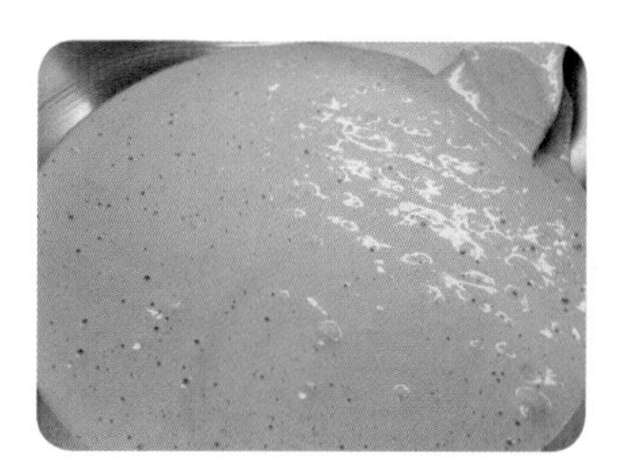

15 반죽
▶혼합하기
▶완료하기

16 물 무게
비중 : 0.45±0.05
반죽온도 : 25℃

17 반죽 무게
비중 : 0.45±0.05
반죽온도 : 25℃

18 평철판 + 위생지
▶반죽 붓기
▶수평 맞추기

19 굽기
상 180℃전후 15~18분 전후
하 160℃전후 상태판단

20 굽기 후 옆면 종이 분리
▶냉각하기

21 젖은 면포 준비
▶시트 위 부분 위로하기
▶껍질 부위에 크림바르기

22 생크림 준비하기

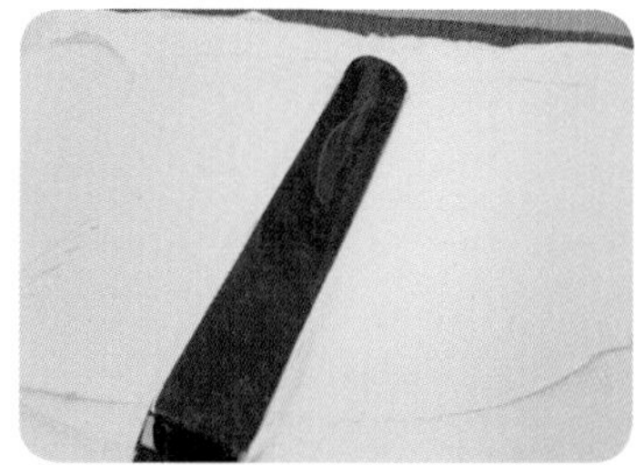

23 생크림 바르기
▶끝부분 2cm 남기기
▶골고루 바르기

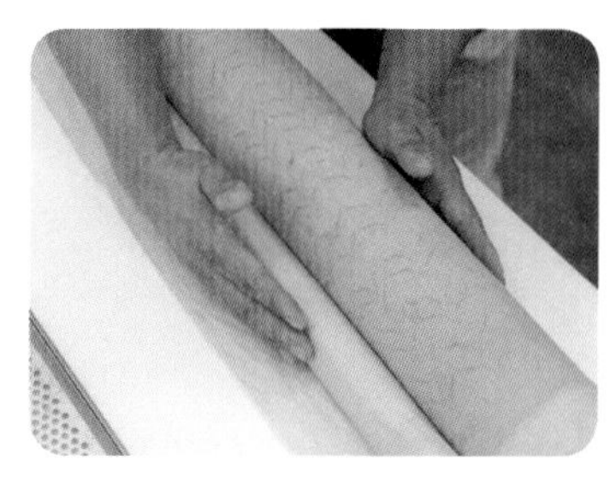

24 원통형으로 말기
▶말고서 모양잡기

25 면포 분리하기

26 완제품
▶원통형으로 잘 말기

27 완제품

부피감 스펀지형태

버터 스펀지 케이크

시험시간 1시간 50분

반죽방법 별립법

오븐온도 180~170℃/160℃전후
35~40분(상태판단)

요구사항

버터 스펀지 케이크(별립법)를 제조하여 제출하시오.

❶ 배합표의 각 재료를 계량하여 재료별로 진열하시오(8분).
❷ 반죽은 별립법으로 제조하시오.
❸ 반죽온도는 23℃를 표준으로 하시오.
❹ 반죽의 비중을 측정하시오.
❺ 제시한 팬에 알맞도록 분할하시오.
❻ 반죽은 전량을 사용하여 성형하시오.

배 합 표

비율(%)	재료명	무게(g)
100	박력분	600
60	설탕(A)	360
60	설탕(B)	360
150	달걀	900
1.5	소금	9(8)
1	베이킹파우더	6
0.5	바닐라향	3(2)
25	용해버터	150
398	계	2,388(2,386)

1. 달걀은 노른자와 흰자 분리가 잘 되야한다.
2. 노른자는 잘 풀어주기 이후 소금과 설탕 혼합 후 중탕하여 용해 이후에 휘핑해야 거품이 잘 올라온다.
3. 흰자는 절대로 노른자 혼합되면 안 됨
4. 머랭 작업 시 중간상태 머랭 제조에 신경쓰기
5. 머랭을 혼합 시에는 가볍게 매끈하게 거품을 살리듯이 혼합하기
6. 용해버터의 온도는 60℃이상 유지하기
(공립법 참고)

01 재료계량

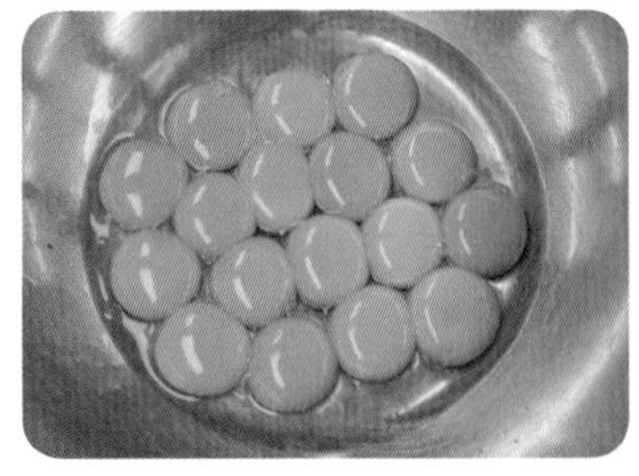

02 달걀
▶손실 없이 노른자//흰자 분리하기(+ 흰자 1~2개)

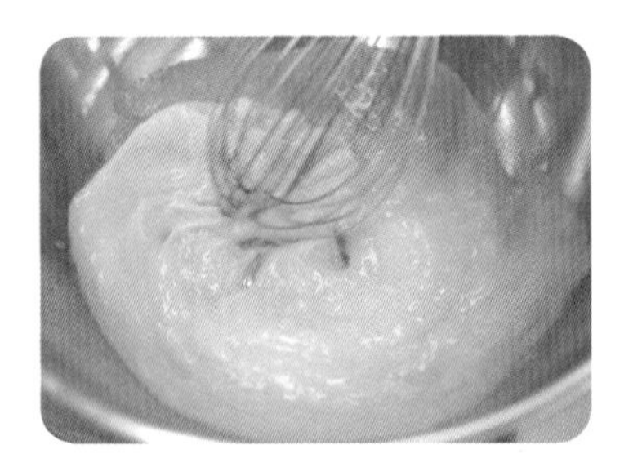

03 노른자
▶잘 혼합 후 풀기

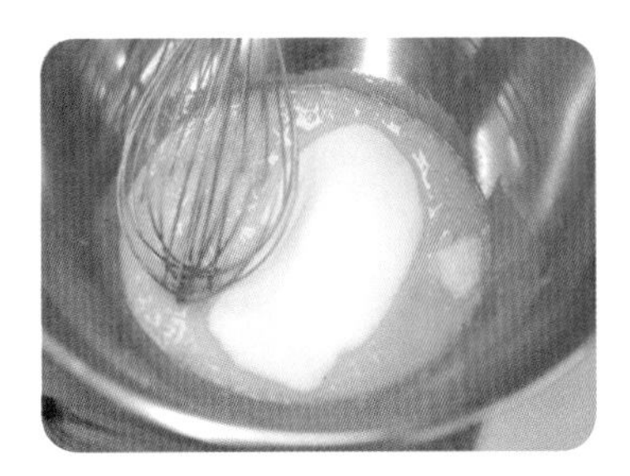

04 소금 + 설탕A
▶혼합하기

05 소금 + 설탕A
▶혼합 후 중탕하기
▶온도 너무 높지 않게 하기

06 휘핑하기
▶아이보리색 = 밝은 반죽색
▶휘퍼 모양이 남을 것

07 흰자 + 설탕B
▶혼합 후 설탕 용해하기

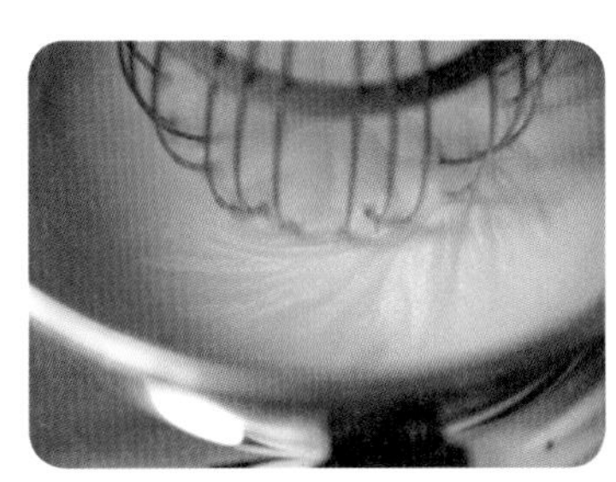

08 흰자 + 설탕B
▶휘핑하기

09 흰자 + 설탕B
▶중간상태 머랭 휘핑하기(중간피크 머랭)

10 머랭 1/2 혼합하기

11 머랭 1/2 혼합하기

12 체질한 가루재료
▶혼합하기

13 체질한 가루재료
▶혼합하기

14 용해버터 60℃ 이상으로 용해하기

15 반죽에
▶용해버터 + 일부반죽
▶혼합 : 반죽성질 가깝게!

16 반죽에
▶용해버터 + 일부반죽
▶혼합하기

17 반죽에
▶용해버터 + 일부반죽
▶혼합하기

18 반죽에
▶용해버터 + 일부반죽
▶매끈하게 혼합하기

19 머랭 1/2 혼합하기

20 머랭 1/2 혼합하기

21 머랭 1/2 혼합하기

22 머랭 1/2 혼합하기

23 물 무게
비중 : 0.50±0.05
반죽온도 : 25℃

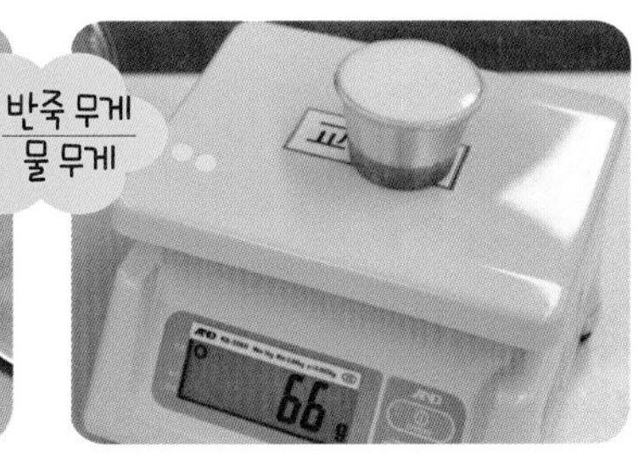

24 반죽 무게
비중 : 0.50±0.05
반죽온도 : 25℃

25 원형 팬에 위생지 깔기
▶총중량 ÷ 4개로 채우기

26 굽기
상 180~170℃전후 35~40분
하 160℃전후 상태판단

27 굽기
상 180~170℃전후 35~40분
하 160℃전후 상태판단

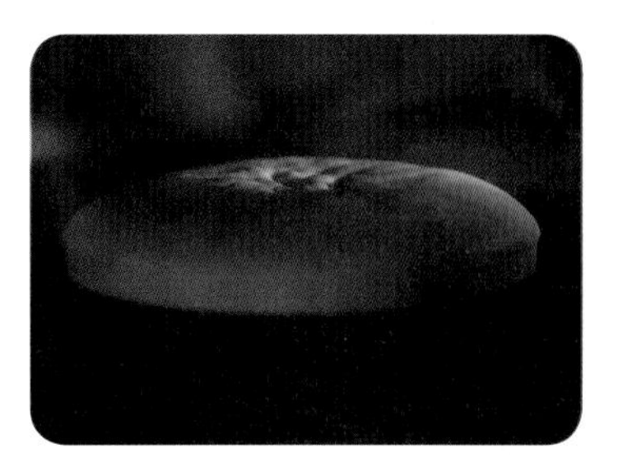

28 굽기 : 중간에 온도 낮추기
상 170℃전후 35~40분
하 160℃전후 상태판단

29 굽기
상 170℃전후 35~40분
하 160℃전후 상태판단

30 굽기
상 170℃전후 35~40분
하 160℃전후 상태판단

31 완제품

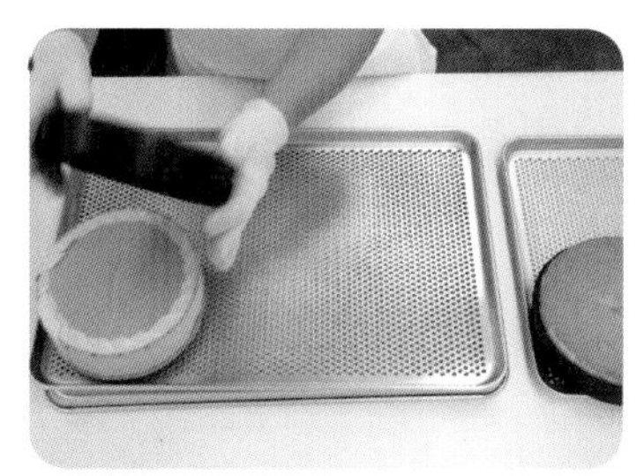

32 뒤집기

33 다시 끝부분 잡고 뒤집기

34 굽기 후 부피감 있음

35 굽기 후 1/2자르기 내상

36 내상이 밝고 기공이 일정
(뽀송 뽀송)

적절히 식히고 말고
모양 잡아주기

소프트 롤 케이크

시험시간 1시간 50분

반죽방법 별립법

오븐온도 170℃전후/160℃전후
25~30분(상태판단)

요구사항

소프트 롤 케이크를 제조하여 제출하시오.

❶ 배합표의 각 재료를 계량하여 재료별로 진열하시오(10분).
❷ 반죽은 별립법으로 제조하시오.
❸ 반죽온도는 22℃를 표준으로 하시오.
❹ 반죽의 비중을 측정하시오.
❺ 제시한 팬에 알맞도록 분할하시오.
❻ 반죽은 전량을 사용하여 성형하시오.
❼ 캐러멜 색소를 이용하여 무늬를 완성하시오.
(무늬를 완성하지 않으면 제품 껍질 평가 0점 처리)

배 합 표

비율(%)	재료명	무게(g)
100	박력분	250
70	설탕(A)	175(176)
10	물엿	25(26)
1	소금	2.5(2)
20	물	50
1	바닐라향	2.5(2)
60	설탕(B)	150
280	달걀	700
1	베이킹파우더	2.5(2)
50	식용유	125(126)
593	계	1,482.5(1484)

(※ 충전용 재료는 계량시간에서 제외)

80	잼	200

1. 달걀은 노른자와 흰자 분리가 잘 되야한다.
2. 노른자는 잘 풀어주기–소금과 설탕, 물엿 혼합 후 중탕하여 용해 이후에 휘핑해야 거품이 잘 올라온다.
3. 흰자는 절대로 노른자 혼합되면 안 됨
4. 머랭 작업 시 중간상태 머랭 제조에 신경쓰기
5. 구운 이후 기본 5분 정도는 냉각이후 말기 작업하기(케이크 시트가 부드러워 냉각이 적절히 안되고 말면 시트 자체가 눌려 부피가 작다)

01 재료계량

02 달걀
▶손실 없이 노른자/흰자 분리하기

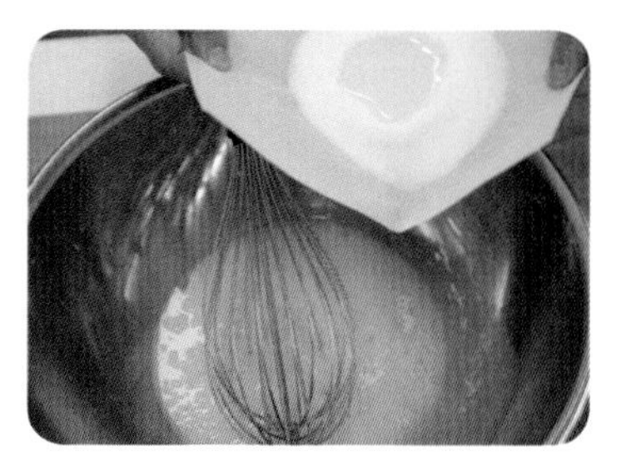

03 노른자 ▶잘 풀기
▶소금 + 설탕A + 물엿
▶혼합하기

04 소금+설탕A + 물엿
▶혼합 후 중탕하기
▶온도 너무 높지 않게 하기

05 휘핑하기
▶아이보리색 = 밝은 반죽색
▶휘퍼 모양이 남을 것

06 물
▶혼합하기

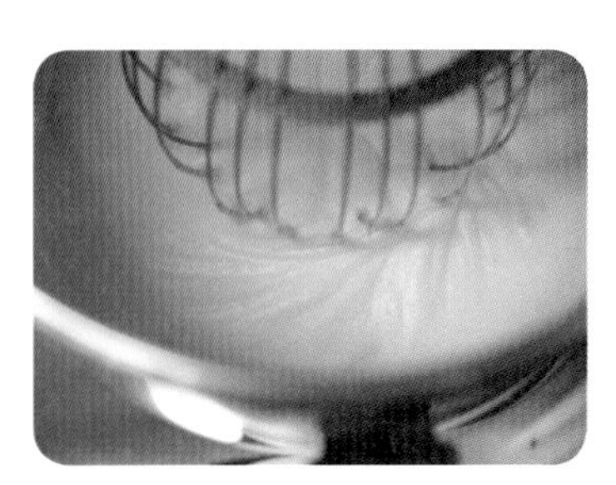

07 흰자 + 설탕B
▶휘핑하기

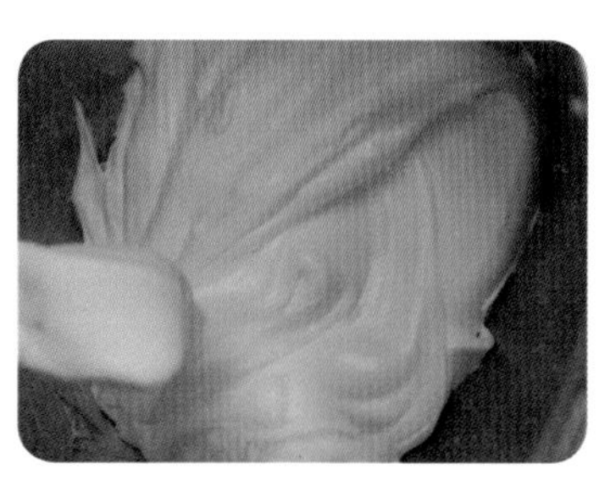

08 흰자 + 설탕B
▶중간상태 머랭 휘핑하기
(중간피크 머랭)

09 머랭 1/2 혼합하기

10 머랭 1/2 혼합하기

11 체질한 가루재료
▶혼합하기

12 체질한 가루재료
▶혼합하기

13 반죽에
▶식용유 + 일부반죽
▶혼합 : 반죽성질 가깝게!

14 반죽에
▶식용유 + 일부반죽
▶혼합 : 반죽성질 가깝게!

15 반죽에
▶식용유 + 일부반죽
▶혼합 : 반죽성질 가깝게!

16 반죽에
▶식용유 + 일부반죽
▶매끈하게 혼합하기

17 머랭 1/2 혼합하기

18 머랭 1/2 혼합하기

19 머랭 1/2 혼합하기
▶매끈하게 혼합하기

20 물 무게
비중 : 0.50±0.05
반죽온도 : 22℃

21 반죽 무게
비중 : 0.50±0.05
반죽온도 : 22℃

22 반죽30g + 캐러멜6g
▶모양내기용

23 평철판 + 위생지
▶반죽 붓기

24 반죽
▶수평 맞추기

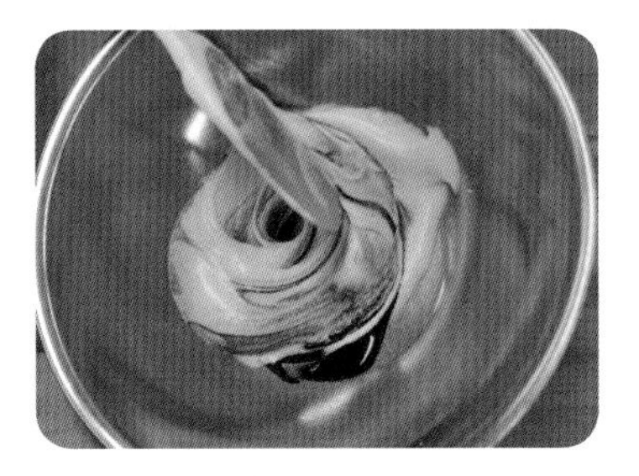

25 반죽 30g + 캐러멜 6g
▶모양내기용

26 3cm 간격으로 짜기
▶간격 잘 맞추기

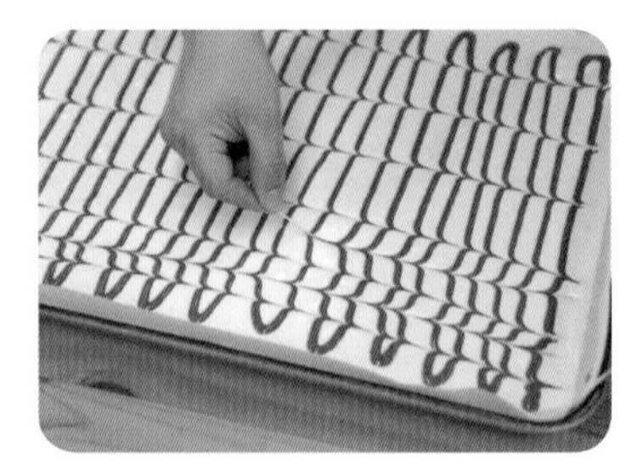

27 온도계나 이쑤시게 활용
▶0.5cm 깊이로 지그재그

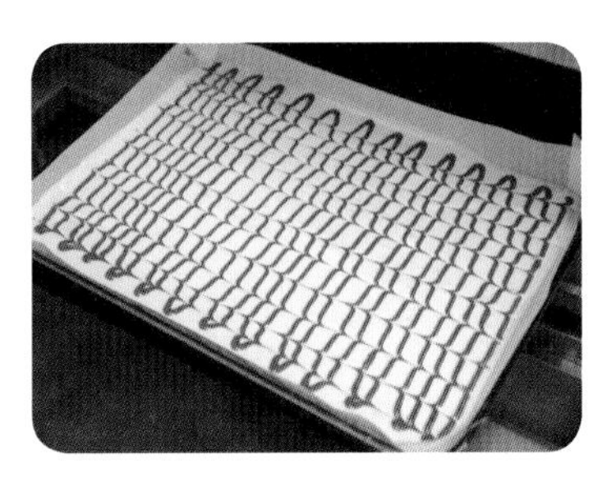

28 온도계나 이쑤시게 활용
▶0.5cm 깊이로 지그재그

29 굽기
상 170℃전후 25~30분
하 160℃전후 상태판단

30 굽기
상 170℃전후 25~30분
하 160℃전후 상태판단

31 냉각팬에 뒤집기

32 냉각팬에 뒤집기
▶소프트하기에
▶냉각 5분 이후 말기

33 젖은 면포에 놓기
▶종이 옆면 먼저 분리
▶전체적으로 분리

34 딸기잼 골고루 바르기
▶살짝 누르듯이 말기

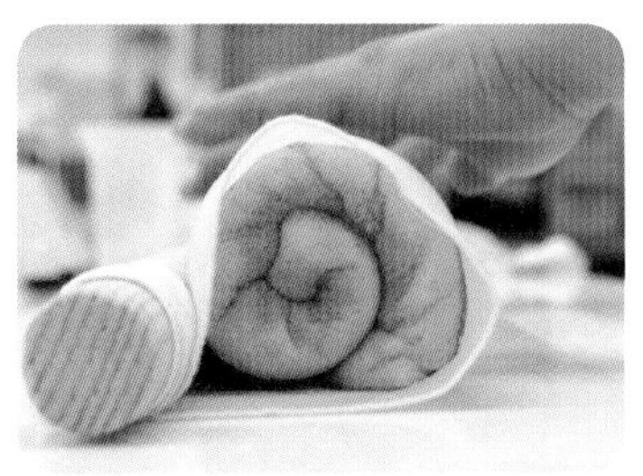

35 말기 후 면포이용
▶모양잡기

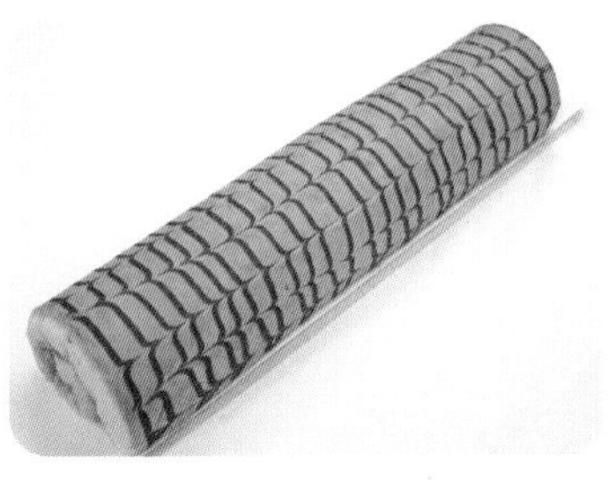

36 소프트 롤 케이크 완성품

노른자 휘핑 X //
충분히 식히고
팬에서 분리하기

시퐁 케이크

시험시간 1시간 40분

반죽방법 시퐁법 = 전통 별립법

오븐온도 170℃전후/160℃전후
35~40분(상태판단)

요구사항

시퐁 케이크(시퐁법)를 제조하여 제출하시오.

❶ 배합표의 각 재료를 계량하여 재료별로 진열하시오(8분).
❷ 반죽은 시퐁법으로 제조하고 비중을 측정하시오.
❸ 반죽온도는 23℃를 표준으로 하시오.
❹ 시퐁팬을 사용하여 반죽을 분할하고 구우시오.
❺ 반죽은 전량을 사용하여 성형하시오.

배 합 표

비율(%)	재료명	무게(g)
100	박력분	400
65	설탕(A)	260
65	설탕(B)	260
150	달걀	600
1.5	소 금	6
2.5	베이킹파우더	10
40	식용유	160
30	물	120
454	계	1,816

1. 달걀은 노른자와 흰자 분리가 잘 되야한다.
2. 노른자는 잘 풀어주기. 휘핑은 안 한다.
3. 가루재료 혼합 시에 매끈하면 끝! (글루텐 최소화)
4. 머랭 제조 후에 3번에 나누어서 혼합 시에 체크해 가면서 한다.
5. 충분히 굽고 굽기 이후 뒤집어서 충분히 냉각 후에 팬에서 분리하기

01 재료계량

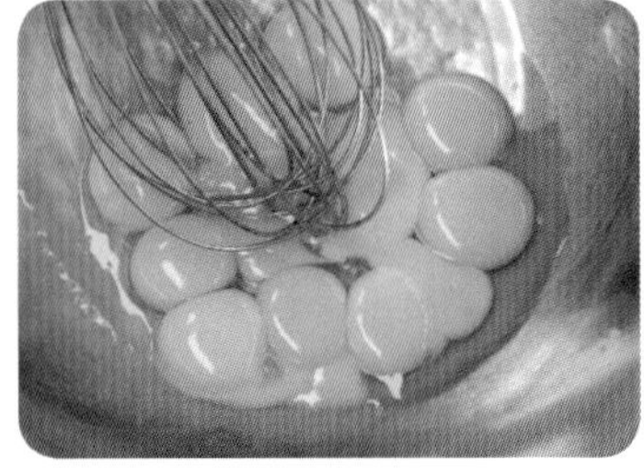

02 달걀
▶손실 없이 노른자//흰자 분리하기

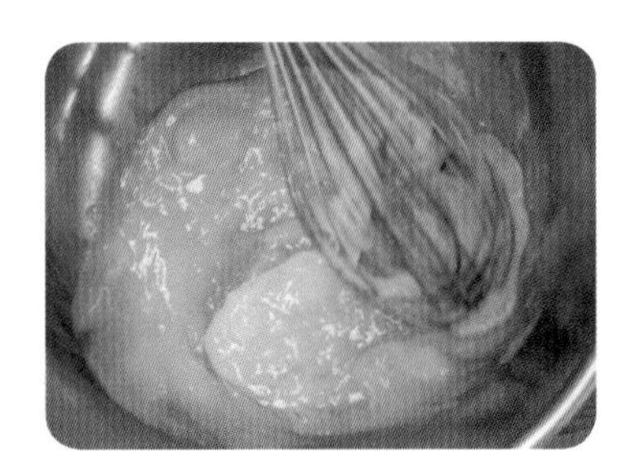

03 노른자
▶잘 풀기

04 식용유
▶혼합하기

05 소금 + 설탕A + 물
▶혼합하기

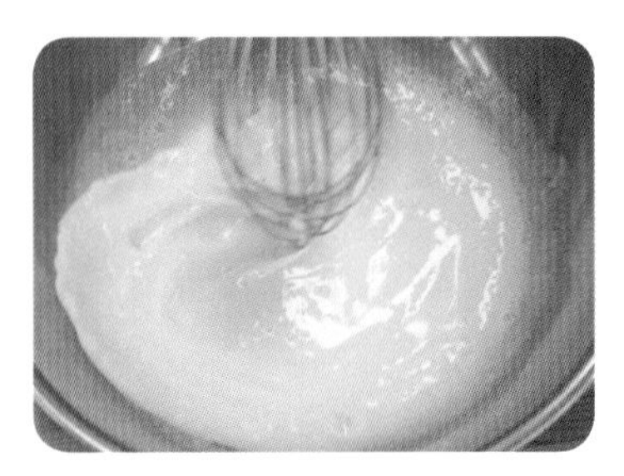

06 소금 + 설탕A + 물
▶혼합하기

07 흰자 + 설탕B
▶혼합하기

08 흰자 + 설탕B
▶설탕 침전이 안되도록 혼합하기

09 체질한 가루재료
▶혼합하기

10 체질한 가루재료
▶혼합하기

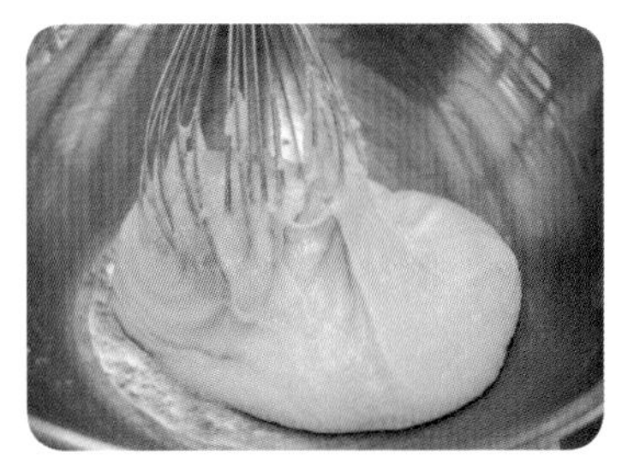

11 체질한 가루재료
▶매끈하게 혼합하기

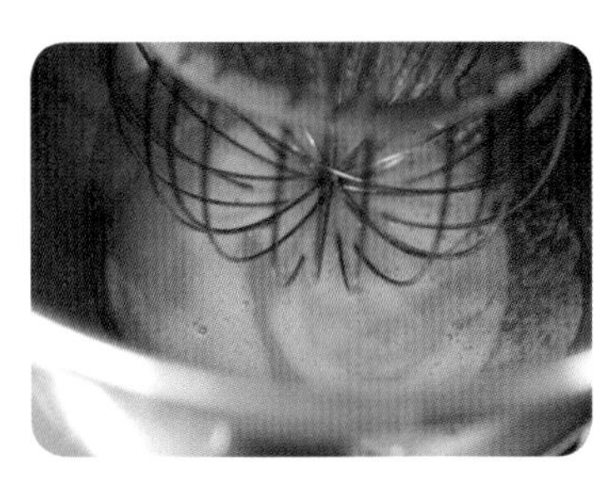

12 흰자 + 설탕B
▶휘핑하기

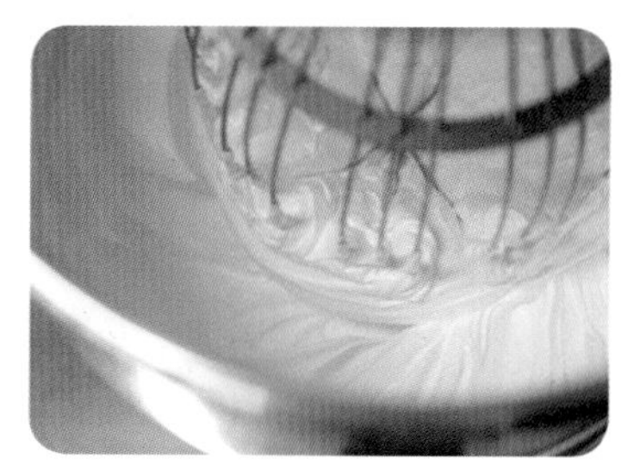

13 흰자 + 설탕B
▶휘핑하기

14 머랭 1/3 혼합하기
▶처음 머랭 혼합 시에 거품기 이용해야 잘 혼합됨

15 머랭 1/3 혼합하기
▶처음 머랭 혼합 시에 거품기 이용해야 잘 혼합됨

16 머랭 1/3 혼합하기
▶두 번째 머랭혼합 부터는 알뜰주걱을 이용하기

17 머랭 1/3 혼합하기
▶두 번째 머랭혼합 부터는 알뜰주걱을 이용하기

18 머랭 1/3 혼합하기
▶두 번째 머랭혼합 부터는 알뜰주걱을 이용하기

19 머랭 1/3 혼합하기

20 머랭 1/3 혼합하기

21 머랭 1/3 혼합하기

22 물 무게
비중 : 0.50±0.05
반죽온도 : 23℃

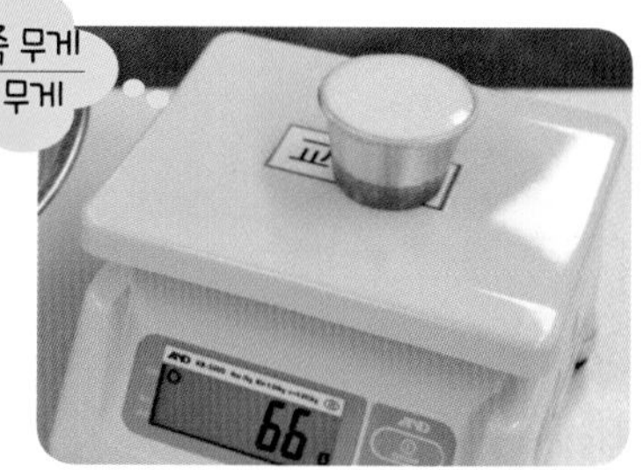

23 반죽 무게
비중 : 0.50±0.05
반죽온도 : 23℃

24 시퐁팬에 분무기이용
▶골고루 스프레이 하기
▶이형제 역할

25 시퐁팬에 반죽 채우기
▶총중량 ÷ 4개로 채우기

26 시퐁팬에 반죽 채우기
▶온도계이용 반죽 골고루 분산하기(얼룩방지)

27 굽기
상 170℃전후 35~40분
하 160℃전후 상태판단

28 굽기
상 170℃전후 35~40분
하 160℃전후 상태판단

29 굽기
상 170℃전후 35~40분
하 160℃전후 상태판단

30 뒤집어서 냉각하기

31 뒤집어서 냉각하기
▶젖은 행주이용
▶빠른 냉각시키기

32 충분히 냉각되면
▶손끝을 이용하여 누르듯 탄력적으로 누르기

33 뒤집어서 팬 분리하기

34 옆을 살짝 누르듯 분리

35 시퐁 케이크 완성품

36 시퐁 케이크 절단면
▶부피감이 있게 나오면 됨

충전물 전처리 및
혼합부분 체크하기

과일 케이크

시험시간 2시간 30분

반죽방법 복합 별립법

오븐온도 175℃전후/160℃전후
30~35분 전후(상태판단)

요구사항

과일 케이크를 제조하여 제출하시오.

❶ 배합표의 각 재료를 계량하여 재료별로 진열하시오(13분).

❷ 반죽은 별립법으로 제조하시오.

❸ 반죽온도는 23℃를 표준으로 하시오.

❹ 제시한 팬에 알맞도록 분할하시오.

❺ 반죽은 전량을 사용하여 성형하시오.

배 합 표

비율(%)	재료명	무게(g)
100	박력분	500
90	설탕	450
55	마가린	275(276)
100	달걀	500
18	우유	90
1	베이킹파우더	5(4)
1.5	소금	7.5(8)
15	건포도	75(76)
30	체리	150
20	호두	100
13	오렌지필	65(66)
16	럼주	80
0.4	바닐라향	2
459.9	계	2,299.5(2,300~2,302)

1. 전처리 과일은 각 각 준비하기
2. 달걀은 노른자와 흰자 분리가 잘 되야한다.
3. 마가린은 크림화 충분히 하기
4. 머랭은 흰자의 설탕양을 충분히 넣어 단단한 머랭을 제조하기
5. 충전물은 혼합 후에 밀가루 코팅하기(굽기 중 침전 방지용)
6. 혼합 시에 가볍게 벽을 타듯이 혼합하기

01 재료계량

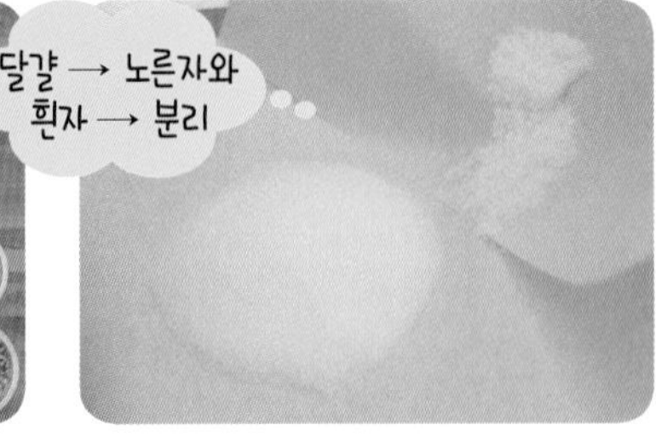

02 설탕 450g 나누기
▶노른자 부분에 ▶100g
▶흰자 부분에 ▶350g

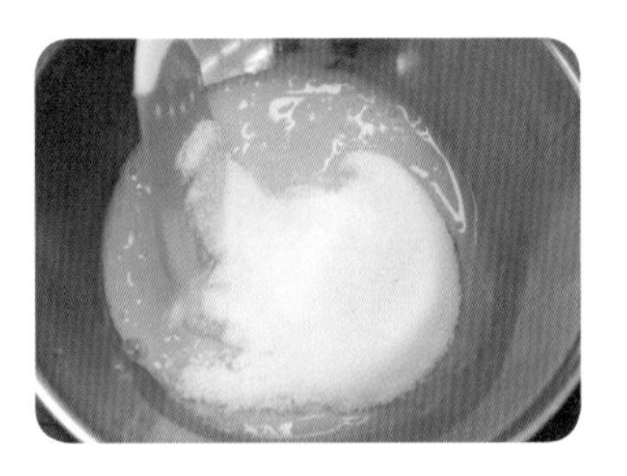

03 노른자 ▶잘 풀기
▶소금 + 설탕100g
▶혼합하기

04 흰자 + 설탕350g
▶혼합하기

05 흰자 + 설탕350g
▶혼합하기 : 설탕 침전X

06 흰자 작업 + 노른자 작업
▶준비작업 완료

07 건포도 + 럼
▶침지
▶배수 작업

08 체리
▶수분 최대한 제거하기
▶적당히 자르기

09 호두
▶구워서 사용

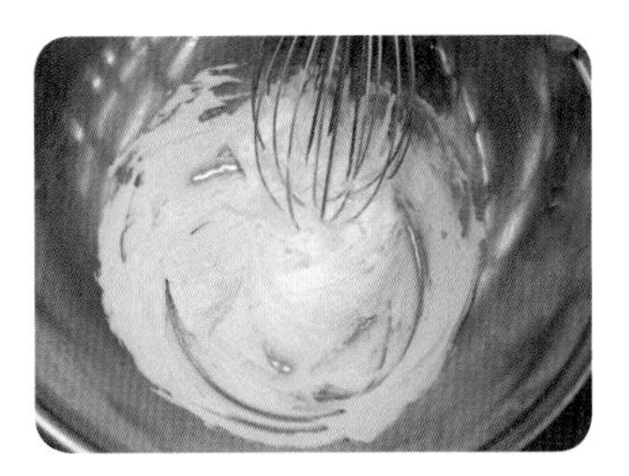

10 마가린 ▶수작업하기
▶부드럽게 크림화
▶부피증가, 밝은 색감

11 노른자
▶1/3 투입 후 휘핑
▶크림화

12 노른자
▶1/3 투입 후 휘핑
▶크림화

13 노른자
▶1/3 투입 후 휘핑
▶크림화 ▶완료하기

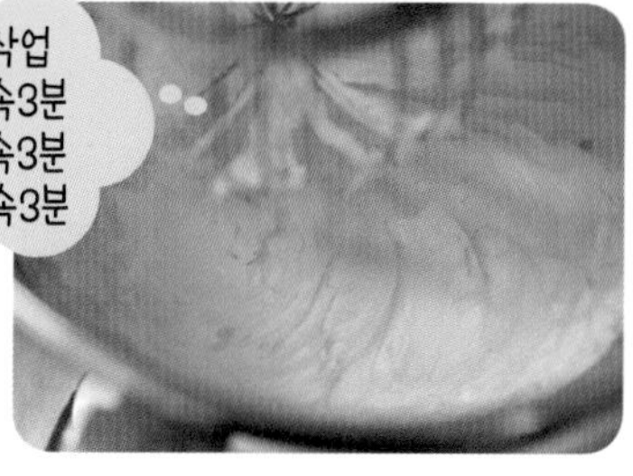

14 흰자
▶중간에서 건조 상태 머랭
▶상태를 잘 봐야함.

15 건포도 + 럼
▶체에 받쳐 준비하기

16 건조과일 + 호두
▶혼합하기

17 건조과일 + 호두
▶골고루 혼합하기

18 배합비 적정량의 박력분
▶혼합하여 코팅하기
▶굽기 중 침전방지용

19 충전물 1/2
▶혼합하기

20 충전물 1/2
▶골고루 혼합하기

21 머랭 1/2
▶혼합하기

22 머랭 1/2
▶골고루 혼합하기

23 우유 + 럼주
▶혼합하기

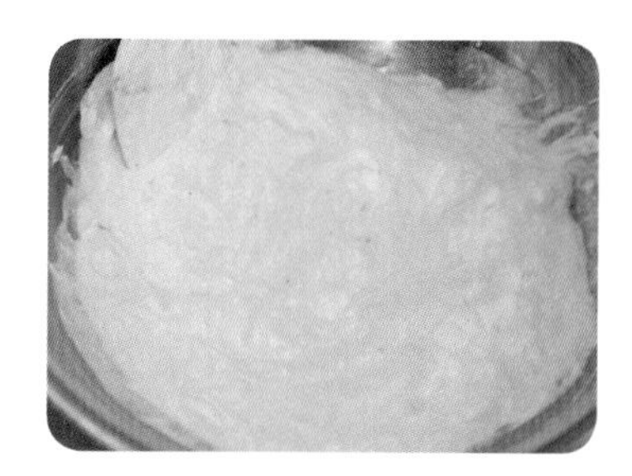

24 우유 + 럼주
▶골고루 혼합하기

25 가루재료
▶골고루 혼합하기

26 가루재료
▶골고루 혼합하기

27 머랭 1/2
▶골고루 혼합하기

28 머랭 1/2
▶골고루 혼합하기

29 머랭 1/2
▶골고루 혼합하기

30 충전물 1/2
▶골고루 혼합하기

31 충전물 1/2 ▶혼합
▶너무 오래 혼합 X
▶거품이 깨지면 부피 감소

32 시퐁팬에 반죽 채우기
▶총중량 ÷ 4개로 채우기

33 시퐁팬에 반죽 채우기
▶위부분 수평 맞추기

34 굽기(원형팬 기준)
상 175℃전후 30분 전후
하 160℃전후 상태판단

35 굽기(파운드팬 기준)
상 175℃전후 35분 전후
하 160℃전후 상태판단

36 굽기 완료

37 완제품의 단면 : 파운드
▶충전물이 골고루 분포

38 완제품의 단면 : 파운드
▶충전물이 골고루 분포

39 완제품의 단면 : 파운드
▶충전물이 골고루 분포

40 완제품의 단면 : 원형
▶충전물이 골고루 분포

41 완제품의 단면 : 원형
▶충전물이 골고루 분포

42 완제품의 단면 : 원형
▶충전물이 골고루 분포

매끈하게 혼합 후
굽기와 분리에 주의

치즈 케이크

시험시간 2시간 30분

반죽방법 복합 별립법

오븐온도 160℃전후/150℃전후
50분 전후(상태판단)

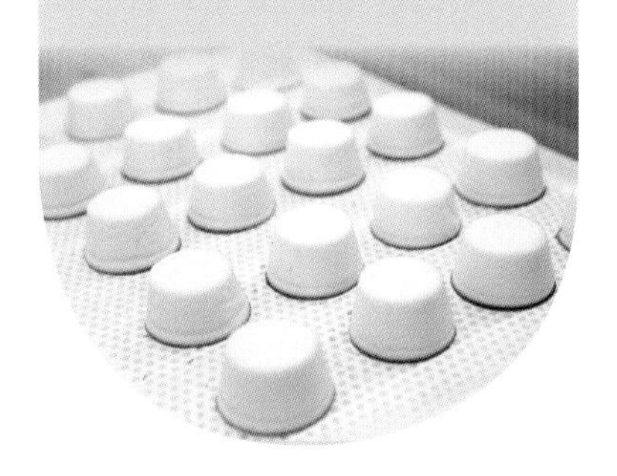

요구사항

치즈 케이크를 제조하여 제출하시오.

❶ 배합표의 각 재료를 계량하여 재료별로 진열하시오(9분).
❷ 반죽은 별립법으로 제조하시오.
❸ 반죽온도는 20℃를 표준으로 하시오.
❹ 반죽의 비중을 측정하시오.
❺ 제시한 팬에 알맞도록 분할하시오.
❻ 굽기는 중탕으로 하시오.
❼ 반죽은 전량을 사용하시오.
※ 감독위원은 시험 전 주어진 팬을 감안하여 팬의 개수를 지정하여 공지한다.

배 합 표

비율(%)	재료명	무게(g)
100	중력분	80
100	버터	80
100	설탕(A)	80
100	설탕(B)	80
300	달걀	240
500	크림치즈	400
162.5	우유	130
12.5	럼주	10
25	레몬주스	20
1,400	계	1,120

1. 치즈 케이크는 미리 사전준비 작업을 하기
2. 팬에 버터칠은 충분히 하기(설탕 코팅은 선택)
3. 크림치즈는 나무주걱으로 작업 후에 거품기로 교환하여 작업하기
4. 머랭은 젖은 상태 머랭에서 중간 상태 머랭의 중간 정도로 만든다.
5. 머랭 혼합 시는 가볍게 매끈하게 혼합하기
6. 굽기 중 팽창되면 중간 증기를 빼면서 굽기 한다.

01 재료계량

02 달걀
▶노른자와 흰자로 분리

03 달걀 준비
▶노른자 ▶잘 풀어놓기
▶흰자

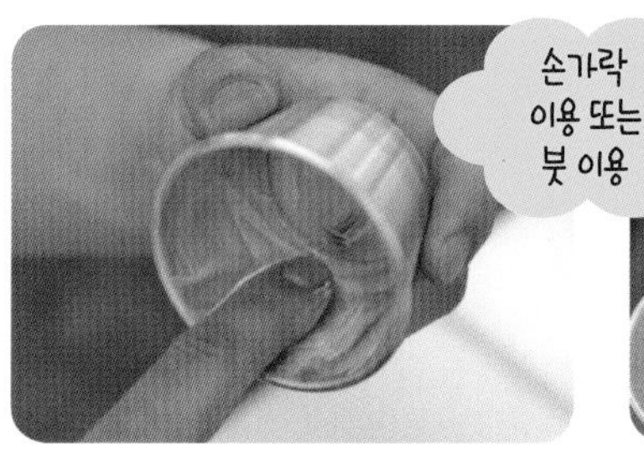

04 치즈케이크 컵(비중컵)
▶버터 바르기(코팅)
▶충분히 바르기(이형제)

05 치즈케이크 컵(비중컵)
▶버터 바르기(코팅)
▶충분히 바르기(이형제)

06 치즈케이크 컵(비중컵)
▶버터 코팅 후 설탕 코팅
▶이형제 역할

07 크림치즈
▶나무주걱 이용해서 풀기

08 크림치즈
▶나무주걱 이용해서 풀기
▶중탕하여 부드럽게 풀기

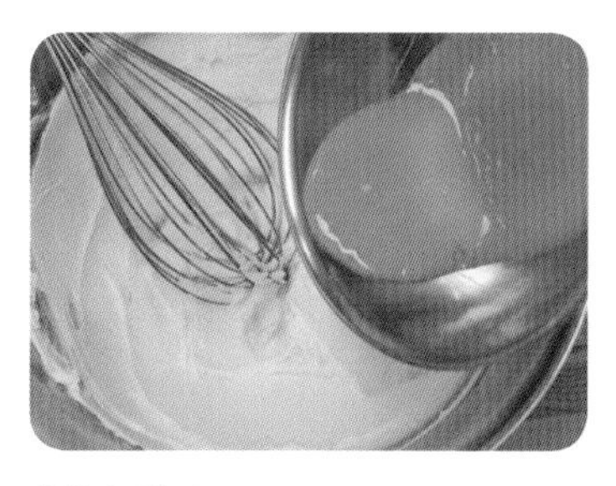

09 노른자
▶거품기로 혼합하기

10 노른자
▶거품기로 혼합하기

11 설탕A
▶혼합하기

12 설탕A
▶골고루 혼합하기

13 체질한 가루재료
▶골고루 혼합하기

14 럼주 + 레몬주스
▶투입

15 우유
▶투입

16 수분재료
▶골고루 혼합하기

17 알뜰주걱으로 깔끔히 마무리하기

18 흰자
▶휘핑하기

19 흰자
▶휘핑하기

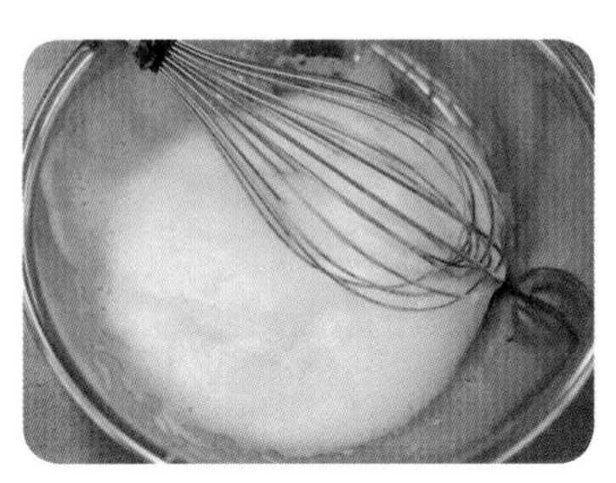

20 흰자 거품 60% 정도 올리기
▶휘핑하기

21 흰자 60% + 설탕1/3 1회
▶혼합 후
▶휘핑하기

22 흰자 + 설탕1/3 2회
▶혼합 후
▶휘핑하기

23 흰자 + 설탕1/3 3회
▶혼합 후
▶휘핑하기

24 젖은 상태 머랭과 중간 상태 머랭으로 만들기

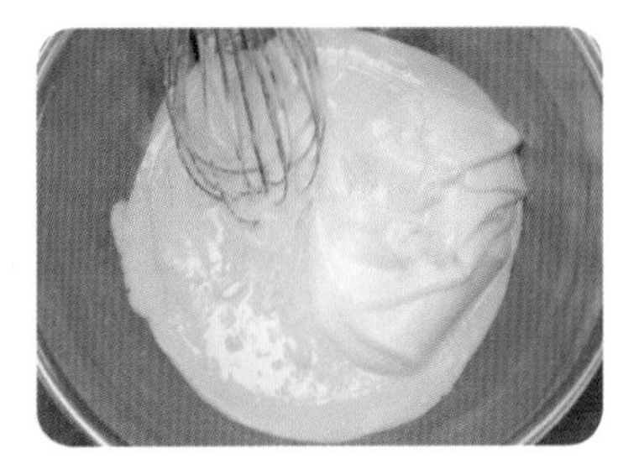

25 머랭 1/3
▶혼합하기

26 머랭 1/3
▶혼합하기

27 머랭 1/3
▶혼합하기

28 머랭 1/3
▶혼합하기

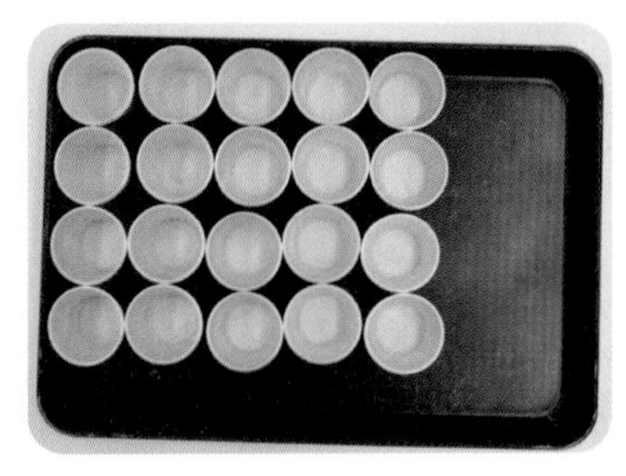

29 팬 준비

30 팬 준비

31 비중 재기
▶수평 맞추기

32 물 무게
비중 : 0.70±0.05
반죽온도 : 20℃

33 반죽 무게
비중 : 0.70±0.05
반죽온도 : 20℃

34 팬 넣기
▶총중량 ÷ 20개로 채우기
▶1개당 대략 56g

35 태핑하여 수평 맞추기
▶젖은 행주 깔고서 하면
▶소리 안나고 좋음

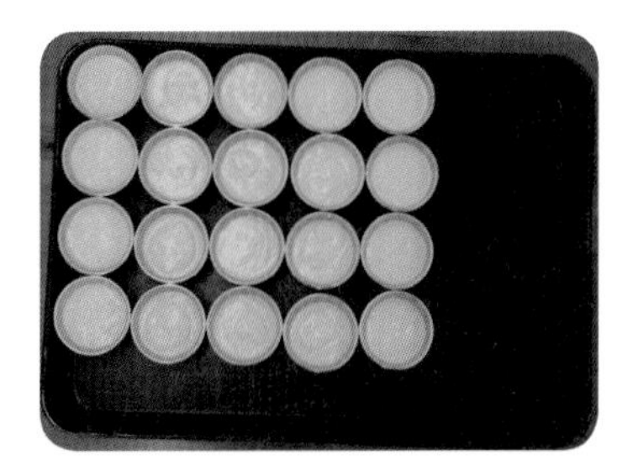

36 20개 채우기

37 오와 열을 벌리기
▶잘 구워지기 위함

38 따뜻한 물 붓기
▶오븐 앞에서 할 것
▶1/2~1/3 정도 채우기

39 굽기(중탕으로 굽기)
상 160℃전후 50분 전후
하 150℃전후 상태판단

40 굽기(중탕으로 굽기)
▶50% 팽창되고 진행되면
▶중간에 증기 빼주고 굽기

41 굽기(중탕으로 굽기)
상 160℃전후 50분 전후
하 150℃전후 상태판단

42 굽기 완료

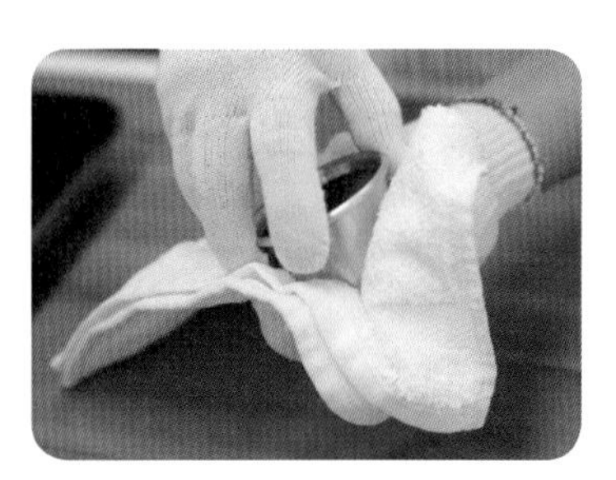

43 나오면 밑 부분의
▶물기 제거하기

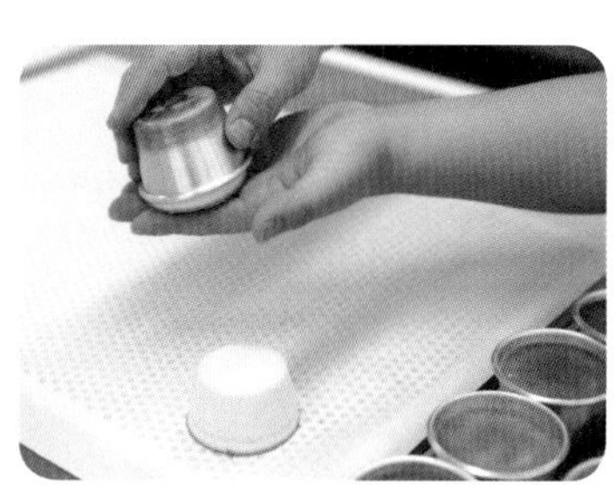

44 팬에서 분리하기
▶뒤집기

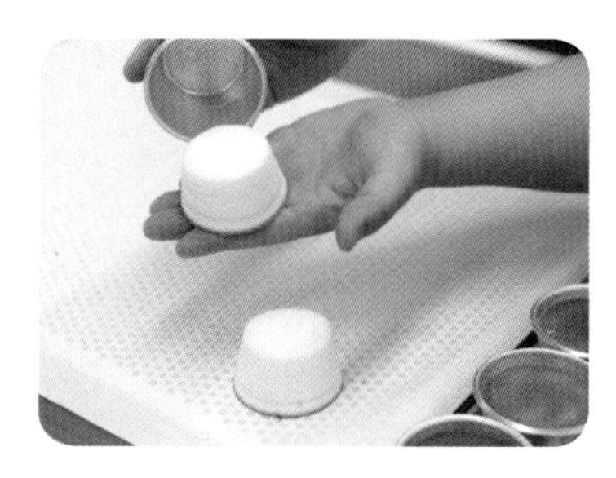

45 팬에서 분리하기
▶뒤집기

46 팬에서 분리하기
▶뒤집기

47 완제품
▶매끈하게 나오면 좋음

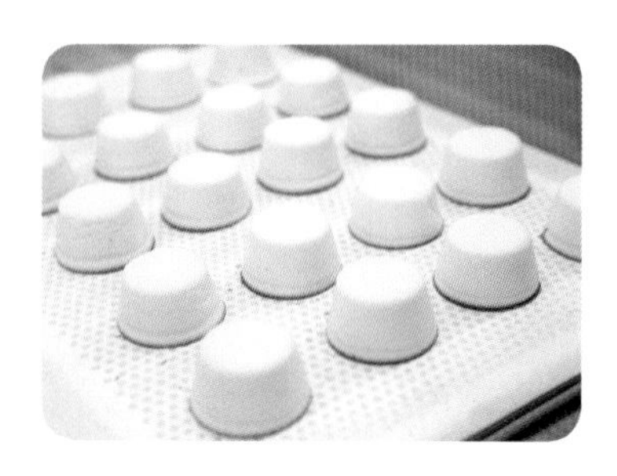

48 완제품 20개
▶매끈하게 나오면 좋음
▶밝고 선명하게 나옴

머랭상태 체크와
가루재료 혼합 체크
(너무 오래하면 거품 가라앉음)

다쿠와즈

시험시간 1시간 50분

반죽방법 머랭법

오븐온도 190℃/160℃전후
10~15분(상태판단)

요구사항

다쿠와즈를 제조하여 제출하시오.

❶ 배합표의 각 재료를 계량하여 재료별로 진열하시오(5분).
❷ 머랭을 사용하는 반죽을 만드시오.
❸ 표피가 갈라지는 다쿠와즈를 만드시오.
❹ 다쿠와즈 2개를 크림으로 샌드하여 1조의 제품으로 완성하시오.
❺ 반죽은 전량을 사용하여 성형하시오.

배 합 표

비율(%)	재료명	무게(g)
130	달걀흰자	325(326)
40	설탕	100
80	아몬드분말	200
66	분당	165(166)
20	박력분	50
336	계	840(842)

(※ 충전용 재료는 계량시간에서 제외)

90	버터크림(샌드용)	225(226)

1. 머랭 작업 시에 흰자에 설탕이 충분히 용해가 되고 힘이 있는 머랭을 제조한다.
2. 가루재료는 가볍게 매끈하게 혼합하여 모양이 잘 남아있어야 안정적인 제품을 얻을 수 있다.
3. 짜기는 가볍게 하기
4. 스크래핑도 가볍게 하기
5. 분당 1회 뿌리기와 굽기 전 뿌리기는 가볍게 하기
6. 구운 후 분리 후에 충전크림 일정양으로 샌드하기

01 재료계량

02 분당 + 아몬드 분말 + 박력분
▶혼합 후 체질
▶2회 정도하면 좋음

03 가루재료 준비 완료

04 흰자
▶휘핑하기
▶표면적을 좁게 잡기

05 흰자
▶휘핑하기
▶공기를 넣어야 잘 올라옴

06 흰자
▶휘핑하기
▶끌어 올리듯이 공기 투입

07 흰자 거품 60% 올리기
▶휘핑하기
▶안정적으로 올리기

08 흰자거품 60% + 설탕1/3
▶혼합 후
▶휘핑하기

09 흰자 + 설탕1/3
▶혼합 후
▶휘핑하기

10 흰자거품 70% + 설탕1/3
▶혼합 후
▶휘핑하기

11 흰자 + 설탕1/3
▶혼합 후
▶휘핑하기

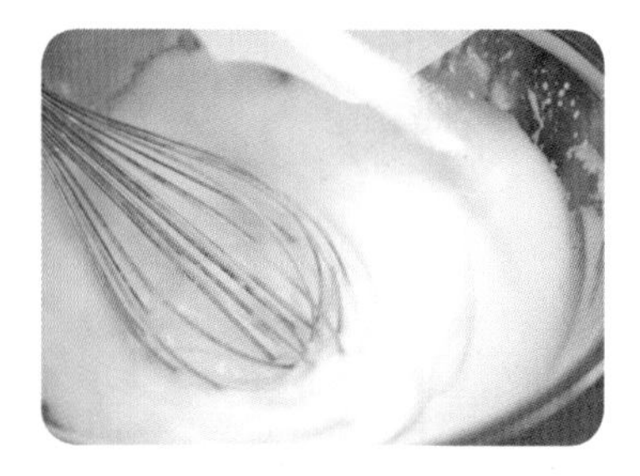

12 흰자거품 80% + 설탕1/3
▶혼합 후
▶휘핑하기

13 중간 상태 머랭에서 건조 상태 머랭 만들기
▶상태 판단

14 가루재료
▶혼합하기

15 가루재료
▶가볍게 혼합하기

16 가루재료
▶가볍게 혼합하기
▶벽을 타듯이 가볍게 혼합

17 반죽상태 보기
▶반죽의 모양이 쌓이듯
▶모양이 있어야 함

18 다쿠와즈 틀 준비
▶종이 깔기
▶테프론 시트 깔기(선택)

19 반죽 담기
▶1/3 만 담고서 짜기
▶많이 담으면 힘 조절 X

20 반죽 짜기
▶틀에 채우기

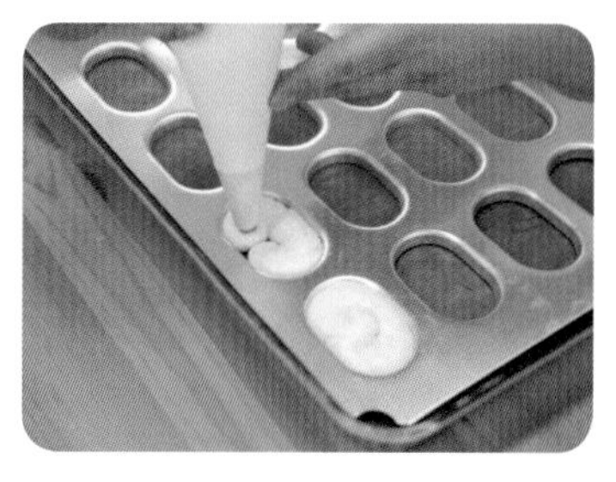

21 A형 : 반죽 짜기
▶틀에 전체 채우기

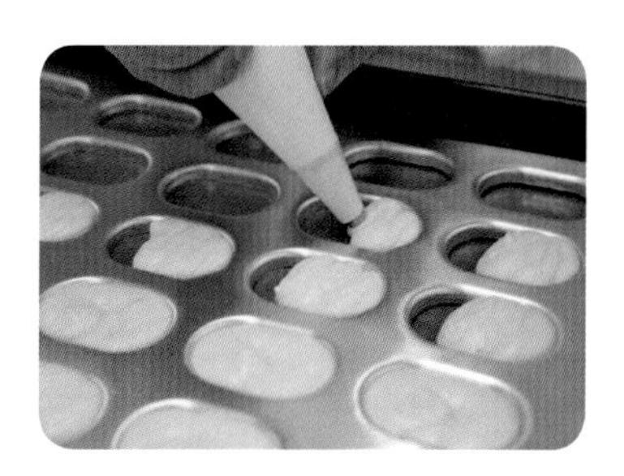

22 B형 : 반죽 짜기
▶틀에 2/3만 채우기

23 반죽 긁어내기 : 스크래핑
▶틀에서 수평으로 작업
▶가볍게 긁어야 함

24 반죽 긁어내기 : 스크래핑
▶틀에서 수평으로 작업
▶가볍게 긁어야 함

25 반죽 긁어내기 : 스크래핑
▶틀에서 수평으로 작업
▶가볍게 긁어야 함

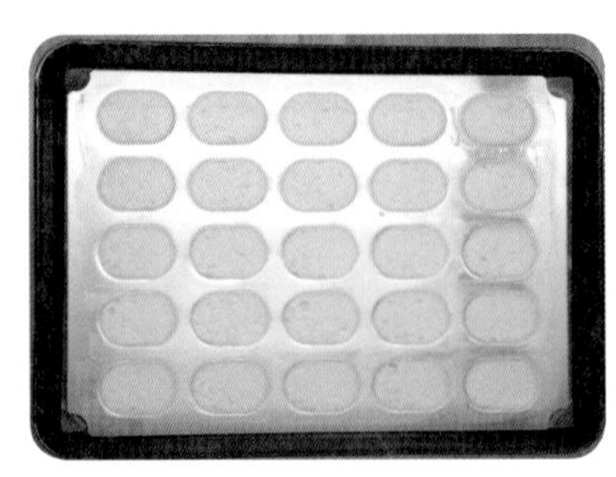

26 반죽 긁어내기
▶스크래핑

27 반죽 긁어내기
▶스크래핑

28 ※ A형 짜기 형태
▶2/3 채우고 긁기

29 ※ B형 짜기 형태
▶전체 채우고 긁기

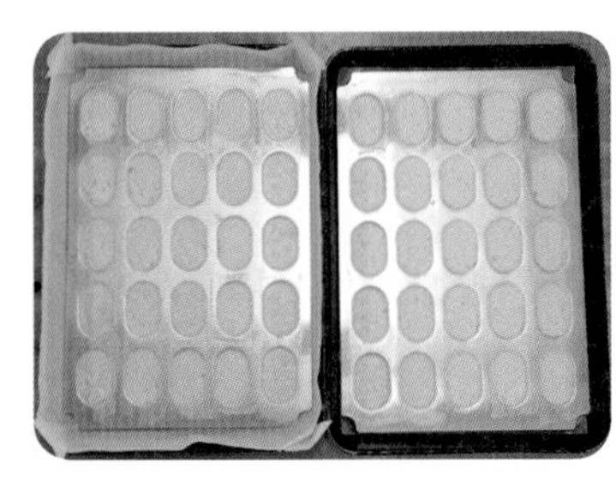

30 ※ 두 판 짜기

31 분당 1회 뿌리기

32 분당 1회 뿌리기

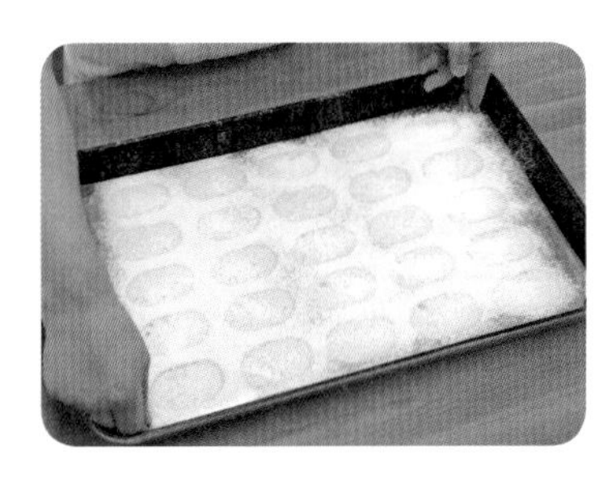

33 팬에서 틀 분리하기

34 팬에서 틀 분리하기
▶대각선 모서리 부분잡기
(테프론지 용)

35 팬에서의 상태(테프론지 용)

36 굽기 바로 직전에
▶분당 1회 뿌리기
▶얇은 막 형성되면 작업

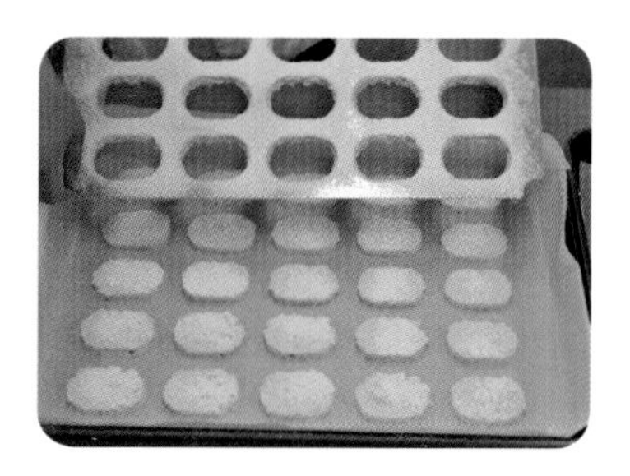

37 팬에서 틀 분리하기
▶대각선 모서리 부분잡기
(종이 깔기 용)

38 팬에서의 상태(종이 깔기 용)

39 굽기 바로 직전에
▶분당 1회 뿌리기
▶얇은 막 형성되면 작업

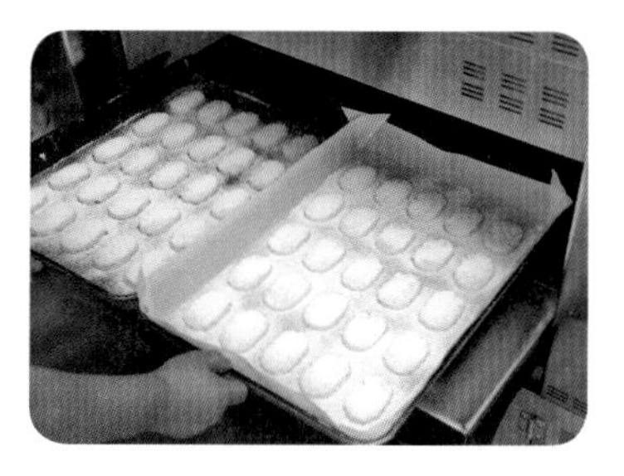

40 굽기
상 190℃전후 10~15분
하 160℃전후 상태판단

41 굽기
상 190℃전후 10~15분
하 160℃전후 상태판단

42 굽기 완료

43 분리하기(테프론지 용)
▶바로 잘 분리된다.

44 분리하기(종이 깔기 용)
▶물 칠하기

45 분리하기(종이 깔기 용)
▶물 칠하기 후 2분 정도
▶이후에 떼어내기

46 크림짜기

47 샌드하기

48 완제품
▶잘 갈라진 제품을 위로 샌드한다.

밀가루 호화상태 체크
달걀 혼합 시 되기상태 체크

슈

시험시간 2시간

반죽방법 호화법

오븐온도 185℃/165℃전후
30분 전후(상태판단)

요구사항

슈를 제조하여 제출하시오.

❶ 배합표의 각 재료를 계량하여 재료별로 진열하시오(5분).
❷ 껍질 반죽은 수작업으로 하시오.
❸ 반죽은 직경 3cm 전후의 원형으로 짜시오.
❹ 커스터드 크림을 껍질에 넣어 제품을 완성하시오.
❺ 반죽은 전량을 사용하여 성형하시오.

배 합 표

비율(%)	재료명	무게(g)
125	물	250
100	버터	200
1	소금	2
100	중력분	200
200	달걀	400
526	계	1,052

(※ 충전용 재료는 계량시간에서 제외)

500	커스터드 크림	1000

1. 밀가루는 중불에서 충분히 호화해야 됨
2. 달걀은 혼합하면서 되기를 조절해야 함
3. 짜기는 간격 유지를 충분히 해서 짜야 팽창과 색상이 잘 나옴
4. 반죽 표면에 물 분무는 잊지 말고 하기(증기압 팽창과 겉 표피 색상 밝게 얇게 잘 나옴)
5. 중간에 오븐 열지말기. 열면 팽창 후에 주저앉음
6. 크림의 양은 일정하게 넣기

01 재료계량

02 버터 + 소금 + 물
▶센 불에 끓이기

03 버터 + 소금 + 물
▶센 불에 끓이기

04 버터 + 소금 + 물
▶센 불에 끓이기
▶거품이 바글바글하게 함

05 체질한 중력분
▶혼합하기

06 체질한 중력분
▶혼합하기
▶신속하게 작업(호화시작)

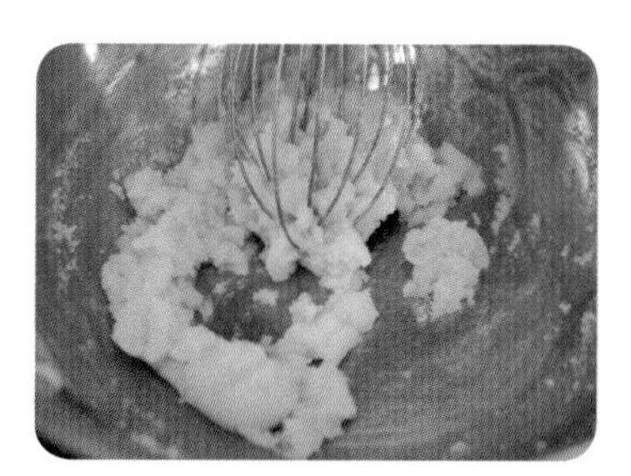

07 중불에 호화하기
▶반죽이 물고구마 상태
▶점도 생기고 선명해짐

08 달걀
▶2개 넣고 골고루 혼합
▶충분히 혼합하기

09 처음 달걀이 들어가면
▶푸실 푸실한 상태가 됨

10 달걀
▶2개 넣고 골고루 혼합
▶충분히 혼합하기

11 두 번째 달걀이 들어가면
▶반죽이 살짝 뭉쳐짐

12 달걀
▶1개 넣고 골고루 혼합
▶충분히 혼합하기

13 세 번째 달걀이 들어가면
▶반죽이 매끈해짐

14 달걀
▶1개 넣고 골고루 혼합
▶충분히 혼합하기

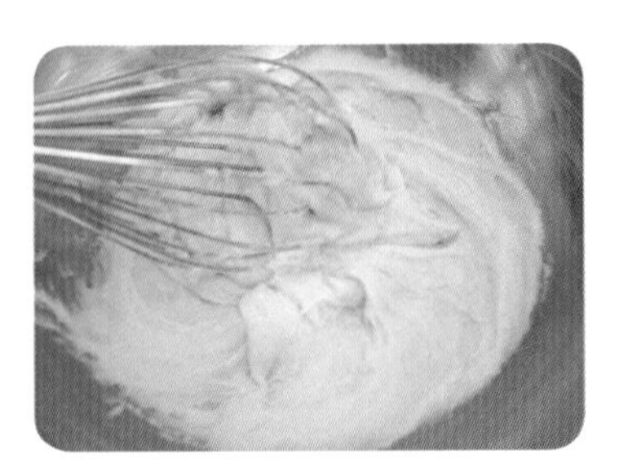

15 네 번째 달걀이 들어가면
▶반죽이 더욱 매끈해짐
▶달걀 양을 조절해야 함

16 반죽 되기 상태
▶매끈하고 쌓일 정도
▶윤기도 적정양 있어야 됨

17 알뜰주걱으로 끝 부분
▶골고루 정리하기

18 반죽 되기 정도
▶모양이 쌓일 정도 되기

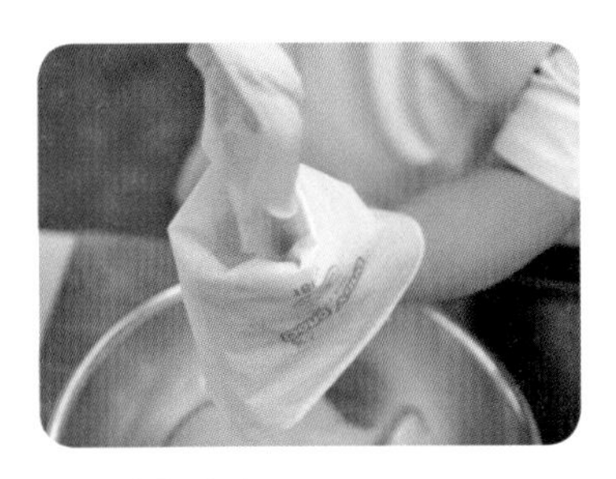

19 반죽 담기
▶1/3 만 담고서 짜기
▶많이 담으면 힘 조절 X

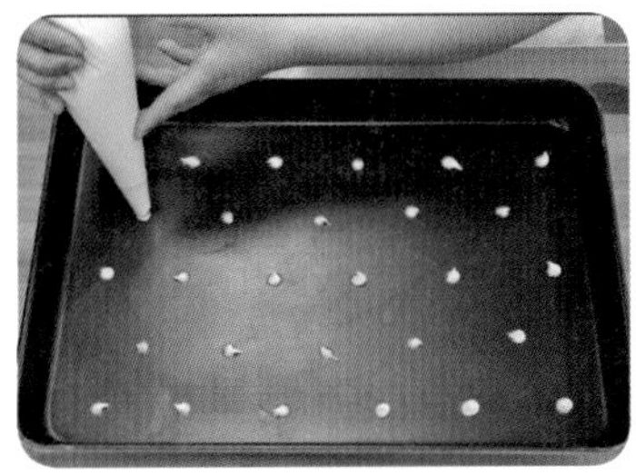

20 짜는 부분 표시하기
▶오와 열 맞추기
▶구우면 팽창이 크다.

21 반죽 짜기
▶지름 3cm 전후로 짜기

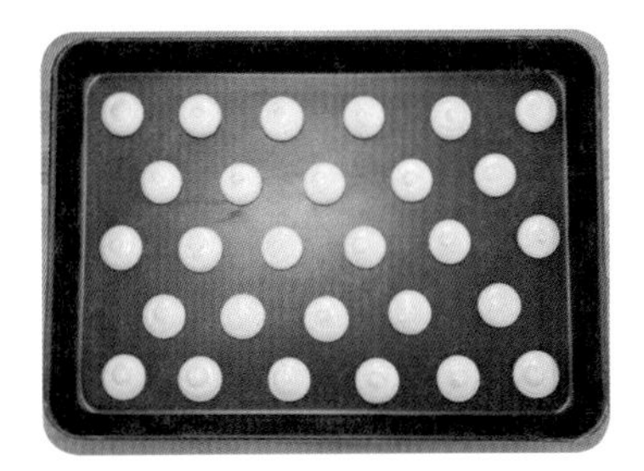

22 반죽 짜기
▶지름 3cm 전후로 짜기
▶오와 열 맞추기

23 반죽 짜기
▶지름 3cm 전후로 짜기
▶오와 열 맞추기

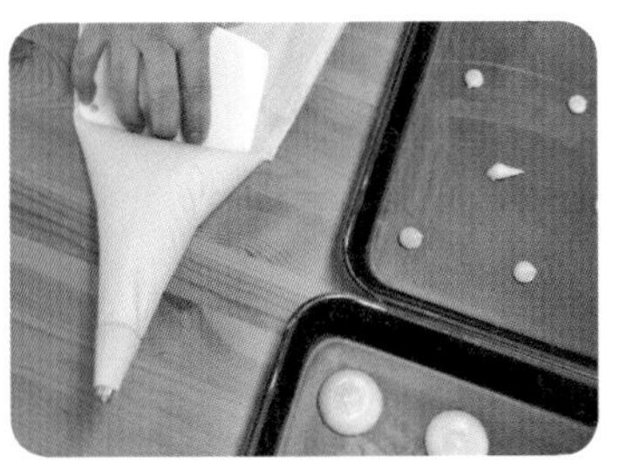

24 스크래퍼 이용
▶짜주머니의 반죽 최대이용

25 반죽 짜기
▶지름 3cm 전후로 짜기
▶오와 열 맞추기

26 반죽 짜기
▶지름 3cm 전후로 짜기
▶오와 열 맞추기

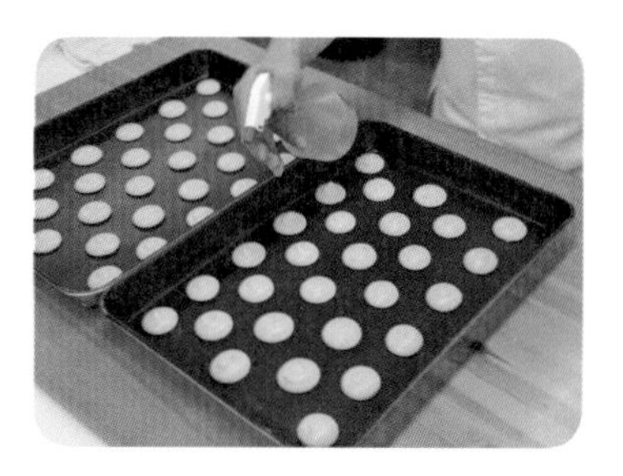

27 A형 : 반죽에 물 분무하기
▶색 밝게 함
▶오븐에서 증기압 팽창

28 B형 : 반죽에 물 침지

29 B형 : 반죽에 물 침지

30 B형 : 반죽에 물 배수
▶색 밝게 함
▶오븐에서 증기압 팽창

31 굽기
상 185℃전후 30분 전후
하 165℃전후 상태판단

32 굽기
상 185℃전후 30분 전후
하 165℃전후 상태판단

33 굽기
▶굽기 중 열지 말 것!
▶중간에 열면 주저앉음

34 충분히 말리듯이 굽기

35 굽기 완료

36 냉각 팬에 옮기기

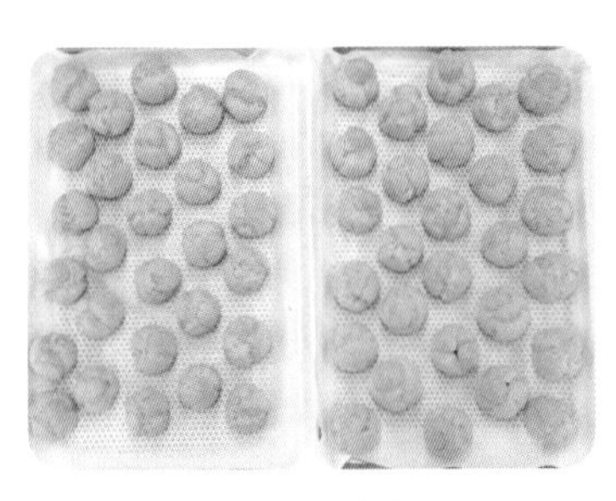

37 두 판의 제품이 일정
▶색감 밝게 함
▶겉 부분이 일정하게 터짐

38 겉 부분이 일정하게 터짐

39 겉 부분이 일정하게 터짐

40 아래 부분에 구멍 내기

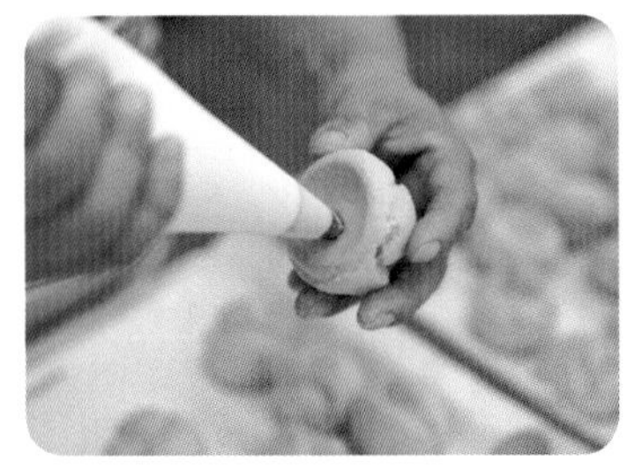

41 커스타드 크림 채우기

42 뒤집어서 일률적으로 크림 넣기

43 완제품과 절단면
▶빈 곳에 잘 채워짐

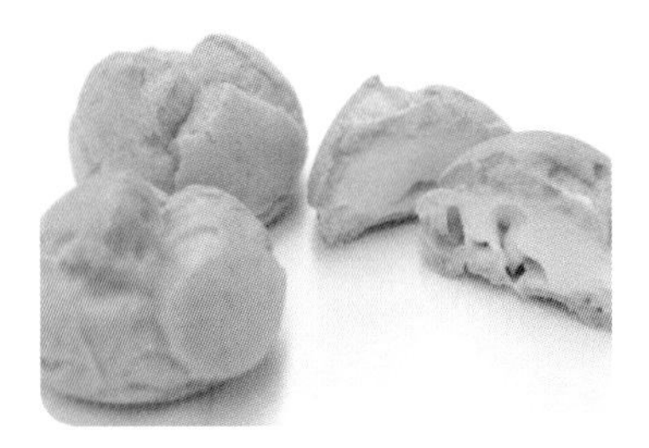

44 완제품과 부피감
▶겉 표피부분 잘 터짐

45 완제품과 절단면
▶빈 곳에 잘 채워짐

파이반죽 주름모양과
굽기 상태 체크

호두 파이

시험시간 2시간 30분

반죽방법 스코트랜드식, 일단계법

오븐온도 180~170℃/200℃전후
35분 전후(상태판단)

요구사항

호두 파이를 제조하여 제출하시오.

❶ 배합표의 각 재료를 계량하여 재료별로 진열하시오(7분).
❷ 껍질에 결이 있는 제품으로 손반죽으로 제조하시오.
❸ 껍질 휴지는 냉장온도에서 실시하시오.
❹ 충전물은 개인별로 각자 제조하시오.(호두는 구워서 사용)
❺ 구운 후 충전물의 층이 선명하도록 제조하시오.
❻ 제시한 팬 7개에 맞는 껍질을 제조하시오.
(팬 크기가 다를 경우 크기에 따라 가감)
❼ 반죽은 전량을 사용하여 성형하시오.

배 합 표

– 껍질

비율(%)	재료명	무게(g)
100	중력분	400
10	노른자	40
1.5	소금	6
3	설탕	12
12	생크림	48
40	버터	160
25	물	100
191.5	계	766

– 충전물(계량시간에서 제외)

비율(%)	재료명	무게(g)
100	호두	250
100	설탕	250
100	물엿	250
1	계피가루	2.5 (2)
40	물	100
240	달걀	600
581	계	1,452.5 (1,452)

KEY POINT

1. 파이 팬에 버터 얇게 바르기(아래 색 개선 됨)
2. 파이 반죽은 밀어펴기 좋은 되기로 맞추기
3. 반죽 테두리는 주름을 선명하고 일정하게 하기
4. 호두는 구워서 사용하기
5. 충전물은 거품제거 후에 사용하기
6. 구울 때에 팽창 이후 증기를 빼주면서 굽는 것이 반죽의 높이와 결이 일정하게 나옴

01 재료계량

02 버터
▶종이 또는 비닐에 누르기
▶얇게 만들어 냉동고

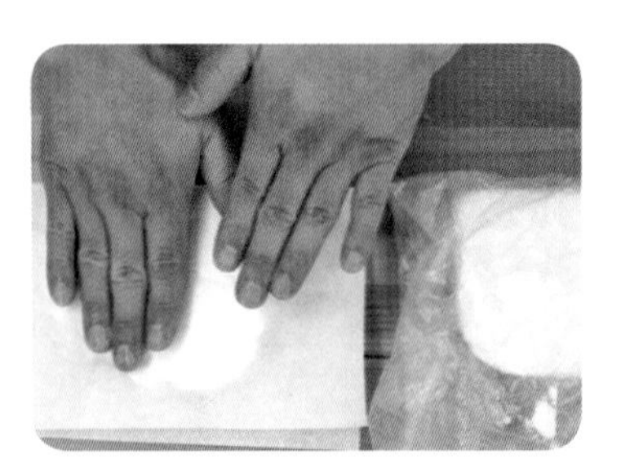

03 버터
▶종이 또는 비닐에 누르기
▶얇게 만들어 냉동고

04 물 + 소금 + 설탕 + 생크림
▶혼합하기

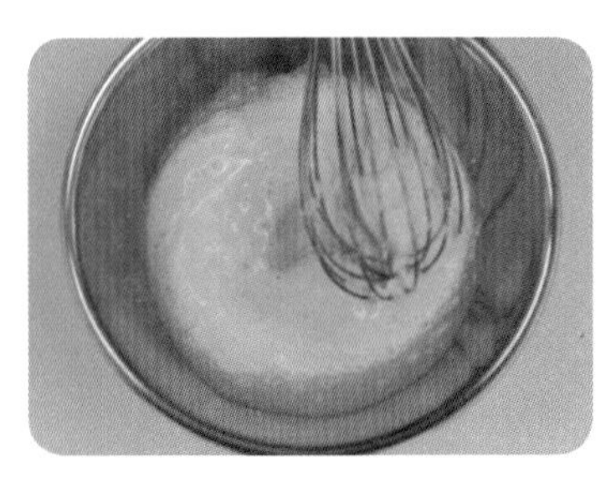

05 노른자
▶잘 풀어놓기

06 중력분
▶작업대에 바로 체질하기

07 중력분 위에 버터 놓기
▶버터에 밀가루 코팅하기

08 버터 얇게 썰기
▶스크래퍼 이용하기

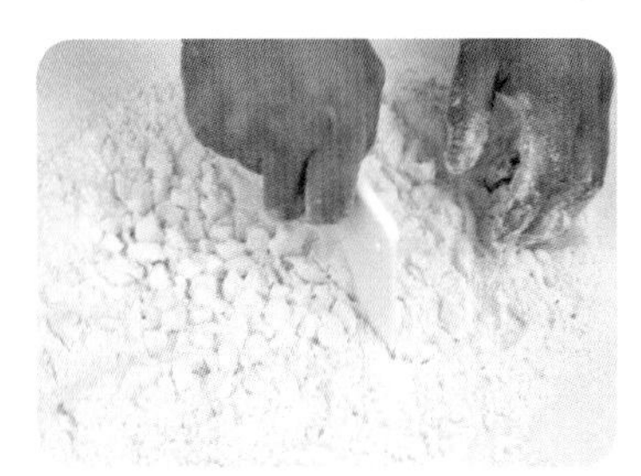

09 버터 콩알크기로 다지기
▶파이의 결을 만들어 줌

10 가루재료 + 수분재료
▶혼합하기
▶우물을 만들고 작업하기

11 가루재료 + 수분재료
▶혼합하기

12 가루재료 + 수분재료
▶혼합하기
▶스크래퍼 이용해 치대기

13 냉장 휴지
▶비닐에 싸기 후 두께일정
▶20~30분 정도

14 충전물 재료계량

15 호두
▶구워서 사용하기

16 달걀
▶잘 풀어주기
▶체에 내리기

17 설탕 + 물엿 + 계피 + 물
▶혼합하기
▶달걀 ▶혼합 ▶중탕

18 파이 팬에 버터 바르기
▶이형제 역할
▶바닥 색상 잘 나옴

19 파이 팬에 버터 바르기
▶7개 준비

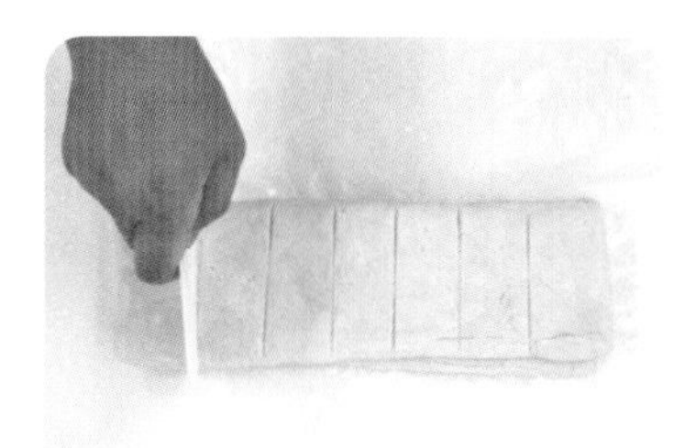

20 반죽
▶7 등분하기

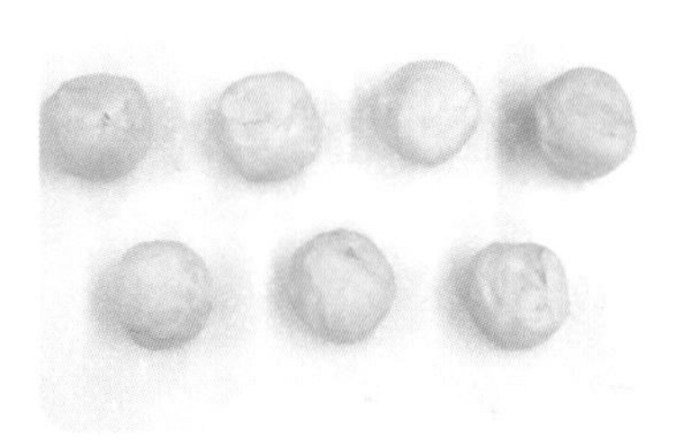

21 반죽 동그랗게 만들기
▶7개 준비

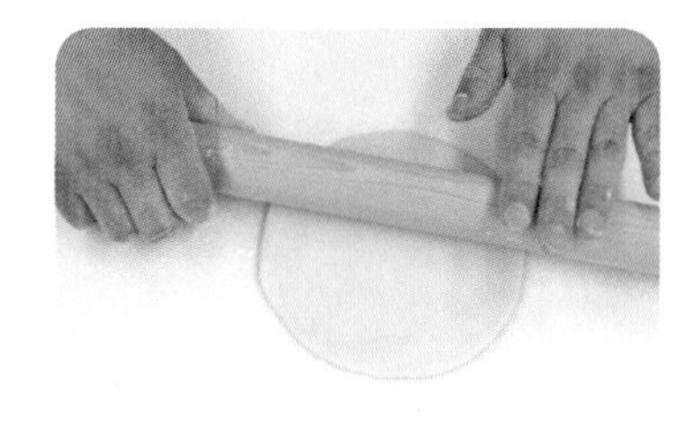

22 밀어펴기
▶두께 일정하게 밀어펴기
▶바닥 덧가루 확인하기

23 밀어펴기
▶파이 팬보다 크게 밀기
▶옆면 높이까지 확인하기

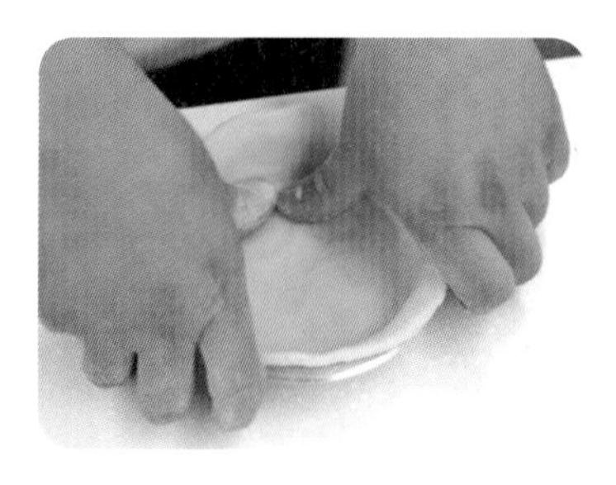

24 팬에 넣기
▶바닥과 옆면 부분을 누르면서
잘 정리하기

25 끝부분 처리하기
▶파치부분 최소화
▶스패츄라 이용하기

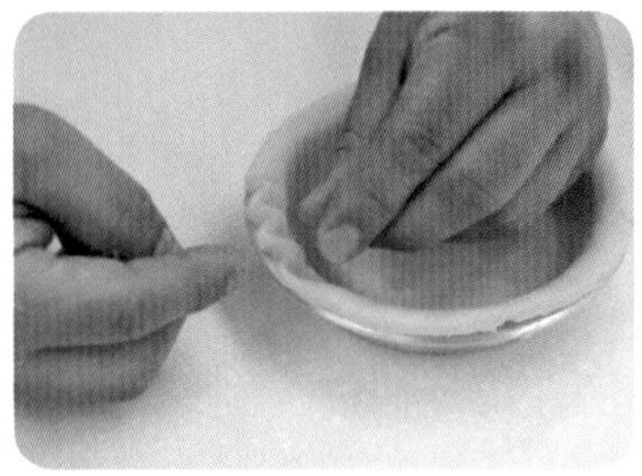

26 테두리 주름 모양내기
▶손가락과 손가락으로 사용
▶반죽을 밀듯이 한다.

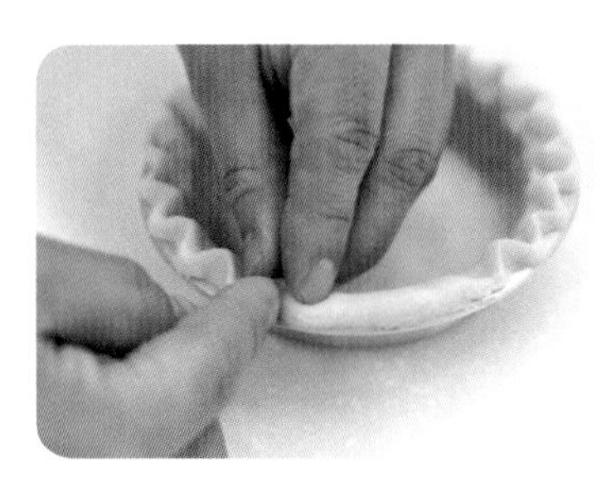

27 테두리 주름 모양내기

28 테두리 주름 모양내기

29 구운 호두 넣기
▶총중량 ÷ 7개
▶1개 분량의 호두 = 35g

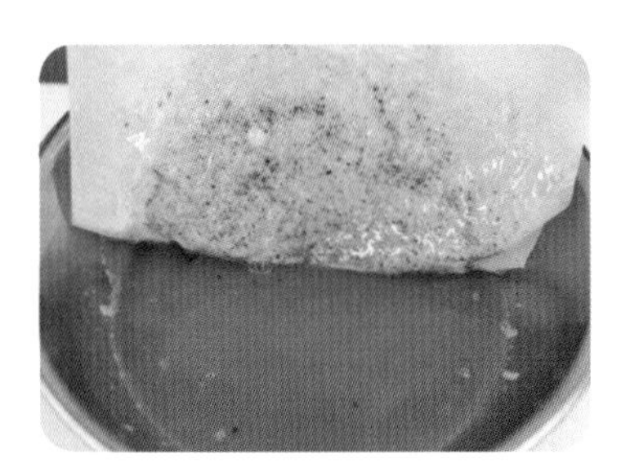

30 위생지 이용
▶잔거품 제거하기

31 충전물 붓기
▶총중량 ÷ 7개
▶1개의 양 채우기

32 충전물 붓기
▶총중량 ÷ 7개
▶1개의 양 채우기

33 굽기
상 180℃전후 35분 전후
하 200℃전후 상태판단

34 굽기 후 팬에서 분리
▶밑색 부분 노릇하게 하기

35 완제품
▶노릇 노릇하게 나옴
▶팽창 후 살짝 주저앉음

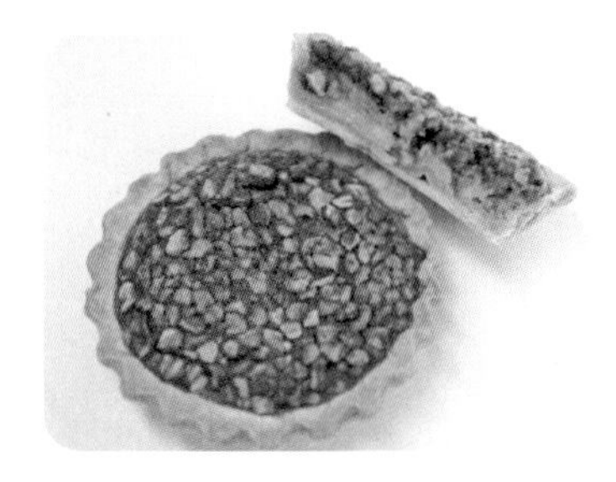

36 완제품
▶절단면의 단면이
▶충전물의 층이 선명함

01. 식빵(비상스트레이트법)
02. 우유식빵
03. 옥수수식빵
04. 풀만식빵
05. 밤식빵
06. 버터톱 식빵
07. 쌀식빵
08. 단팥빵(비상스트레이트법)
09. 단과자빵(소보로빵)
10. 단과자빵(크림빵)
11. 단과자빵(트위스트형)
12. 빵도넛
13. 버터 롤
14. 스위트 롤
15. 소시지빵
16. 모카빵
17. 호밀빵
18. 통밀빵
19. 베이글
20. 그리시니

식빵종류

표준식빵

시험시간 2시간 40분

반죽방법 비상스트레이트법

오븐온도 170℃전후/190~180℃전후
30분 전후(상태판단)

요구사항

식빵(비상스트레이트법)을 제조하여 제출하시오.

❶ 배합표의 각 재료를 계량하여 재료별로 진열하시오(8분).
❷ 비상스트레이트법 공정에 의해 제조하시오.(반죽온도는 30℃로 한다.)
❸ 표준분할무게는 170g으로 하고, 제시된 팬의 용량을 감안하여 결정하시오.(단, 분할무게×3을 1개의 식빵으로 함)
❹ 반죽은 전량을 사용하여 성형하시오.

배 합 표

비율(%)	재료명	무게(g)
100	강력분	1200
63	물	756
5	이스트	60
2	제빵개량제	24
5	설탕	60
4	쇼트닝	48
3	탈지분유	36
1.8	소금	21.6(22)
183.8	계	2,205.6(2206)

KEY POINT

1. 비상법이기에 반죽온도 30℃
2. 1차 발효 짧게 주기 → 15분 정도
3. 3개씩 밀고 3개씩 말기 → 그래야 일정함
4. 오븐에 들어갈 때에 옆의 간격 충분히 띄우기
   → 그래야 잘 구워진다.
5. 굽기 중 색상이 나면 앞과 뒤의 방향을 바꿔준다.

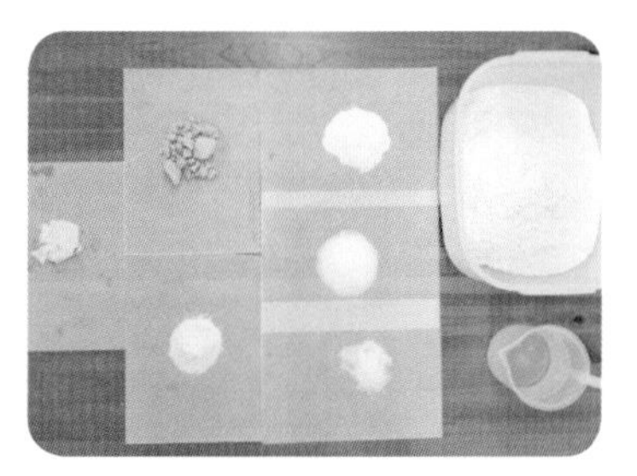

01 재료계량

02 믹싱하기 = 혼합하기

03 믹싱하기 = 혼합하기
▶수작업으로 기본 혼합하면 기계 작업 시 빠름

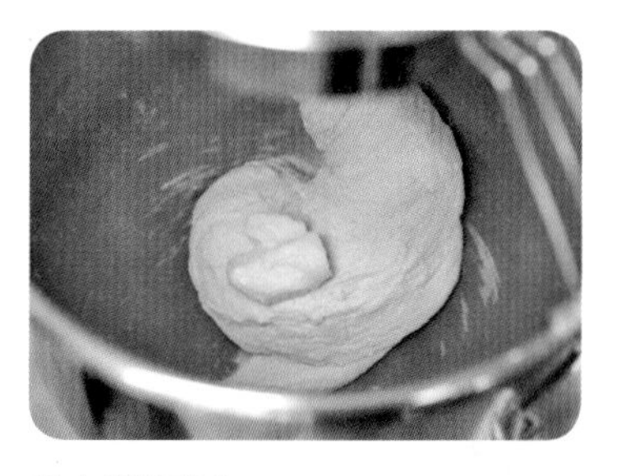

04 믹싱하기
▶클린업 단계에서 유지투입

05 믹싱완료
▶최종단계(글루텐100%)
▶표피를 매끈하게 하기

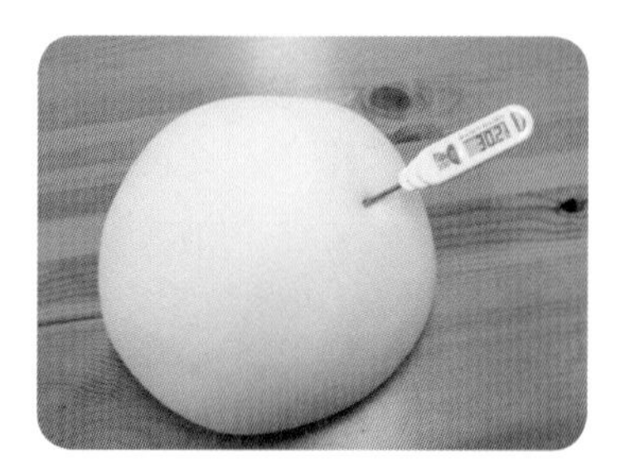

06 최종단계(글루텐100%)
반죽결과온도 : 30℃

07 1차 발효 시작하기
▶A : 플라스틱 통에 준비하기
▶B : 스텐 볼에 준비하기

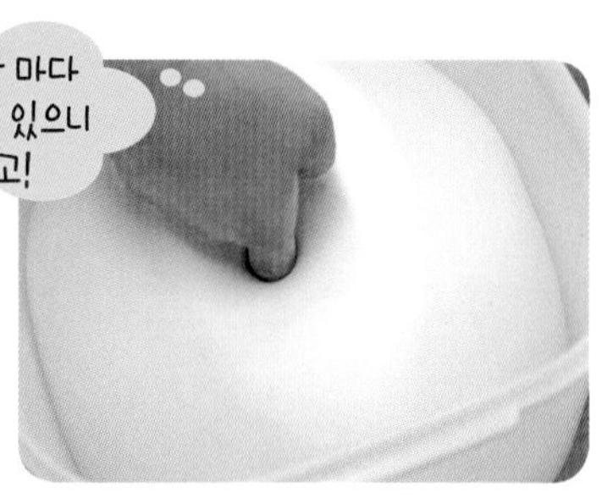

08 1차 발효 완료하기
▶손가락 시험법
▶15~30분 정도(비상법)

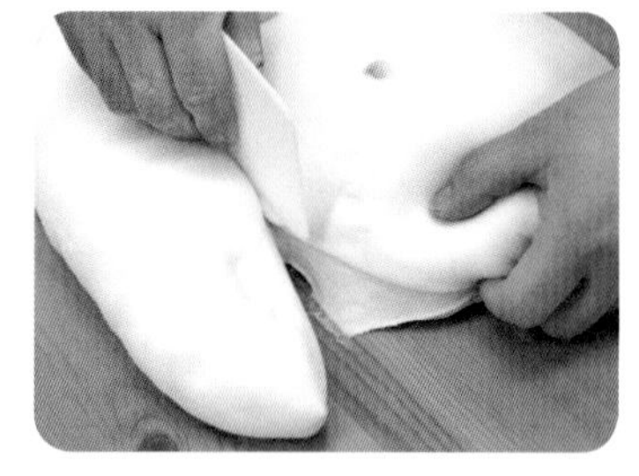

09 분할하기
▶절단면은 최소화

10 분할하기
▶식빵은 3 분할하고서
▶절단면은 최소화

11 170g씩 분할하기
▶절단면은 최소화

12 분할하기
▶12개를 다하고서
▶둥글리기 하기

13 둥글리기
▶아래 모으듯 가볍게 하기
▶탄력적으로 하기

14 중간발효 시작하기
▶15분 정도

15 중간발효 완료하기
▶부피가 어느 정도 증가됨
▶가스가 있어야 잘 밀림

16 3개씩 밀어펴기 준비
▶크기가 일정

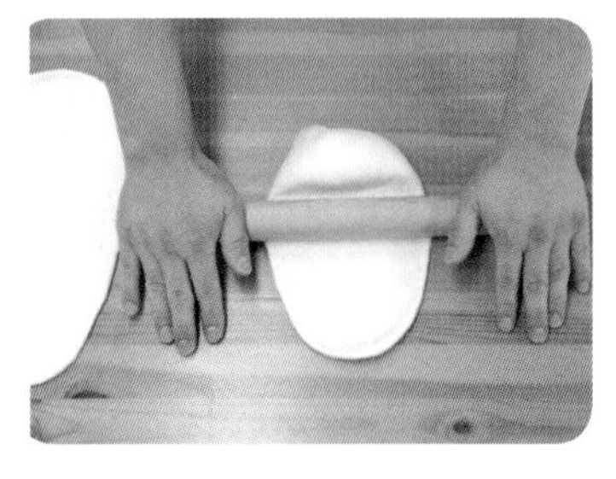

17 밀어펴기
▶크기가 일정하게 밀어펴기

18 3개씩 밀어펴기
▶크기가 일정하게 밀어펴기
▶3개가 일정해야 함

19 접기

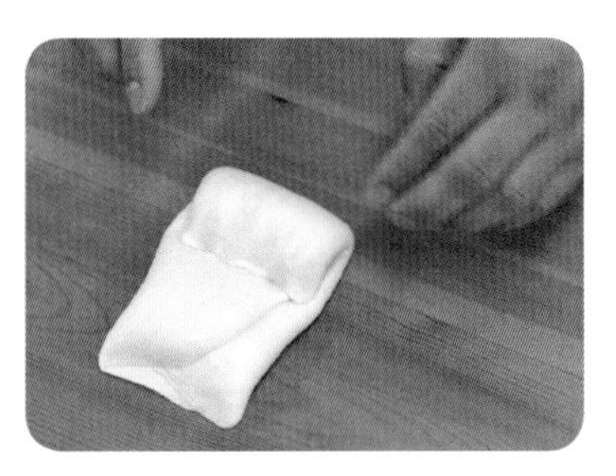

20 말기
▶탄력적으로 말기

21 말기

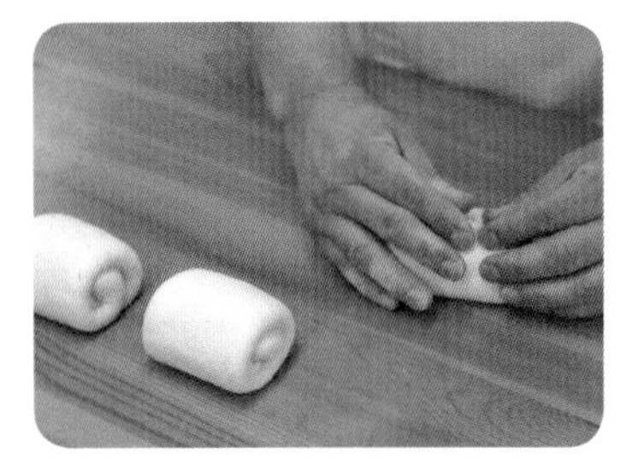

22 이음매 봉하기

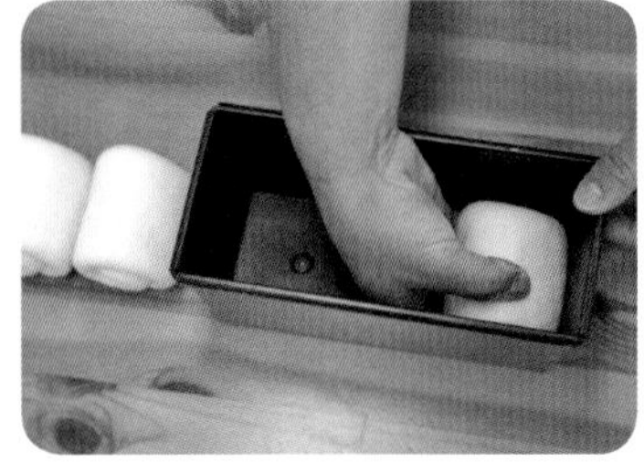

23 팬에 넣기
▶이음매는 아래로 가기

24 팬에 넣기
▶손등으로 살짝 누르기
▶수평 맞추기

25 2차 발효시작하기

26 2차 발효하기

27 2차 발효 완료하기
▶팬 높이 또는 0.5cm 위
▶시간보다 상태판단

28 굽기
상 170℃전후 30분 전후
하 190~180℃전후 상태판단

29 굽기 완료
▶황금갈색

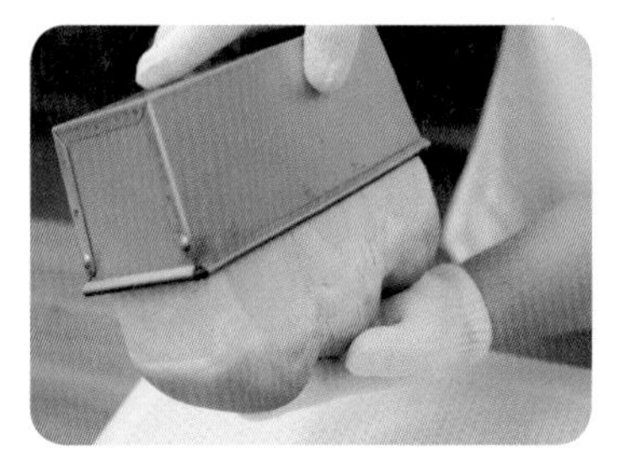

30 팬에서 분리하기

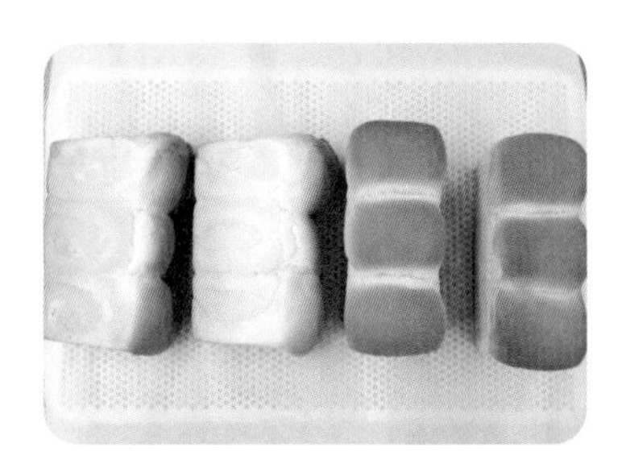

31 굽기 완료하기

32 완제품

식빵종류

우유식빵

시험시간 3시간 40분

반죽방법 스트레이트법

오븐온도 170℃전후/190~180℃전후
30분 전후(상태판단)

요구사항

우유식빵을 제조하여 제출하시오.

❶ 배합표의 각 재료를 계량하여 재료별로 진열하시오(8분).
❷ 반죽은 스트레이트법으로 제조하시오.(단, 유지는 클린업 단계에 첨가하시오.)
❸ 반죽 온도는 27℃를 표준으로 하시오.
❹ 표준분할무게는 180g으로 하고, 제시된 팬의 용량을 감안하여 결정하시오.(단, 분할무게×3을 1개의 식빵으로 함)
❺ 반죽은 전량을 사용하여 성형하시오.

배 합 표

비율(%)	재료명	무게(g)
100	강력분	1200
40	우유	480
29	물	348
4	이스트	48
1	제빵개량제	12
2	소금	24
5	설탕	60
4	쇼트닝	48
185	계	2,220

1. 분할 시에 절단면 최소화
2. 둥글리기는 가볍게 하기
3. 정형시에 3개씩 밀어펴고 3개씩 말기하기
4. 2차 발효는 팬 높이 위로 1cm 위!
5. 굽기 할 때에 옆의 간격 충분히 띄우기
6. 우유의 유당으로 껍질 색에 유의해서 굽기
7. 식빵류는 기본 30분은 구워야 한다.
8. 색이 났다고 미리 빼면 주저앉는다.

01 재료계량

02 믹싱하기 = 혼합하기

03 믹싱하기 = 혼합하기
▶수작업으로 기본 혼합하면 기계작업 시 빠름

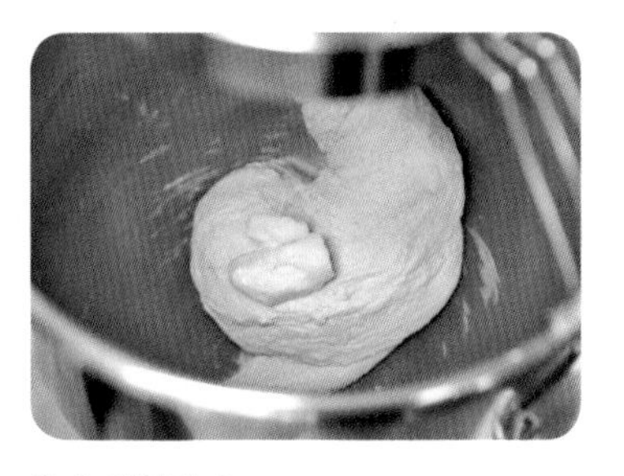

04 믹싱하기
▶클린업 단계에서 유지투입

05 믹싱완료
▶최종단계(글루텐 100%)
▶표피를 매끈하게 하기

06 최종단계(글루텐 100%)
반죽결과온도 : 27℃

07 1차 발효 시작하기
▶플라스틱 통에 준비하기

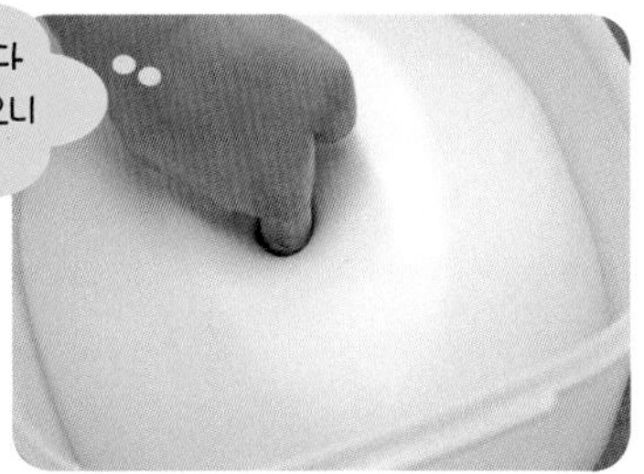

08 1차 발효 완료하기
▶손가락 시험법
▶40분 전후

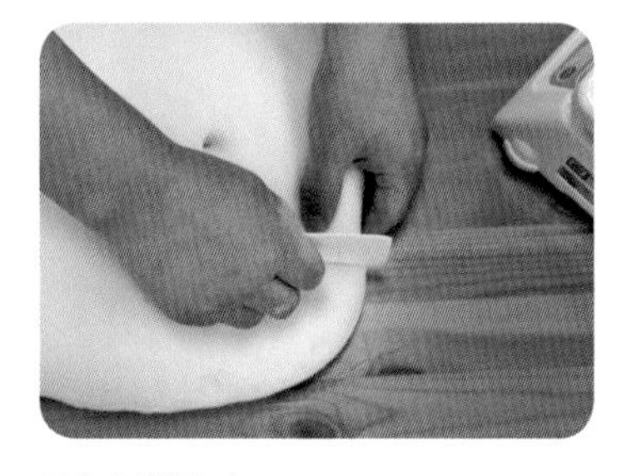

09 분할하기
▶절단면은 최소화

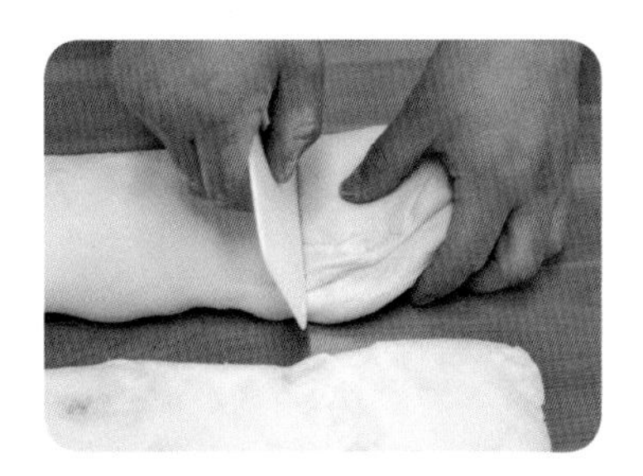

10 분할하기
▶식빵은 3분할하고서
▶절단면은 최소화

11 180g씩 분할하기
▶절단면은 최소화
▶그래야 발효가 잘 됨

12 분할하기
▶12개를 다하고서
▶둥글리기 하기

13 둥글리기
▶가볍게 하기
▶손아래 잘 모으기

14 중간발효 시작하기
▶15분 정도

15 중간발효 완료하기
▶부피가 어느 정도 증가됨
▶가스가 있어야 잘 밀림

16 3개씩 밀어펴기 준비
▶크기가 일정

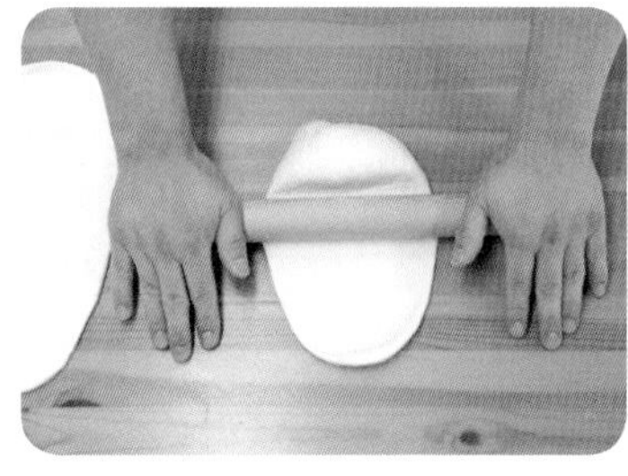

17 밀어펴기
▶크기가 일정하게 밀어펴기

18 3개씩 밀어펴기
▶크기가 일정하게 밀어펴기
▶3개가 일정해야 함

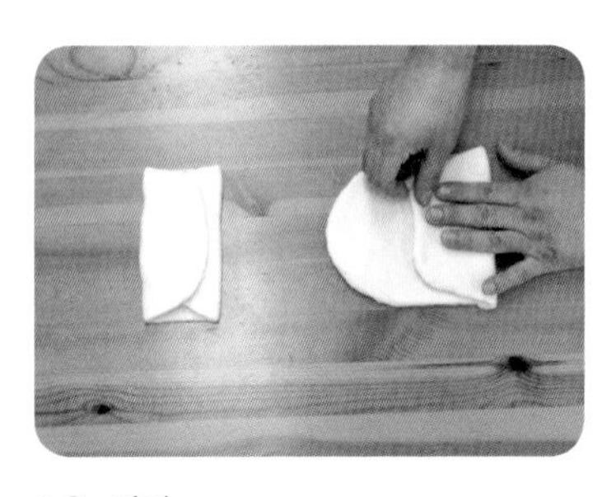

19 접기
▶폭과 넓이가 일정해야 함

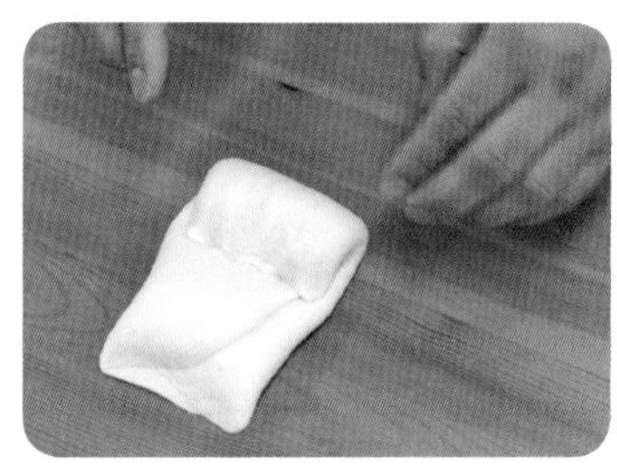

20 말기
▶탄력적으로 말기

21 말기

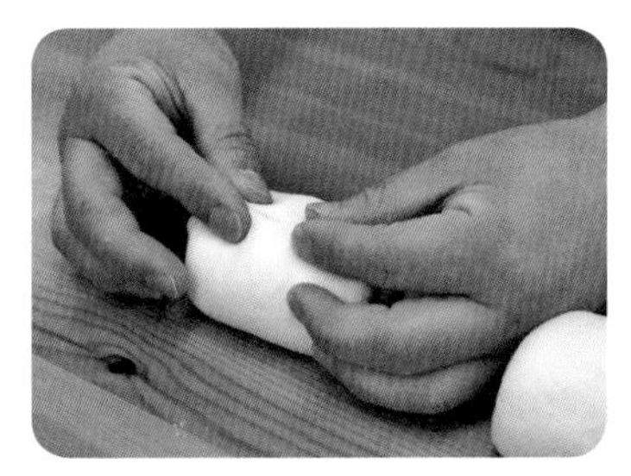

22 이음매 봉하기
▶표피가 매끈해야 함

23 팬에 넣기
▶이음매는 아래로 가기

24 팬에 넣기
▶손등으로 살짝 누르기
▶수평 맞추기

25 2차 발효시작하기

26 2차 발효하기

27 2차 발효 완료하기
▶팬 높이 1cm 위
▶30~40분 전후(상태판단)

28 굽기
상 170℃전후 30분 전후
하 190~180℃전후 상태판단

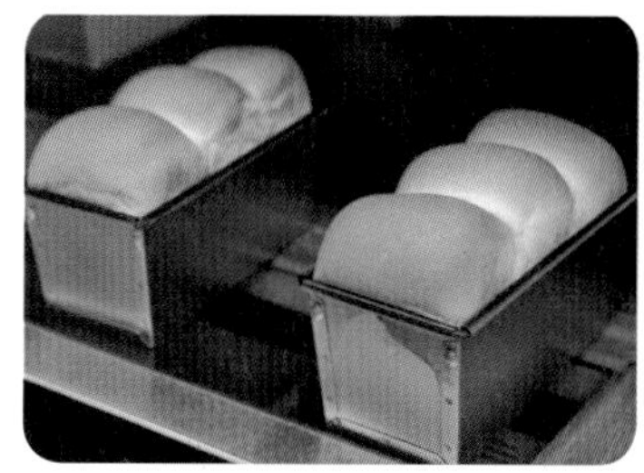

29 굽기 완료
▶황금갈색

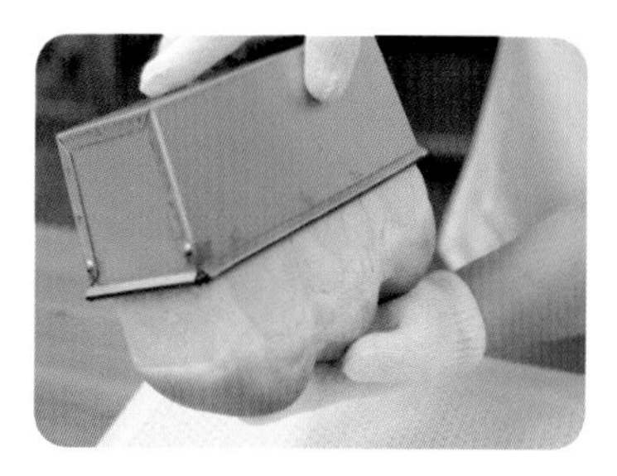

30 팬에서 분리하기

31 굽기 완료하기
▶밑면도 황금갈색

32 완제품
▶옆면도 황금갈색

33 완제품
▶윗면도 황금갈색
▶우유의 유당으로 색 잘남

식빵종류

옥수수식빵

시험시간 3시간 40분

반죽방법 스트레이트법

오븐온도 170℃전후/190~180℃전후
30분 전후(상태판단)

요구사항

옥수수식빵을 제조하여 제출하시오.

❶ 배합표의 각 재료를 계량하여 재료별로 진열하시오(11분).
❷ 반죽은 스트레이트법으로 제조하시오.
(단, 유지는 클린업 단계에서 첨가 하시오.)
❸ 반죽 온도는 27℃를 표준으로 하시오.
❹ 표준분할무게는 180g으로 하고, 제시된 팬의 용량을 감안하여 결정하시오.(단, 분할무게×3을 1개의 식빵으로 함)
❺ 반죽은 전량을 사용하여 성형하시오.

배 합 표

비율(%)	재료명	무게(g)
80	강력분	960
20	옥수수분말	240
60	물	720
3	이스트	36
1	제빵개량제	12
2	소금	24
8	설탕	96
7	쇼트닝	84
3	탈지분유	36
5	달걀	60
189	계	2,268

KEY POINT

1. 옥수수 식빵은 다른 빵 대비 믹싱에 신경쓰기
2. 빵이 질기에 믹싱은 짧게 발전단계 → 글루텐 80%
3. 분할 시에 절단면은 덧가루 코팅하기
4. 둥글리기 가볍게 하기
5. 밀어펴기와 말기 등의 작업도 가볍게 하기
6. 절단면과 끈적거리는 곳은 덧가루 코팅하기
7. 굽는 색에 주의할 것 → 진하게 나니 주의요함

01 재료계량

02 믹싱하기 = 혼합하기

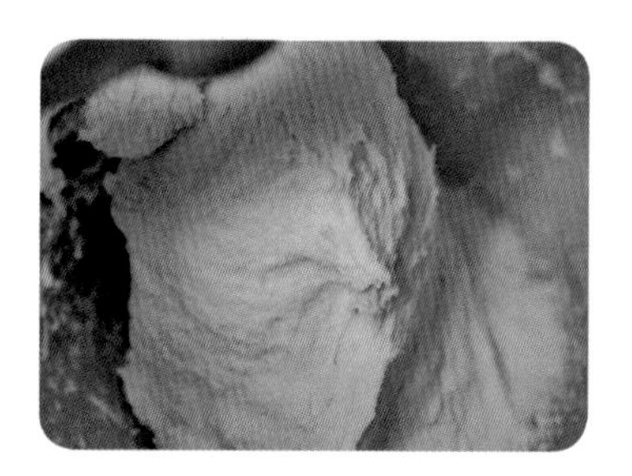

03 믹싱하기 = 혼합하기
▶수작업으로 기본 혼합하면 기계 작업 시 빠름

04 믹싱하기
▶클린업 단계에서 유지투입

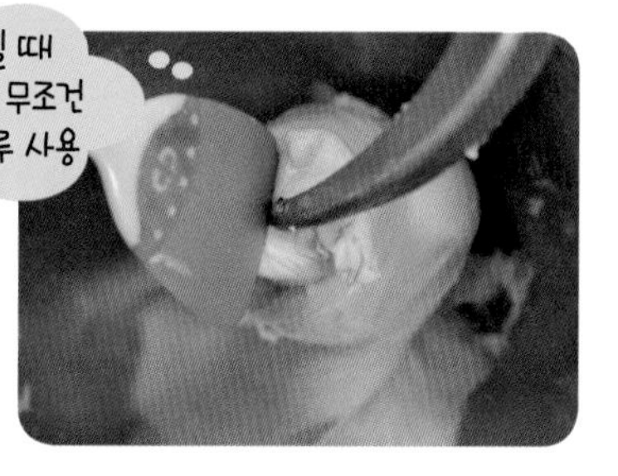

05 믹싱완료(표피 매끈)
▶옥수수식빵은 끈적거림이 심하니 적절한 덧가루 필요

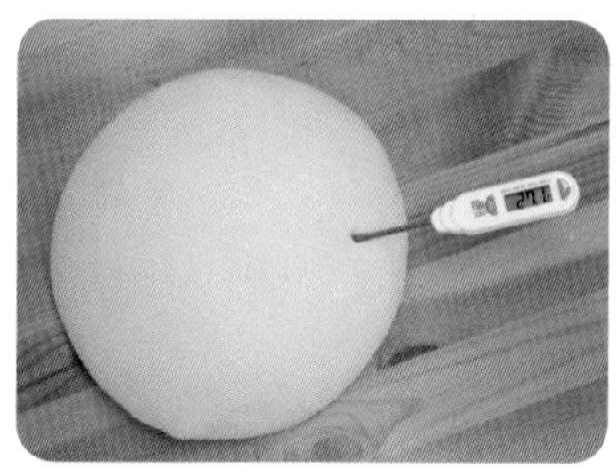

06 발전단계(글루텐80%)
반죽결과온도 : 27℃

07 1차 발효 시작하기
▶플라스틱 통에 준비하기

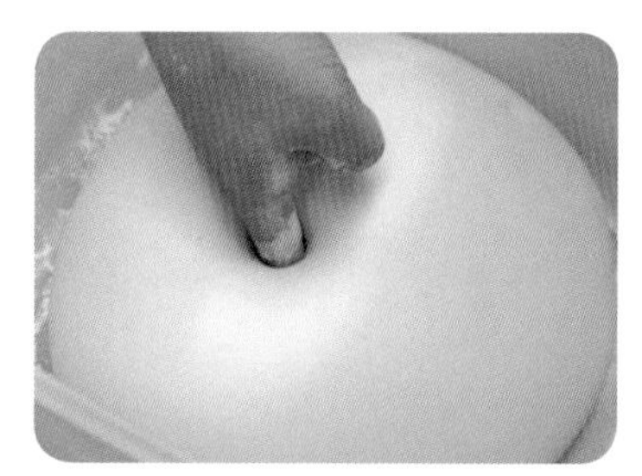

08 1차 발효 완료하기
▶손가락 시험법
▶40분 전후

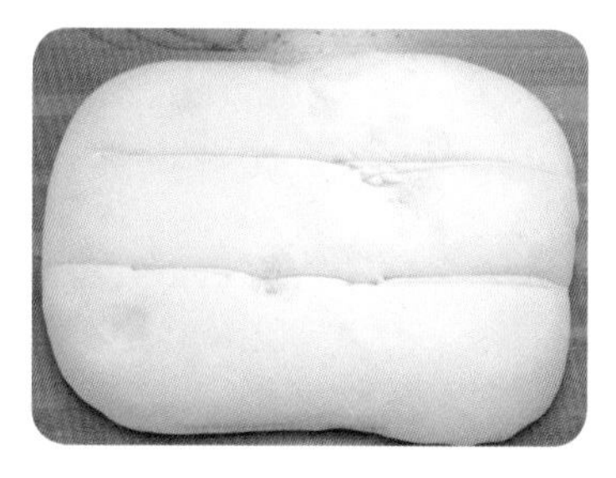

09 분할하기
▶절단면은 최소화

10 분할하기
▶식빵은 3 분할하고서
▶절단면은 최소화

11 180g씩 분할하기
▶절단면은 최소화
▶그래야 발효가 잘 됨

12 분할하기
▶12개를 다하고서
▶둥글리기 하기

13 둥글리기
▶가볍게 하기
▶손아래 잘 모으기

14 중간발효 시작하기
▶15분 정도

15 중간발효 완료하기
▶부피가 어느 정도 증가됨
▶가스가 있어야 잘 밀림

16 3개씩 밀어펴기 준비
▶크기가 일정

17 밀어펴기
▶크기가 일정하게 밀어펴기

18 3개씩 밀어펴기
▶크기가 일정하게 밀어펴기
▶3개가 일정해야 함

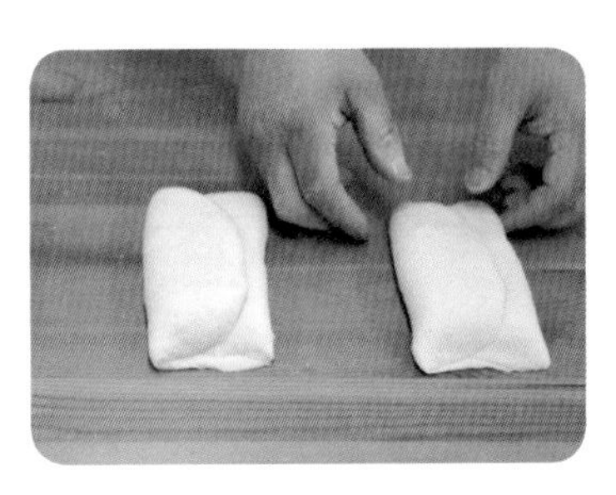

19 접기
▶폭과 넓이가 일정해야 함

20 말기
▶탄력적으로 말기

21 말기

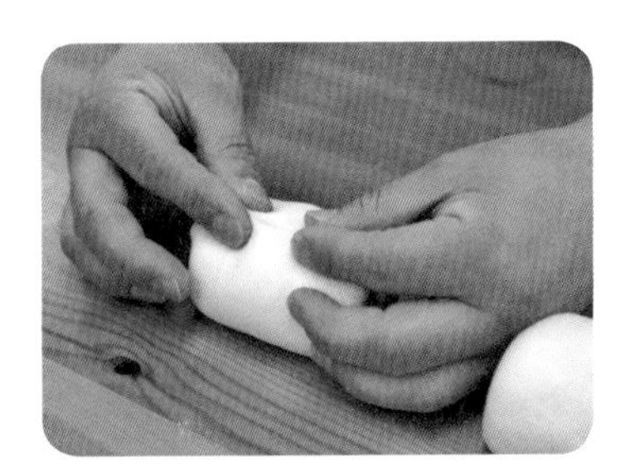

22 이음매 봉하기
▶표피가 매끈해야 함

23 팬에 넣기
▶이음매는 아래로 가기

24 팬에 넣기
▶손등으로 살짝 누르기
▶수평 맞추기

25 2차 발효시작하기

26 2차 발효 완료하기
▶팬 높이 1cm 위
▶30~40분 전후(상태판단)

27 굽기
상 170℃전후 30분 전후
하 190~180℃전후 상태판단

28 굽기 완료
▶황금갈색

29 팬에서 분리하기
▶굽기 완료하기
▶밑면도 황금갈색

30 완제품
▶옆면도 황금갈색

31 완제품
▶윗면도 황금갈색
▶옥수수가루로 색 잘남

32 완제품

33 완제품

식빵종류

풀만식빵

시험시간 3시간 40분

반죽방법 스트레이트법

오븐온도 200~190℃/200~190℃
40분 정도(상태판단)

요구사항

풀만식빵을 제조하여 제출하시오.

❶ 배합표의 각 재료를 계량하여 재료별로 진열하시오.(9분)
❷ 반죽은 스트레이트법으로 제조하시오.(단, 유지는 클린업 단계에 첨가하시오)
❸ 반죽 온도는 27℃를 표준으로 하시오.
❹ 표준분할무게는 250g으로 하고, 제시된 팬의 용량을 감안하여 결정하시오.(단, 분할무게×2를 1개의 식빵으로 함)
❺ 반죽은 전량을 사용하여 성형하시오.

배 합 표

비율(%)	재료명	무게(g)
100	강력분	1400
58	물	812
4	이스트	56
1	제빵개량제	14
2	소금	28
6	설탕	84
4	쇼트닝	56
5	달걀	70
3	분유	42
183	계	2,562

KEY POINT

1. 다른 빵 대비 총중량이 많아 믹싱 시에 마찰열이 많으니 반죽온도 유의할 것
2. 2개씩 밀어펴고 2개씩 말기
3. 충분히 밀어펴고 말기
4. 2차 발효 : 팬아래 0.5~1cm일 때에 뚜껑 덮기
5. 뚜껑 덮기 전에 표피 살짝 건조한 후에 덮기
6. 굽기는 충분히 구울 것

01 재료계량

02 믹싱하기 = 혼합하기

03 믹싱하기 = 혼합하기
▶수작업으로 기본 혼합하면 기계 작업 시 빠름

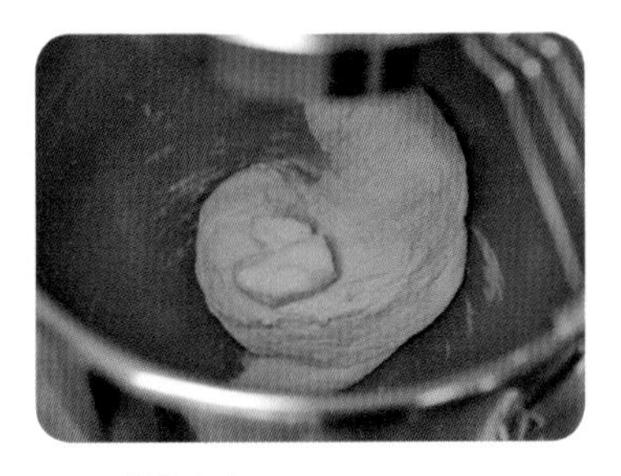

04 믹싱하기
▶클린업 단계에서 유지투입

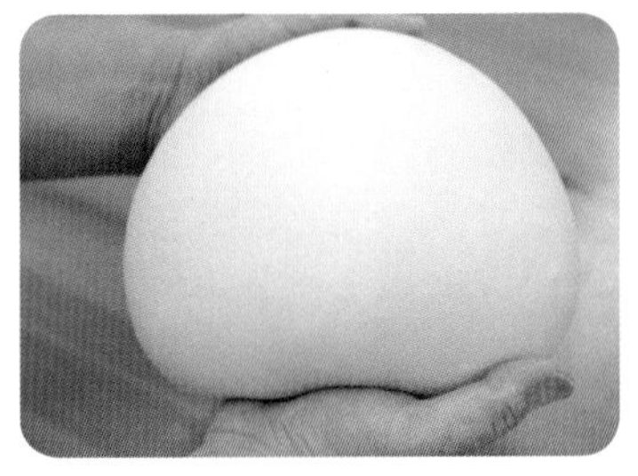

05 믹싱완료
▶최종단계(글루텐 100%)
▶표피를 매끈하게 하기

06 최종단계(글루텐 100%)
반죽결과온도 : 27℃

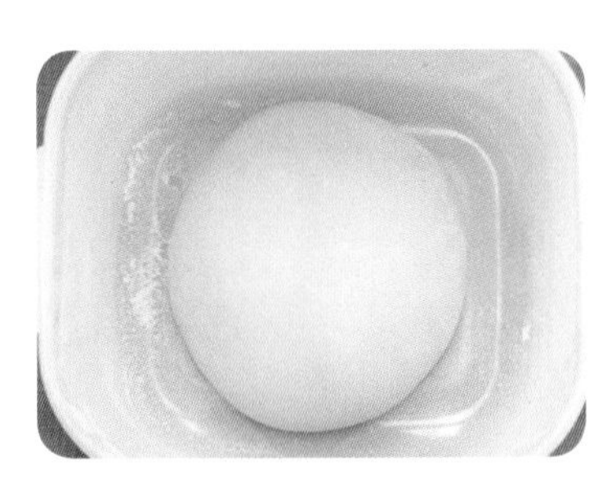

07 1차 발효 시작하기
▶플라스틱 통에 준비하기

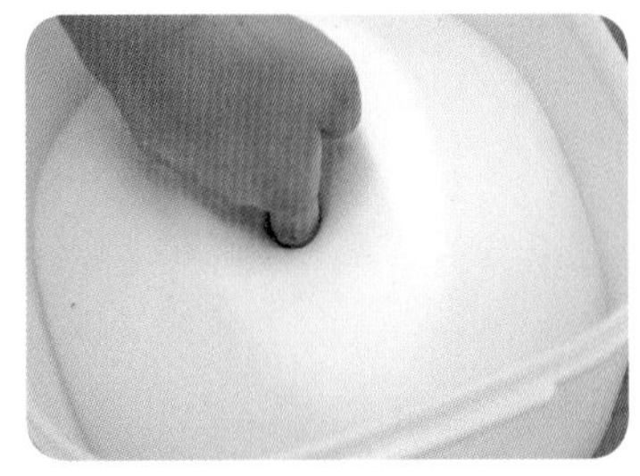

08 1차 발효 완료하기
▶손가락 시험법
▶40분 전후

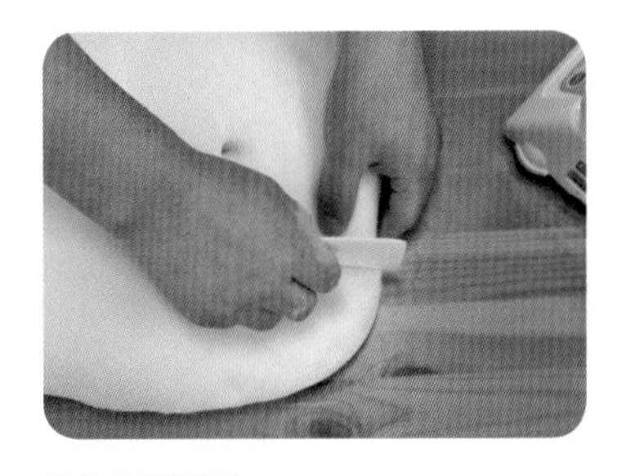

09 분할하기
▶절단면은 최소화

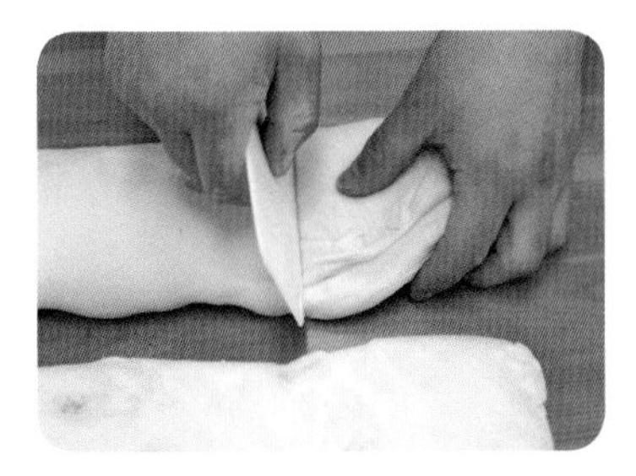

10 분할하기
▶식빵은 3분할하고서
▶절단면은 최소화

11 250g씩 분할하기
▶절단면은 최소화
▶그래야 발효가 잘 됨

12 분할하기
▶10개를 다하고서
▶둥글리기 하기

13 둥글리기
▶가볍게 하기
▶손아래 잘 모으기

14 중간발효 시작하기
▶15분 정도

15 중간발효 완료하기
▶부피가 어느 정도 증가됨
▶가스가 있어야 잘 밀림

16 2개씩 밀어펴기 준비
▶크기가 일정

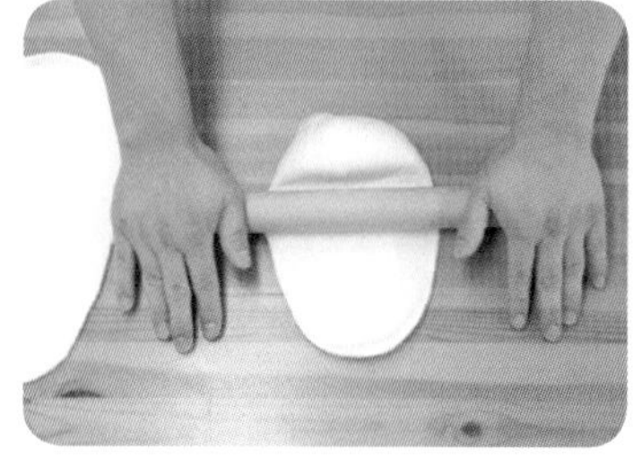

17 밀어펴기
▶크기가 일정하게 밀어펴기

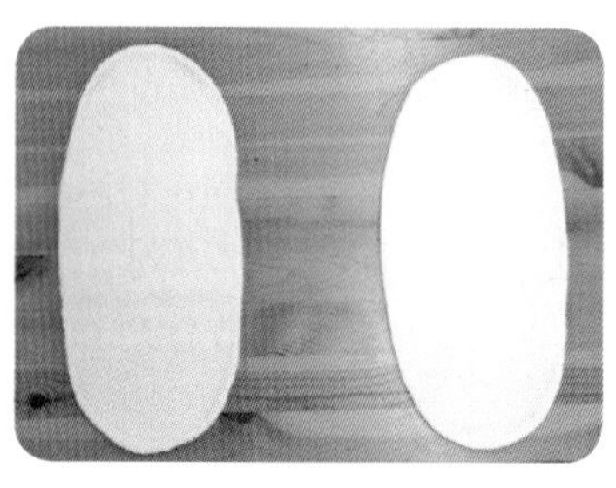

18 2개씩 밀어펴기
▶크기가 일정하게 밀어펴기
▶3개가 일정해야 함

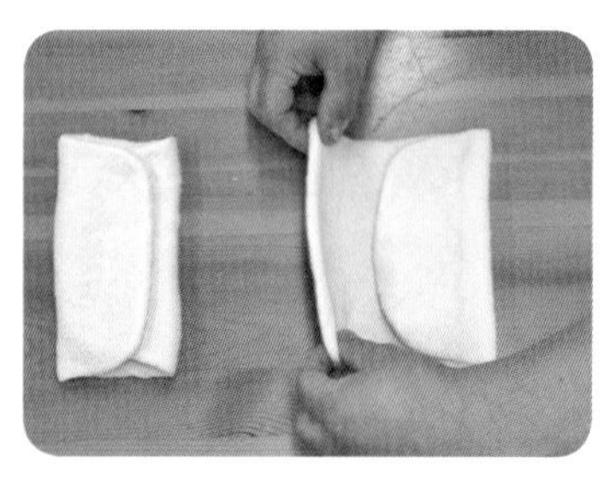

19 접기
▶폭과 넓이가 일정해야 함

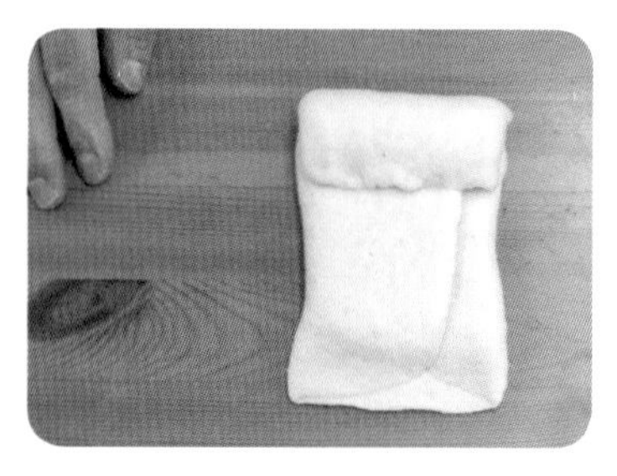

20 말기
▶탄력적으로 말기

21 말기

22 이음매 봉하기
▶표피가 매끈해야 함

23 팬에 넣기
▶이음매는 아래로 가기

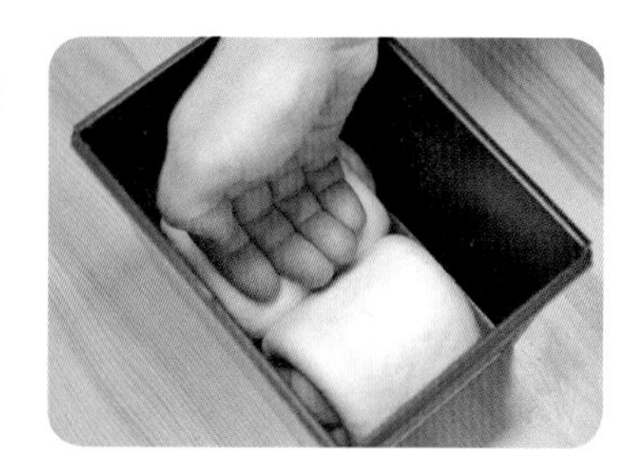

24 팬에 넣기
▶손등으로 살짝 누르기
▶수평 맞추기

25 2차 발효시작하기

26 2차 발효하기

27 2차 발효 완료하기
▶팬 아래 0.5~1cm
▶30~40분 전후(상태판단)

28 뚜껑 덮기
▶표피 살짝 건조시킨 후에 뚜껑 덮을 것 → 얼룩방지

29 굽기
상 200~190℃전후 40분 전후
하 200~190℃전후 상태판단

30 굽기 완료
▶황금갈색

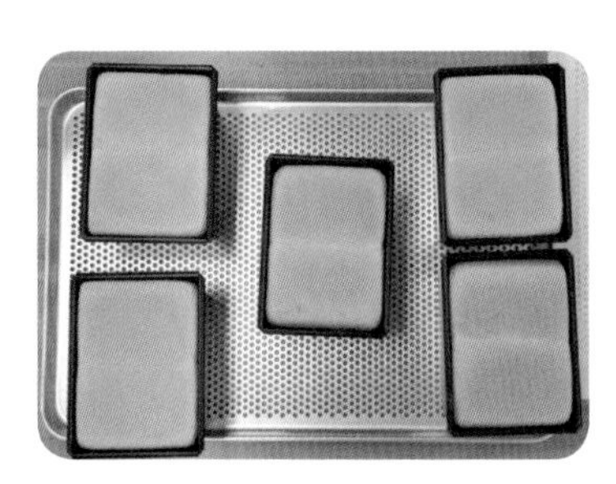

31 굽기 완료하기
▶황금갈색

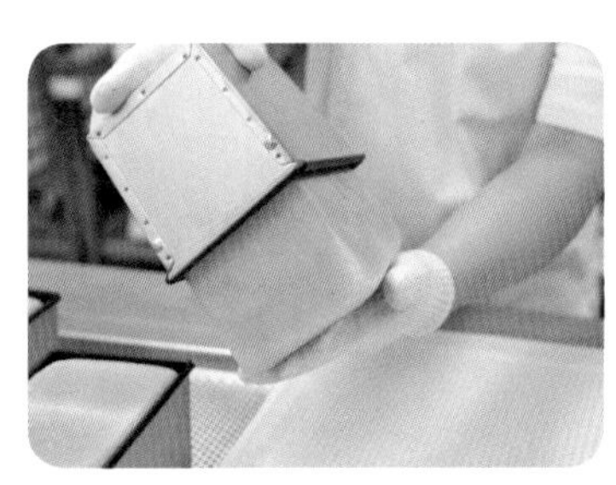

32 팬에서 분리하기
▶황금갈색

33 완제품
▶윗면도 황금갈색

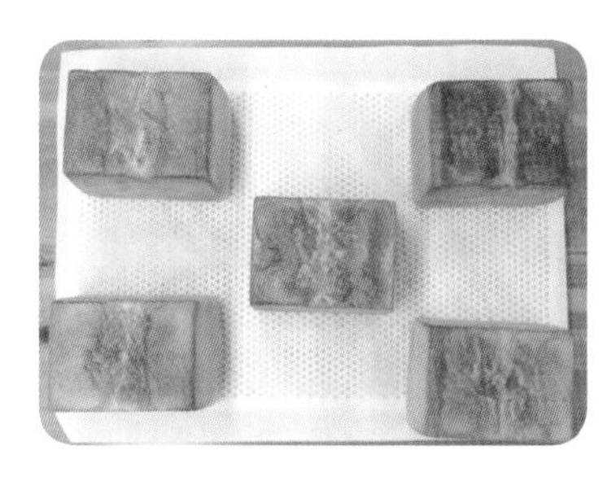

34 완제품
▶밑면도 황금갈색

35 완제품
▶옆면도 황금갈색

36 완제품

식빵종류

밤식빵

시험시간 3시간 40분

반죽방법 스트레이트법

오븐온도 170℃전후/190~180℃전후
35분 전후(상태판단)

요구사항

밤식빵을 제조하여 제출하시오.

❶ 반죽 재료를 계량하여 재료별로 진열하시오.(10분)
❷ 반죽은 스트레이트법으로 제조하시오.
❸ 반죽온도는 27℃를 표준으로 하시오.
❹ 분할무게는 450g으로 하고, 성형시 450g의 반죽에 80g의 통조림 밤을 넣고 정형하시오.(한덩이:one loaf)
❺ 토핑물을 제조하여 굽기 전에 토핑하고 아몬드를 뿌리시오.
❻ 반죽은 전량을 사용하여 성형하시오.

배 합 표

– 반죽

비율(%)	재료명	무게(g)
80	강력분	960
20	중력분	240
52	물	624
4.5	이스트	54
1	제빵개량제	12
2	소금	24
12	설탕	144
8	버터	96
3	탈지분유	36
10	달걀	120
192.5	계	2,310

– 토핑

비율(%)	재료명	무게(g)
100	마가린	100
60	설탕	60
2	베이킹파우더	2
60	달걀	60
100	중력분	100
50	아몬드슬라이스	50
372	계	372
35	밤다이스 (시럽제외)	420

(※ 충전용·토핑 재료는 계량시간에서 제외)

1. 밀어펴고 밤은 골고루 분포하기
2. 식빵 팬 사이즈에 맞게 팬넣기
3. 2차 발효점이 아주 중요함
4. 팬아래 2~3cm일 때에 토핑짜기
5. 충분히 구울 것
6. 굽기 색상에 유의할 것

01 재료계량

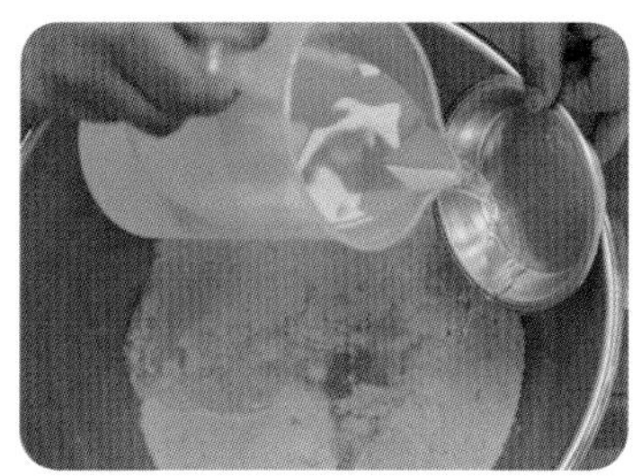

02 믹싱하기 = 혼합하기

03 믹싱하기 = 혼합하기
▶수작업으로 기본 혼합하 기계작업 시 빠름

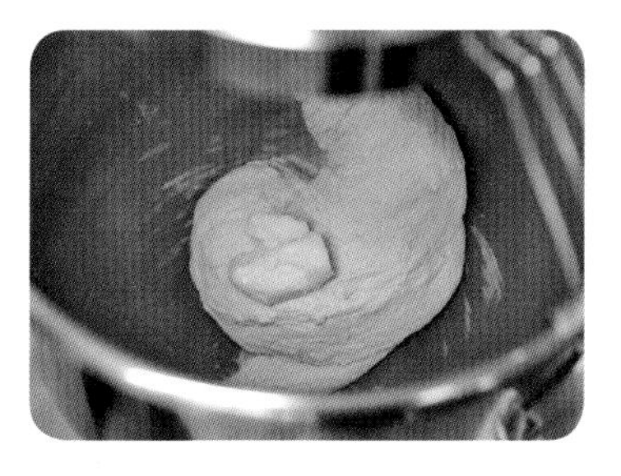

04 믹싱하기
▶클린업 단계에서 유지투입

05 믹싱완료
▶최종단계(글루텐 100%)
▶표피를 매끈하게 하기

06 최종단계(글루텐 100%)
반죽결과온도 : 27℃

07 1차 발효 시작하기
▶플라스틱 통에 준비하기

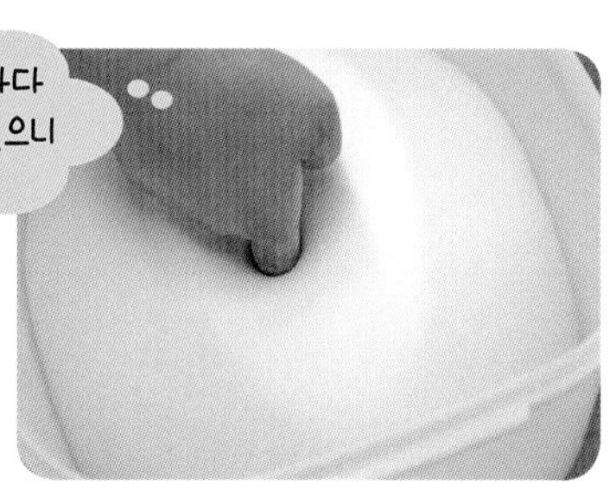

08 1차 발효 완료하기
▶손가락 시험법
▶40분 전후

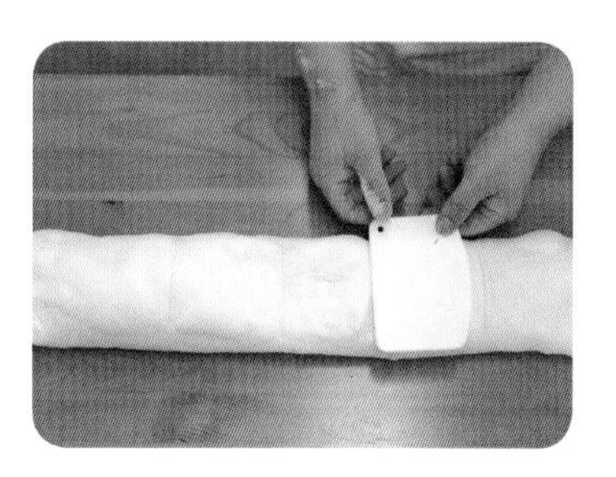

09 분할하기
▶절단면은 최소화
▶길게 해서 5등분

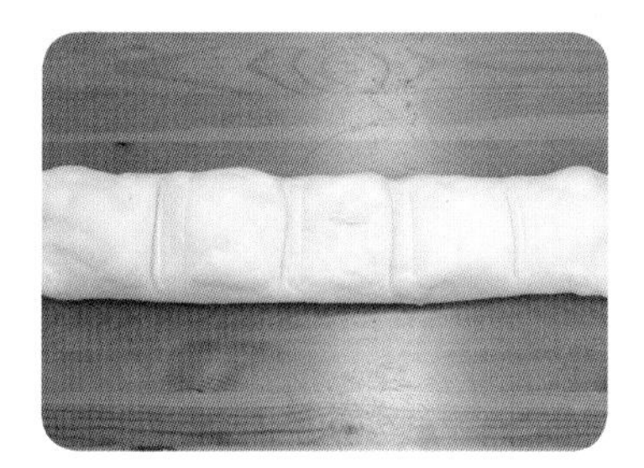

10 분할하기
▶밤식빵은 길게 두고서
▶절단면은 최소화

11 450g씩 분할하기
▶절단면은 최소화
▶그래야 발효가 잘 됨

12 분할하기
▶5개를 다하고서
▶둥글리기 하기

13 둥글리기
▶가볍게 하기
▶손아래 잘 모으기

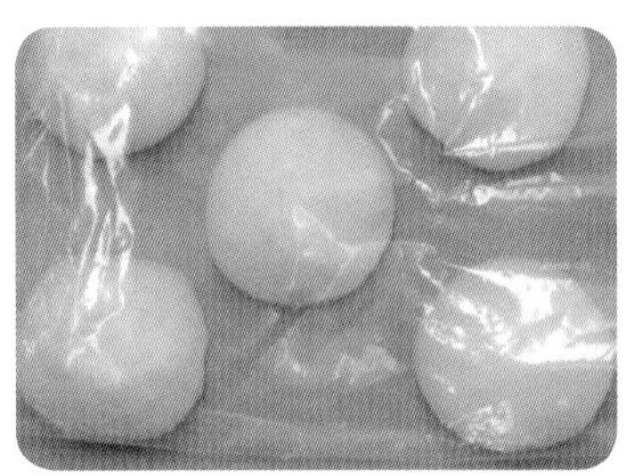

14 중간발효 시작하기
▶15분 정도

15 중간발효 완료하기
▶부피가 어느 정도 증가됨
▶가스가 있어야 잘 밀림

16 밀어펴기
▶크기가 일정하게 밀어펴기
▶이등변삼각형으로 밀기

17 밤 충전하기기
▶골고루 일정하게 놓기

18 말기
▶자연스럽게 말기
▶일정해야 함

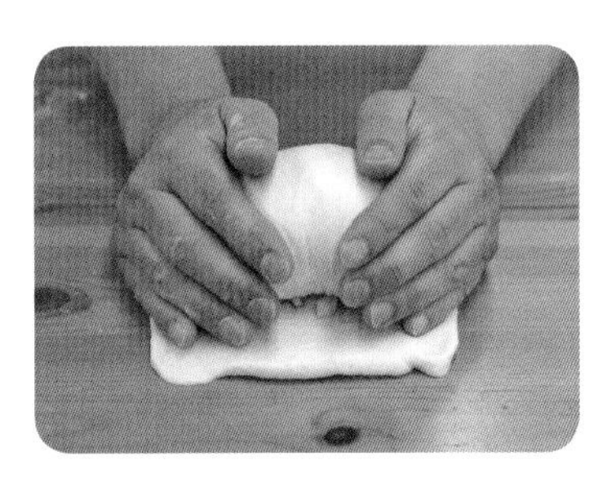

19 말기
▶폭과 넓이가 일정해야 함

20 말기
▶식빵팬 아래크기에 맞게 말기

21 말기
▶크기 일정하게 말기
▶식빵팬 아래에 맞추기

22 이음매 봉하기
▶표피가 매끈해야 함

23 팬에 넣기
▶이음매는 아래로 가기

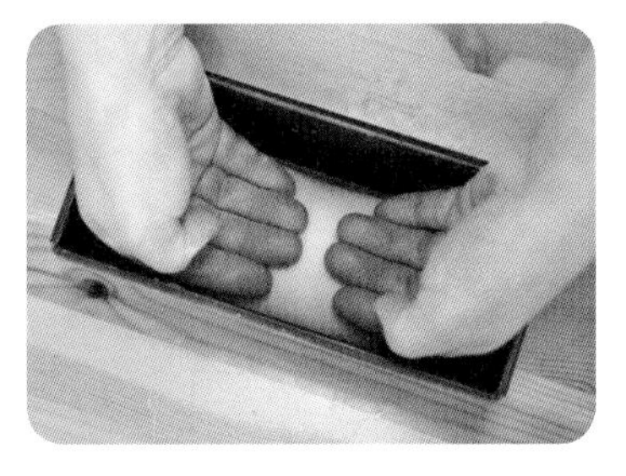

24 팬에 넣기
▶손등으로 살짝 누르기
▶수평 맞추기

25 충전 및 토핑 재료계량
▶1차 발효에 준비하기

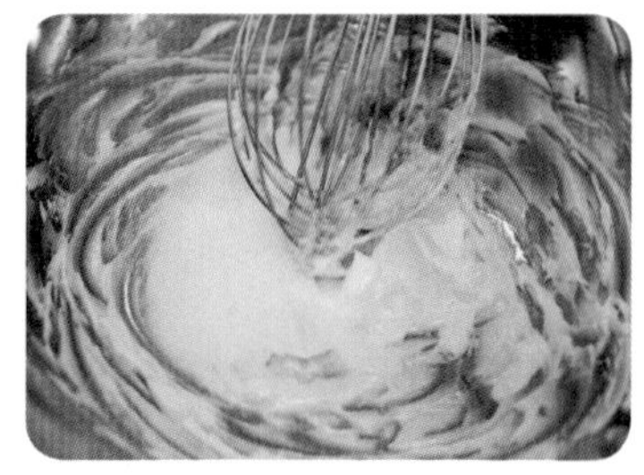

26 마가린 ▶크림화
설탕 ▶혼합 및 크림화

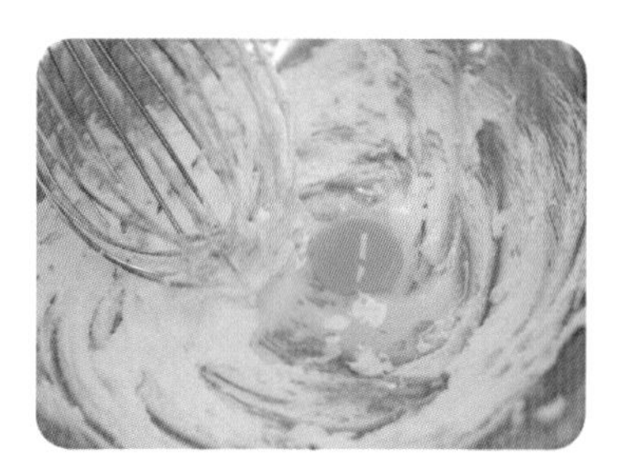

27 달걀 ▶혼합 및 크림화

28 벽 및 바닥
▶정리하기

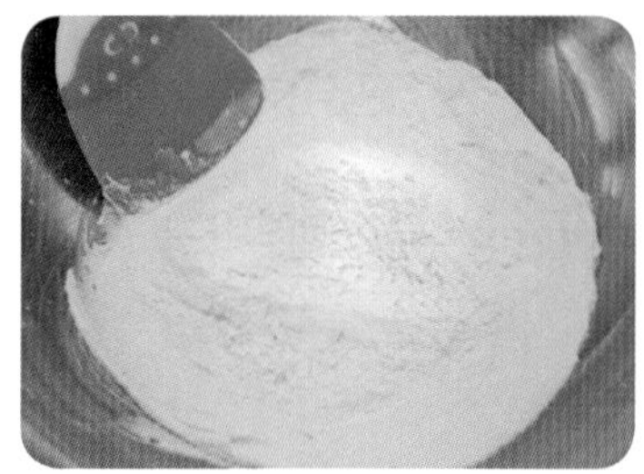

29 가루재료(체질)
▶혼합하기

30 마무리
▶짜주머니에 담기
▶총중량 ÷ 5개 = 1개 중량

31 2차 발효 완료하기
▶팬 높이 2~3cm 아래
▶30~40분 전후(상태판단)

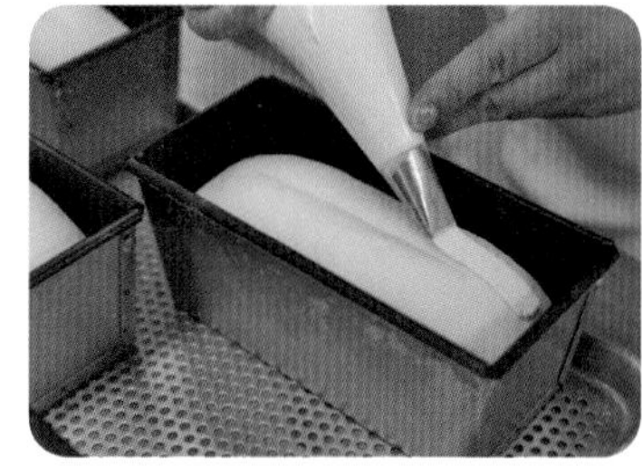

32 토핑 짜기
▶4~3줄 짜기
▶총중량 ÷ 5개 = 1개 중량

33 토핑 짜기
▶4~3줄 짜기
▶일정하게 짠다.

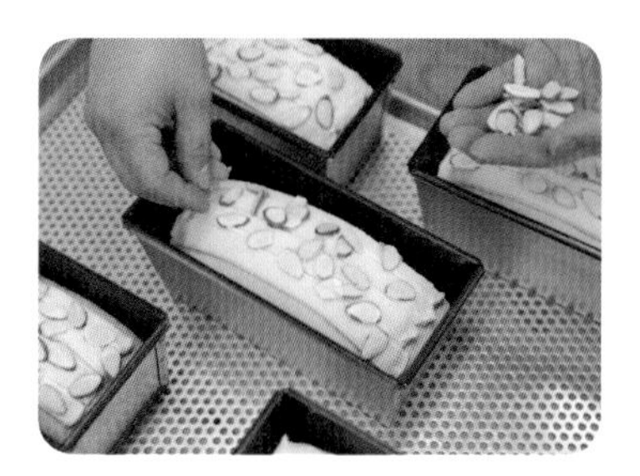

34 아몬드 슬라이스
▶10g씩 토핑하기

35 아몬드 슬라이스
▶일정하게 토핑하기

36 굽기
상 170℃전후 35분 전후
하 190~180℃전후 상태판단

37 굽기
상 170℃전후 35분 전후
하 190~180℃전후 상태판단

38 완제품
▶황금갈색
▶충분히 구워야 색 잘남

39 완제품
▶황금갈색
▶충분히 구워야 색 잘남

40 팬에서 분리하기
▶손바닥에 가볍게 놓기

41 완제품
▶윗면, 옆면도 황금갈색

42 완제품
▶윗면, 옆면도 황금갈색

식빵종류

버터톱 식빵

시험시간 3시간 30분

반죽방법 스트레이트법

오븐온도 170℃전후/190~180℃전후
35분 전후(상태판단)

요구사항

버터톱 식빵을 제조하여 제출하시오.

❶ 배합표의 각 재료를 계량하여 재료별로 진열하시오.(9분)
❷ 반죽은 스트레이트법으로 만드시오.
(단, 유지는 클린업 단계에서 첨가하시오.)
❸ 반죽온도는 27℃를 표준으로 하시오.
❹ 분할무게 460g 짜리 5개를 만드시오.(한덩이:one loaf)
❺ 윗면을 길이로 자르고 버터를 짜 넣는 형태로 만드시오.
❻ 반죽은 전량을 사용하여 성형하시오.

배 합 표

비율(%)	재료명	무게(g)
100	강력분	1200
40	물	480
4	이스트	48
1	제빵개량제	12
1.8	소금	21.6(22)
6	설탕	72
20	버터	240
3	탈지분유	36
20	달걀	240
195.8	계	2,349.6 (2,350)

(※계량시간에서 제외)

5	버터(바르기용)	60

1. 믹싱은 발전단계까지만 하기
2. 버터와 달걀이 많이 들어가기에 오븐 스프링이 큼
3. 정형은 통통하게 하기
4. 칼집은 얇게 내기(깊이는 0.5cm)
5. 버터도 얇게 짜기(많이 짜면 팽창 크다)
6. 충분히 구울 것

01 재료계량

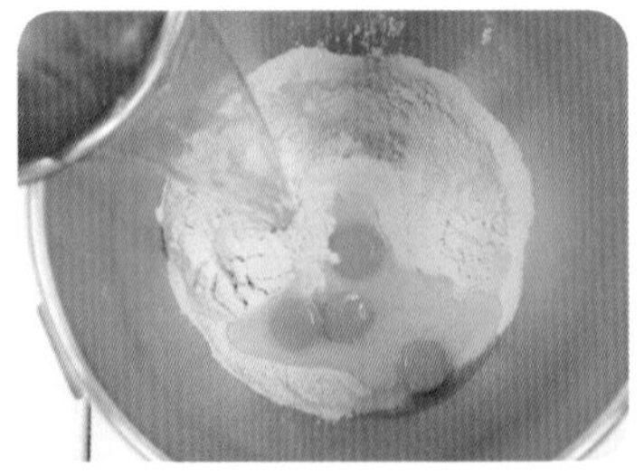

02 믹싱하기 = 혼합하기

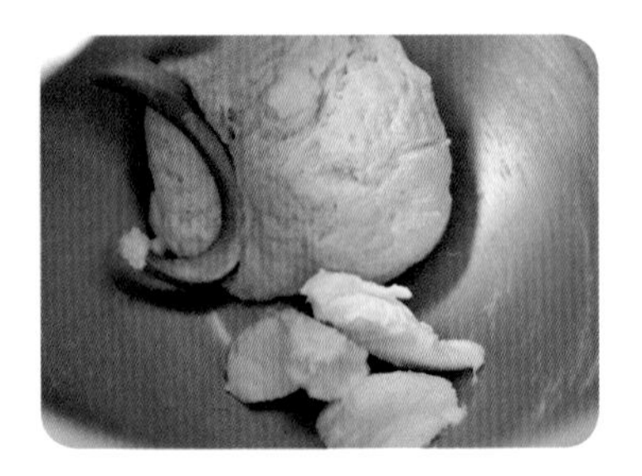

03 믹싱하기
▶클린업 단계에서 유지투입

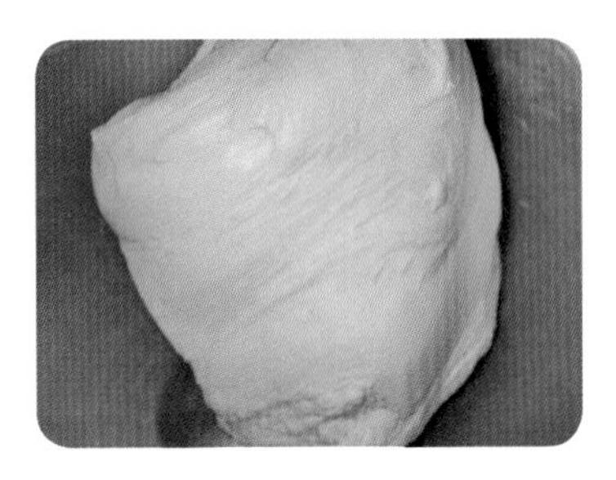

04 발전단계(글루텐 80%)
▶달걀과 유지 함량이 높음
▶굽기 중 빵의 팽창이 큼

05 믹싱완료
▶발전단계(글루텐 80%)
▶표피는 매끈하게 하기

06 발전단계(글루텐 80%)
반죽결과온도 : 27℃

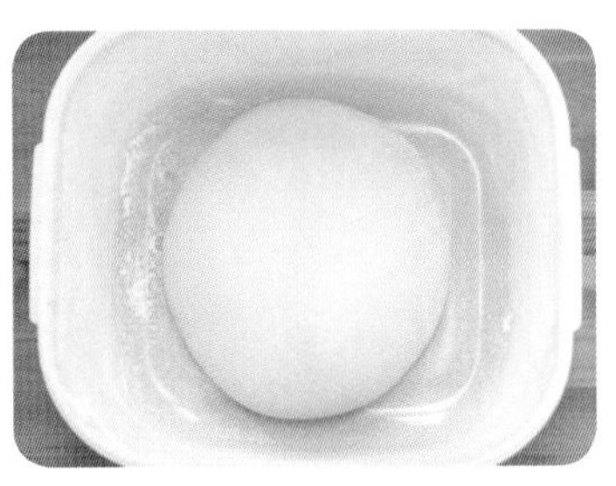

07 1차 발효 시작하기
▶플라스틱 통에 준비하기

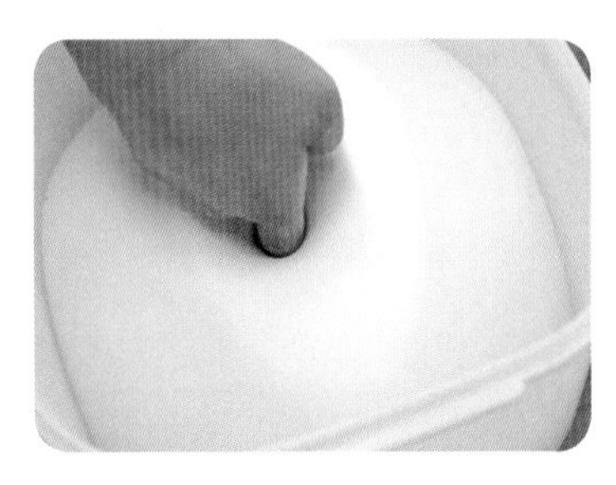

08 1차 발효 완료하기
▶손가락 시험법
▶40분 전후

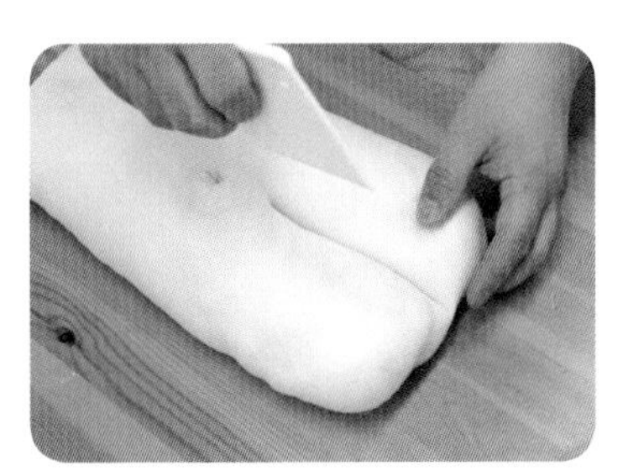

09 분할하기
▶절단면은 최소화

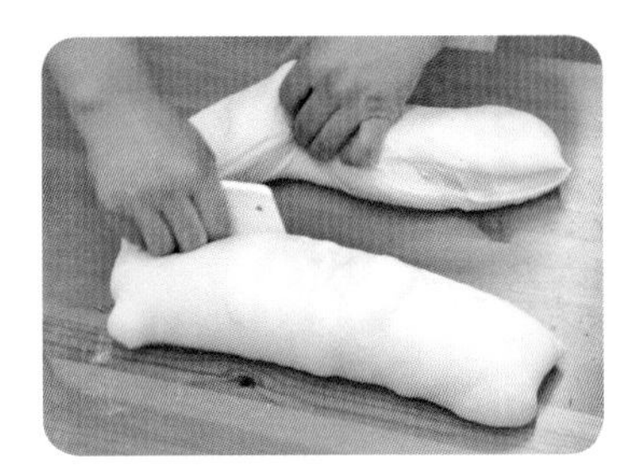

10 분할하기
▶절단면은 최소화

11 460g씩 분할하기
▶절단면은 최소화
▶그래야 발효가 잘 됨

12 분할하기
▶5개를 다하고서
▶둥글리기 하기

13 둥글리기
▶가볍게 하기
▶손아래 잘 모으기

14 중간발효 시작하기
▶15분 정도

15 중간발효 완료하기
▶부피가 어느 정도 증가됨
▶가스가 있어야 잘 밀림.

16 밀어펴기
▶크기가 일정하게 밀어펴기
▶옆을 살짝 넓고 작업하기

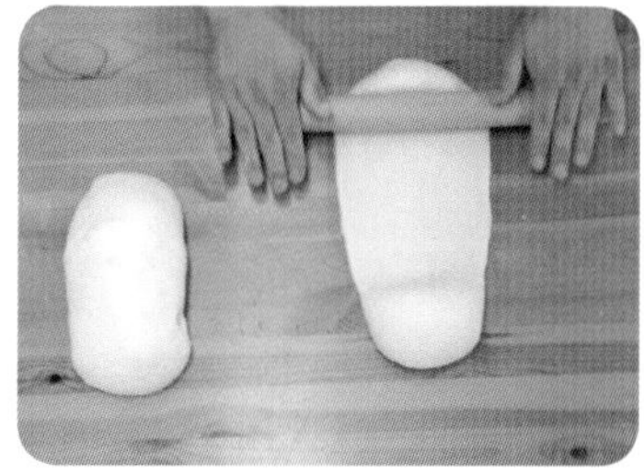

17 밀어펴기
▶크기가 일정하게 밀어펴기
▶뒷부분부터 밀어펴기

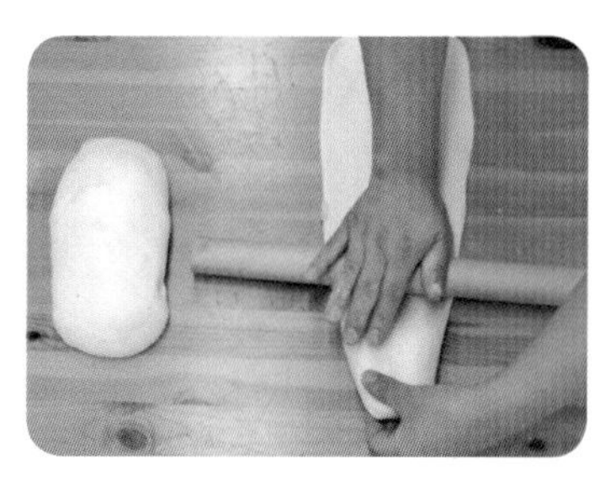

18 밀어펴기
▶크기가 일정하게 밀어펴기
▶앞으로 밀어펴기

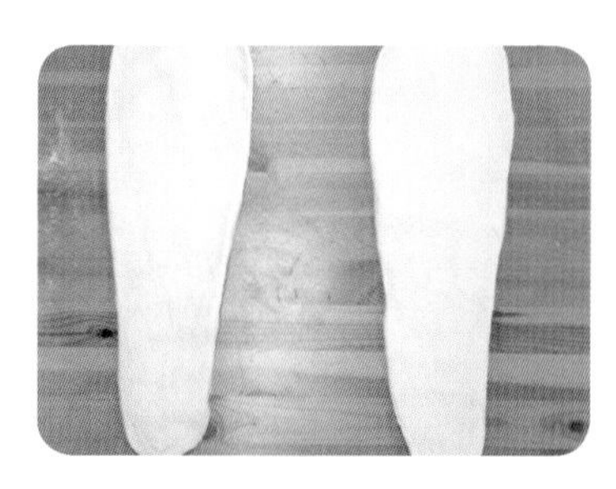

19 밀어펴기
▶크기가 일정하게 밀어펴기
▶긴 삼각형 모양으로 작업

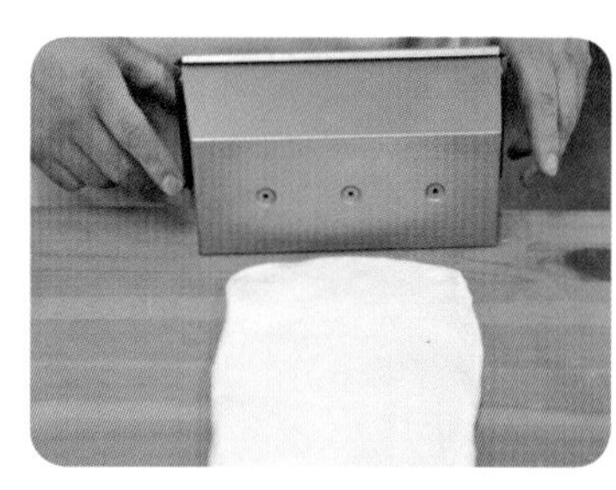

20 밀어펴기
▶식빵팬 아래크기에 맞게

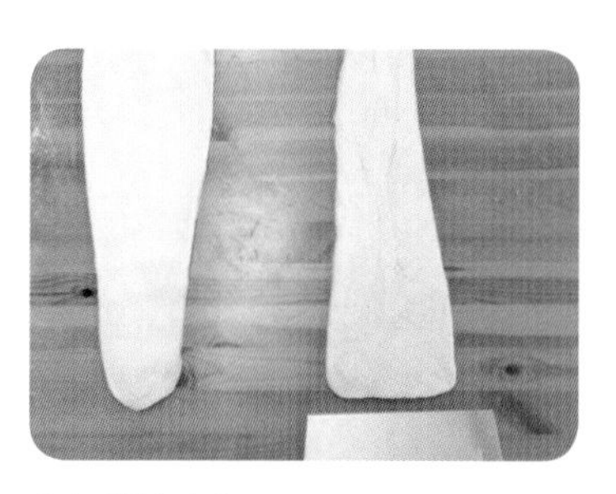

21 밀어펴기
▶식빵팬 아래크기에 맞게

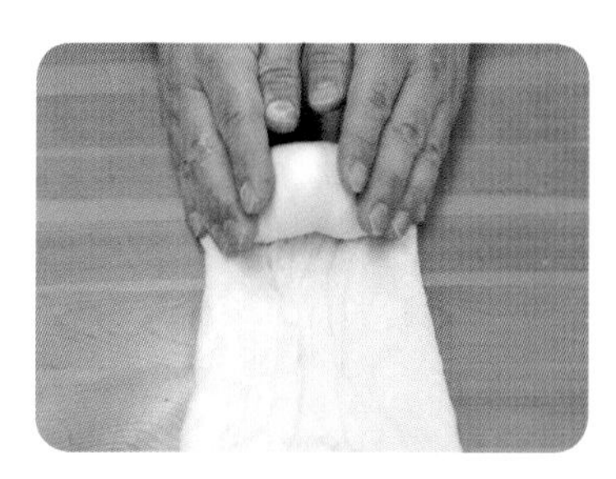

22 말기
▶자연스럽게 말기
▶일정해야 함

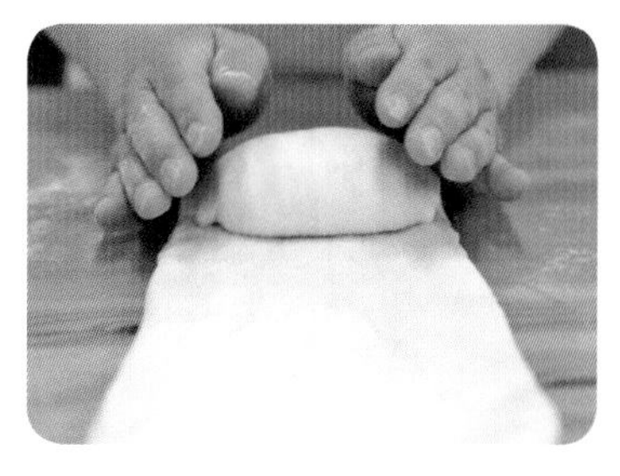

23 말기
▶폭과 넓이가 일정해야 함

24 말기
▶폭과 넓이가 일정해야 함

25 말기
▶끝부분은 일자가 되도록!
▶이음매 봉하기 편함

26 이음매 봉하기
▶표피가 매끈해야 함

27 이음매 봉하기
▶식빵팬 아래크기에 맞게!

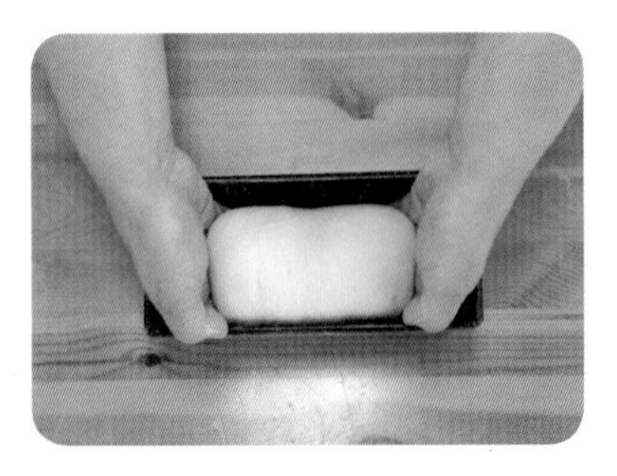

28 팬에 넣기
▶양손을 측면에 맞게 넣기

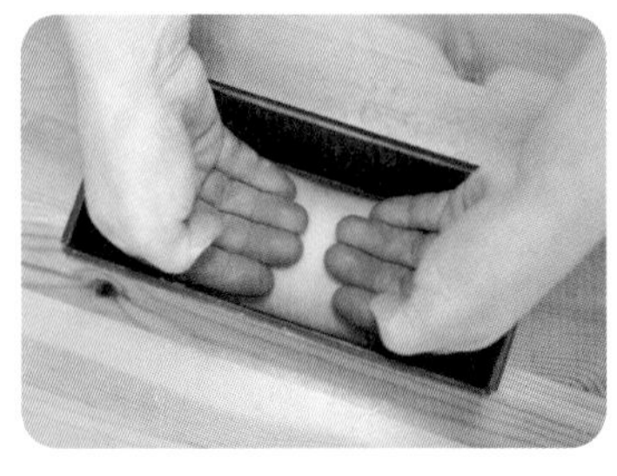

29 팬에 넣기
▶손등으로 살짝 누르기
▶수평 맞추기

30 팬에 넣기
▶이음매는 아래로 가기
▶2차 발효 시작하기

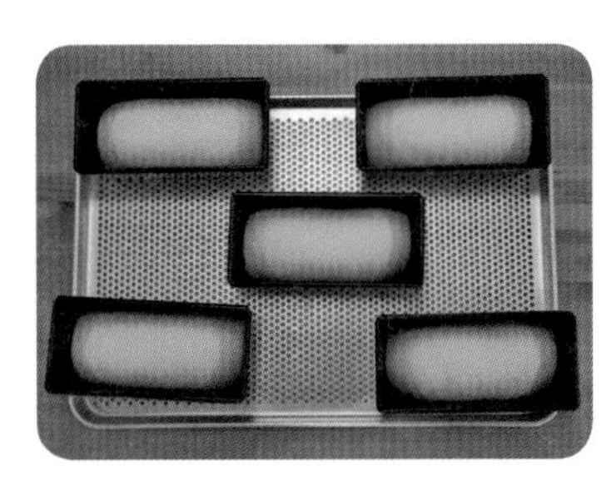

31 2차 발효 완료하기
▶팬 높이 2~3cm 아래
▶30~40분 전후(상태판단)

32 2차 발효 완료하기
▶팬 높이 2~3cm 아래
▶30~40분 전후(상태판단)

33 칼집 내기 준비하기
▶스크래퍼로 미리 표시함

34 칼집 내기
▶깊이 0.5cm 정도
▶끝부분 1cm 남기기

35 버터 짜기
▶얇게 일자로 짜기

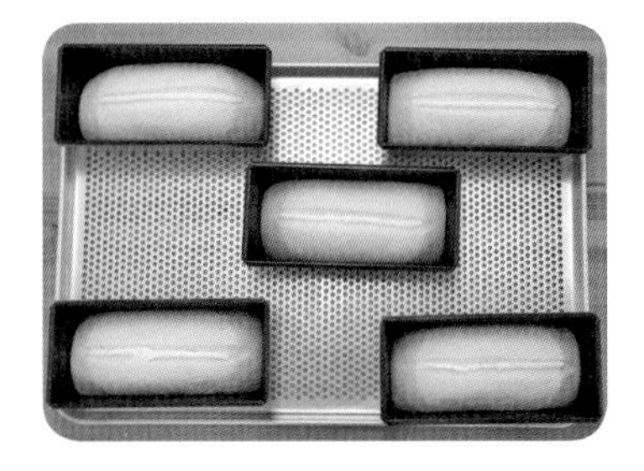

36 버터 짜기
▶얇게 일자로 짜기
▶일정하게 짜기

37 굽기
상 170℃전후 35분 전후
하 190~180℃전후 상태판단

38 굽기
상 170℃전후 35분 전후
하 190~180℃전후 상태판단

39 완제품
▶황금갈색
▶충분히 구워야 색 잘남

40 완제품
▶황금갈색
▶충분히 구워야 색 잘남

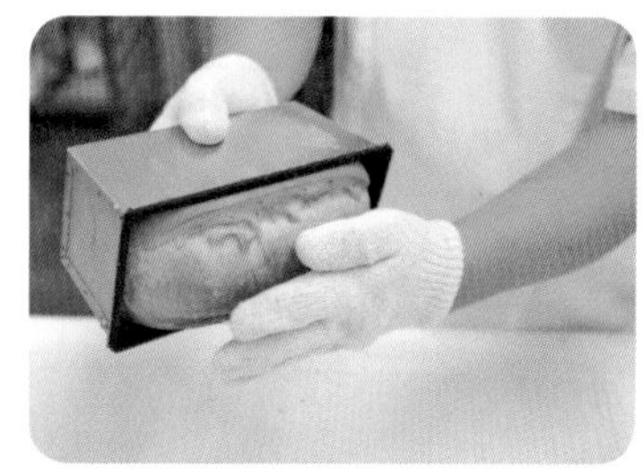

41 팬에서 분리하기
▶손바닥에 가볍게 놓기

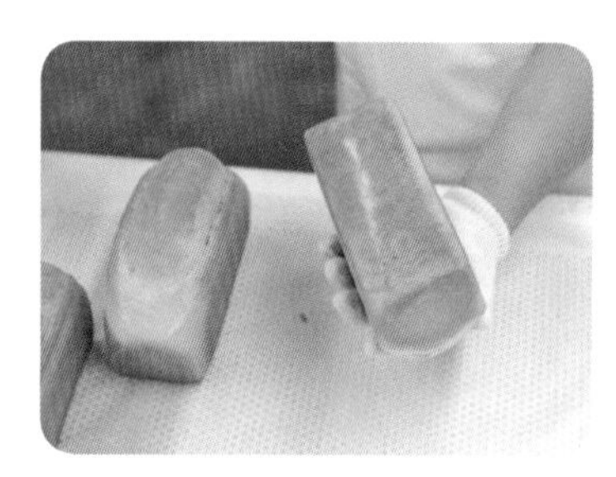

42 팬에서 분리하기
▶가볍게 잡기

43 팬에서 분리하기
▶간격을 띄우기
▶냉각이 잘 됨

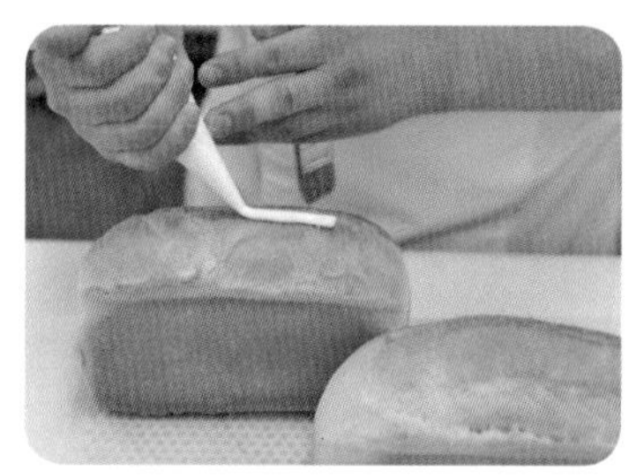

44 구운 후 버터 짜기
▶바르기 적절히 짜기
▶녹여서 발라도 됨

45 버터 짜기 후 바르기
▶붓을 이용해서 바르기

46 버터 짜기 후 바르기
▶광택이 적절히 나면 끝!

47 완제품
▶윗면, 옆면도 황금갈색

48 완제품
▶윗면, 옆면도 황금갈색

식빵종류

쌀식빵

시험시간 3시간 40분

반죽방법 스트레이트법

오븐온도 170℃전후/190~180℃전후
30분 전후(상태판단)

요구사항

쌀식빵을 제조하여 제출하시오.

❶ 배합표의 각 재료를 계량하여 재료별로 진열하시오.(9분)
❷ 반죽은 스트레이트법으로 제조하시오.
(단, 유지는 클린업 단계에 첨가하시오)
❸ 반죽 온도는 27℃를 표준으로 하시오.
❹ 표준분할무게는 198g으로 하고, 제시된 팬의 용량을 감안하여 결정하시오.(단, 분할무게×3을 1개의 식빵으로 함)
❺ 반죽은 전량을 사용하여 성형하시오.

배 합 표 (추가 품목으로 사정에 따라 변동 가능함)

비율(%)	재료명	무게(g)
70	강력분	910
30	강력쌀가루	390
63	물	819(820)
3	이스트	39(40)
1.8	소금	23.4(24)
7	설탕	91(90)
5	쇼트닝	65(66)
4	탈지분유	52
2	제빵개량제	26
185.8	계	2,415.4(2,418)

1. 분할 시에 절단면 최소화
2. 둥글리기는 가볍게 하기
3. 정형시에 3개씩 밀어펴고 3개씩 말기하기
4. 2차 발효는 팬 높이 위로 1cm 위
5. 굽기 할 때에 옆의 간격 충분히 띠우기
6. 쌀식빵 껍질 색에 유의해서 굽기
7. 식빵류는 기본 30분은 구워야 한다.
8. 색이 났다고 미리 빼면 주저앉는다.

01 재료계량

02 믹싱하기 = 혼합하기

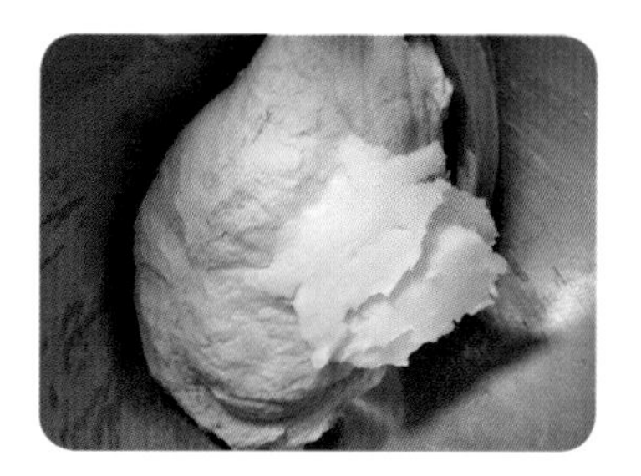

03 믹싱하기 = 혼합하기
▶수작업으로 기본 혼합하면 기계작업 시 빠름

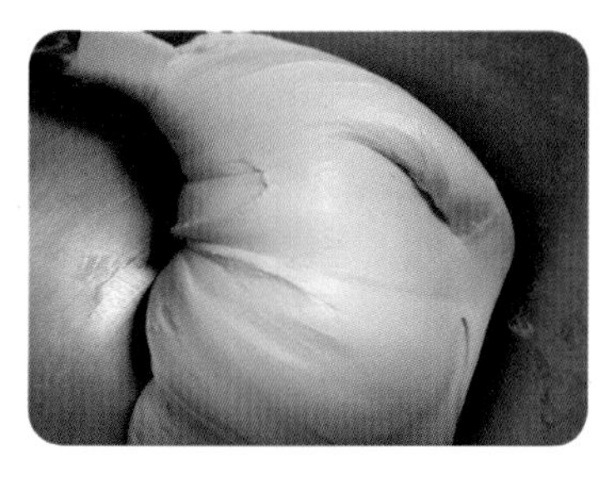

04 믹싱하기
▶클린업 단계에서 유지투입

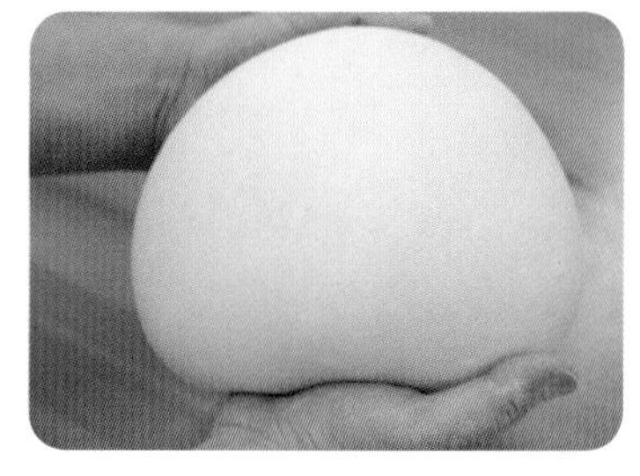

05 믹싱완료
▶최종단계(글루텐 100%)
▶표피를 매끈하게 하기

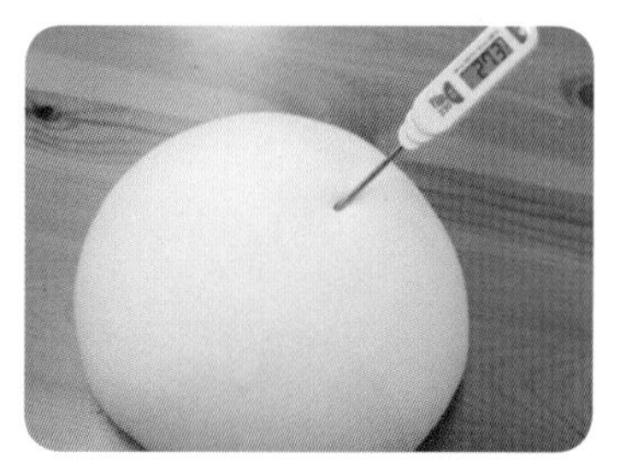

06 최종단계(글루텐 100%)
반죽결과온도 : 27℃

07 1차 발효 시작하기
▶플라스틱 통에 준비하기

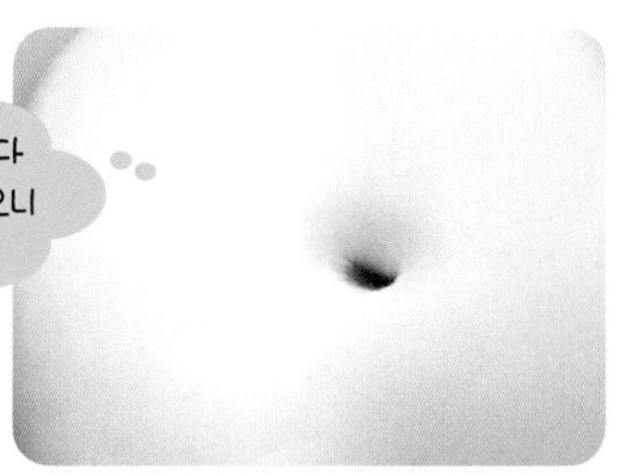

08 1차 발효 완료하기
▶손가락 시험법
▶40분 전후

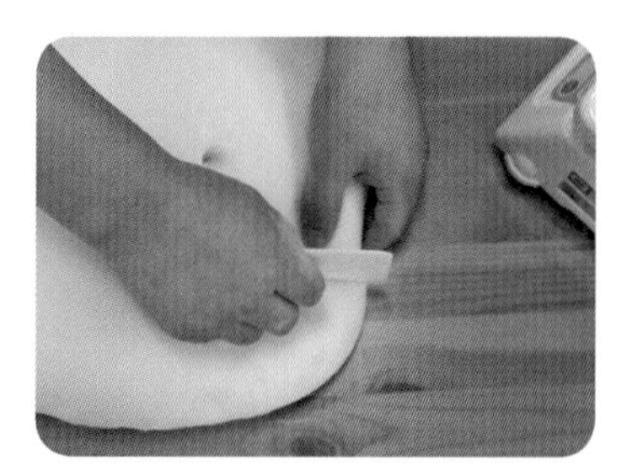

09 분할하기
▶절단면은 최소화

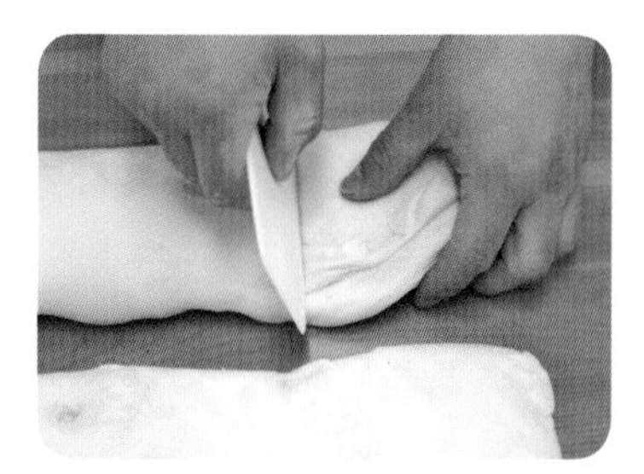

10 분할하기
▶식빵은 3분할하고서
▶절단면은 최소화

11 198g씩 분할하기
▶절단면은 최소화
▶그래야 발효가 잘 됨

12 분할하기
▶12개를 다하고서
▶둥글리기 하기

13 둥글리기
▶가볍게 하기
▶손아래 잘 모으기

14 중간발효 시작하기
▶15분 정도

15 중간발효 완료하기
▶부피가 어느 정도 증가됨
▶가스가 있어야 잘 밀림

16 3개씩 밀어펴기 준비
▶크기가 일정

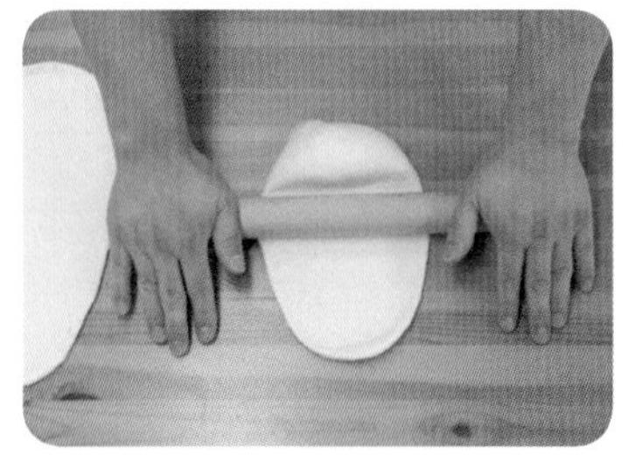

17 밀어펴기
▶크기가 일정하게 밀어펴기

18 3개씩 밀어펴기
▶크기가 일정하게 밀어펴기
▶3개가 일정해야 함

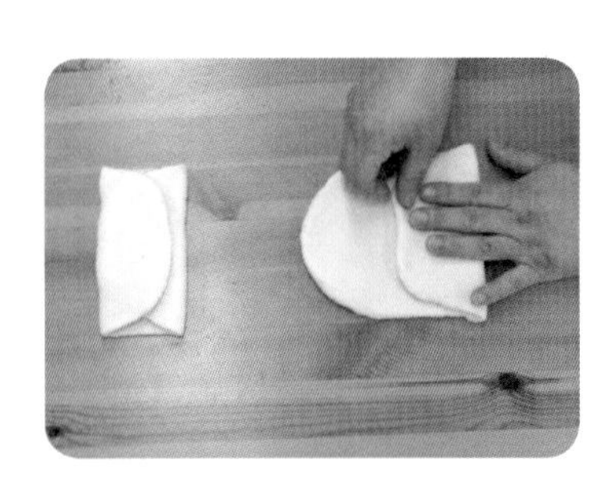

19 접기
▶폭과 넓이가 일정해야 함

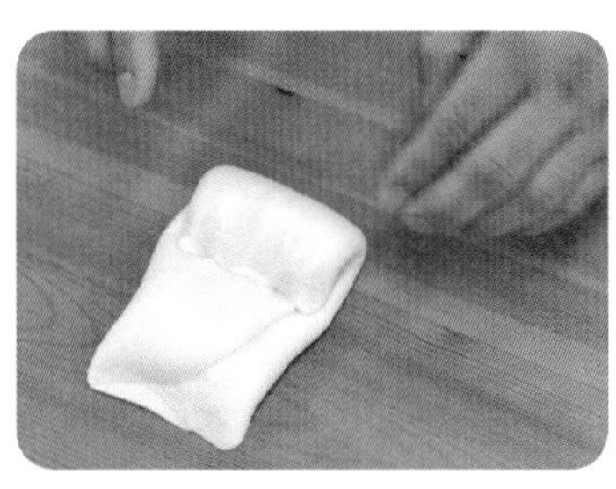

20 말기
▶탄력적으로 말기

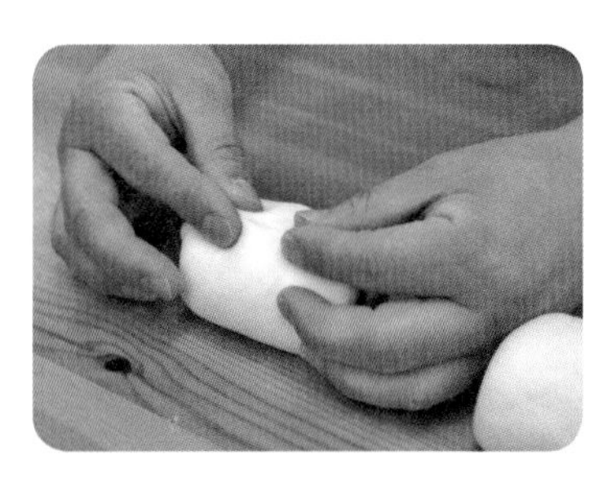

21 이음매 봉하기
▶표피가 매끈해야 함

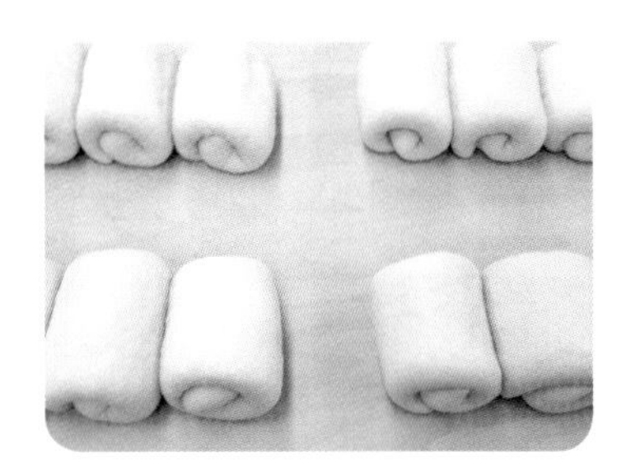

22 3개씩 나란히 두기
▶표피가 매끈해야 함

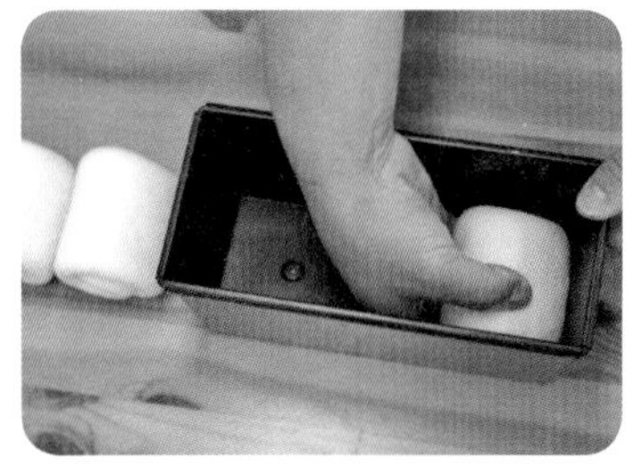

23 팬에 넣기
▶이음매는 아래로 가기

24 팬에 넣기
▶손등으로 살짝 누르기
▶수평 맞추기

25 2차 발효시작하기

26 2차 발효하기

27 2차 발효 완료하기
▶팬 높이 1cm 위
▶30~40분 전후(상태판단)

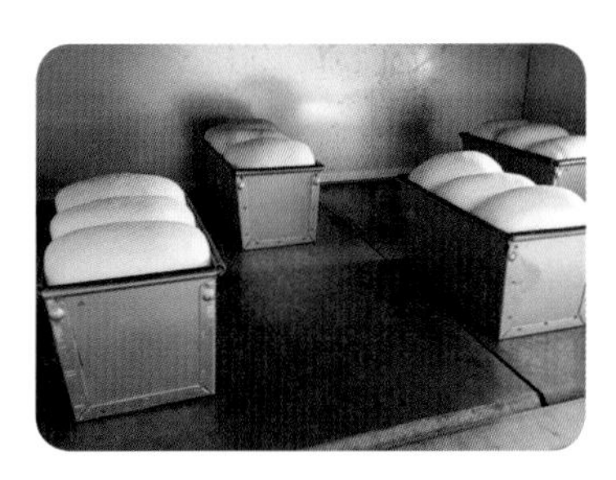

28 굽기
상 170℃전후 30분 전후
하 190~180℃전후 상태판단

29 굽기 완료
▶황금갈색

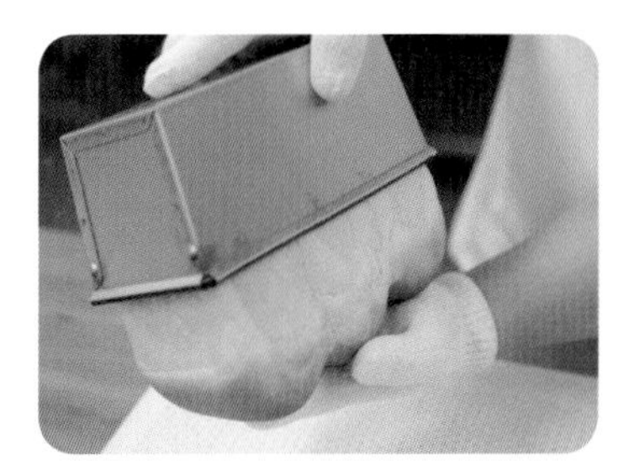

30 팬에서 분리하기

31 굽기 완료하기
▶밑면도 황금갈색

32 완제품
▶옆면도 황금갈색

33 완제품
▶윗면도 황금갈색

단과자빵류

단팥빵

시험시간 3시간

반죽방법 비상스트레이트법

오븐온도 210~190℃전후/150℃전후
10~15분(상태판단)

요구사항

단팥빵(비상스트레이트법)을 제조하여 제출하시오.

❶ 배합표의 각 재료를 계량하여 재료별로 진열하시오.(9분)

❷ 반죽은 비상스트레이트법으로 제조하시오.(단, 유지는 클린업 단계에 첨가하고, 반죽온도는 30℃로 한다)

❸ 반죽 1개의 분할 무게는 50g, 팥앙금 무게는 40g으로 제조하시오.

❹ 반죽은 24개를 성형하여 제조하고, 남은 반죽은 감독위원의 지시에 따라 별도로 제출하시오.

배 합 표

비율(%)	재료명	무게(g)
100	강력분	900
48	물	432
7	이스트	63(64)
1	제빵개량제	9(8)
2	소금	18
16	설탕	144
12	마가린	108
3	탈지분유	27(28)
15	달걀	135(136)
204	계	1,836(1,838)

(※ 충전용 재료는 계량시간에서 제외)

-	통팥앙금	1,440

KEY POINT

1. 비상법 : 반죽온도 30℃
2. 1차 발효 짧게 주기 → 15분 정도
3. 정형 : 앙금 모두 싸고 모양내기 → 그래야 일정함
   원형 : 지름 일정하게 하기
   튜브모양 : 모양잡기로 2회 정도 굴리고 가운데 구멍!
4. 굽기 : 오븐에 들어갈 때에 옆의 간격 충분히 띄우기 → 그래야 잘 구워진다.
5. 굽기 중 색상이 나면 앞과 뒤의 방향을 바꿔준다.

01 재료계량

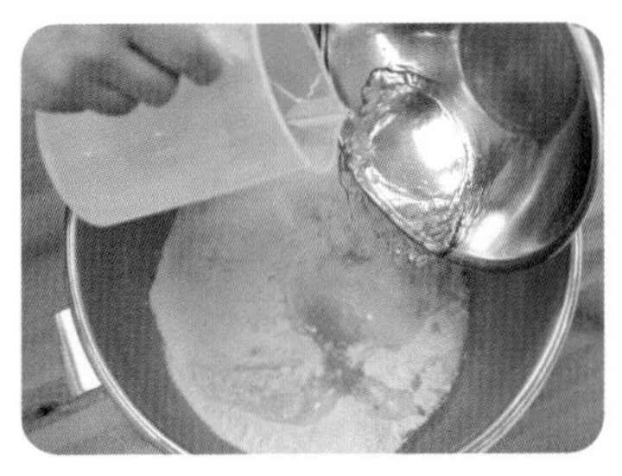

02 믹싱하기 = 혼합하기

03 믹싱하기 = 혼합하기

04 믹싱하기
▶클린업 단계에서 유지투입

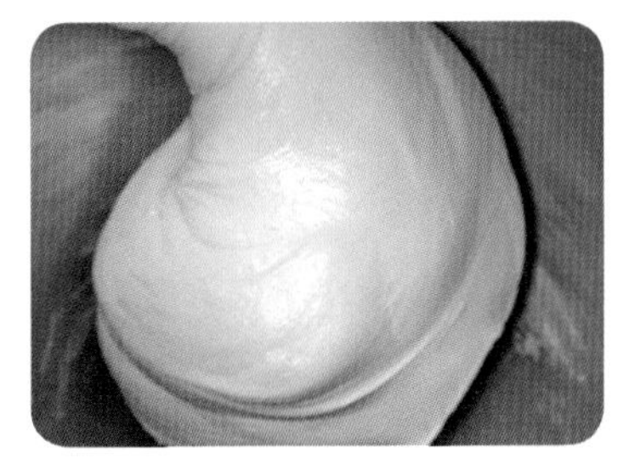

05 믹싱완료
▶최종단계(글루텐 100%)
▶비상 스트레이트법

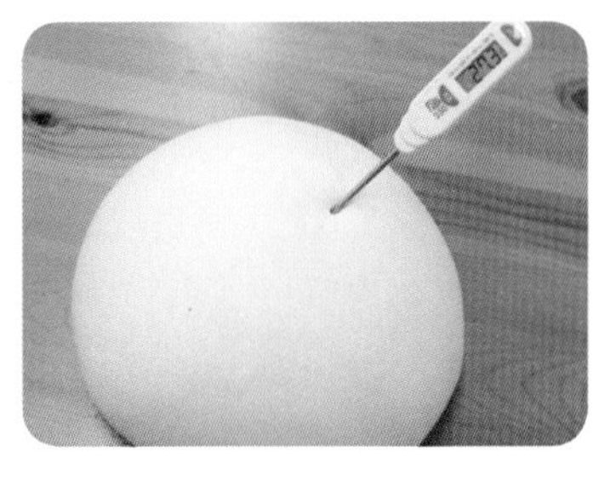

06 최종단계(글루텐 100%)
▶반죽결과온도 : 30℃
▶표피를 매끈하게 하기

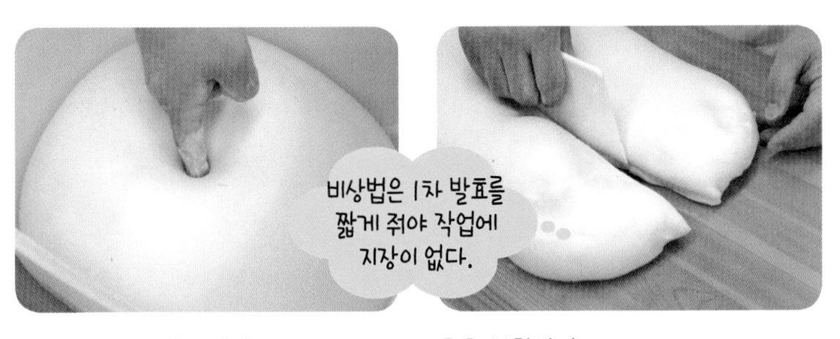

07 1차 발효 완료하기
▶손가락 시험법
▶15~30 분 전후

08 분할하기
▶절단면은 최소화

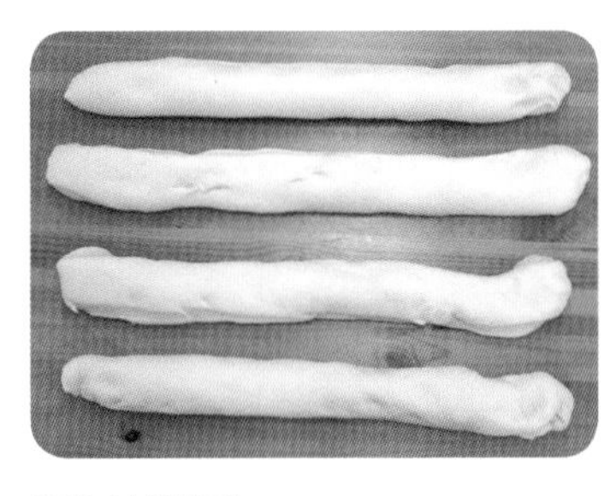

09 분할하기
▶작은 빵은 4분할하고서
▶절단면은 최소화

10 50g씩 분할하기
▶절단면은 최소화
▶그래야 발효가 잘 됨

11 분할하기
▶모두 분할하고서
▶둥글리기 하기

12 둥글리기
▶가볍게 하기
▶손가락 아래 잘 모으기

13 둥글리기
▶가볍게 하기
▶손가락 아래 잘 모으기

14 둥글리기
▶가볍게 하기
▶표피는 매끈하게 하기

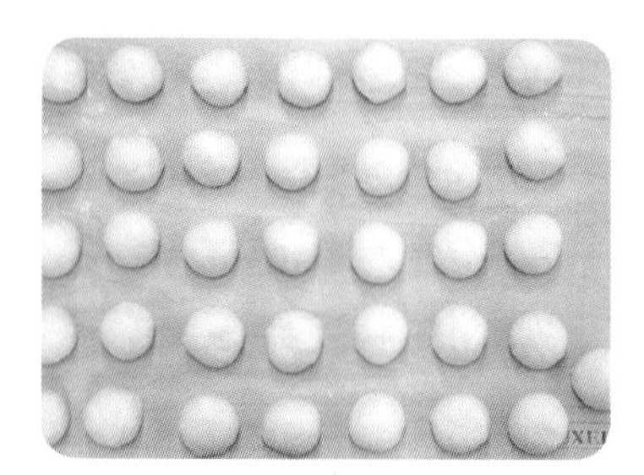

15 둥글리기
▶일정한 간격 맞추기
▶발효가 되면 커지기 때문

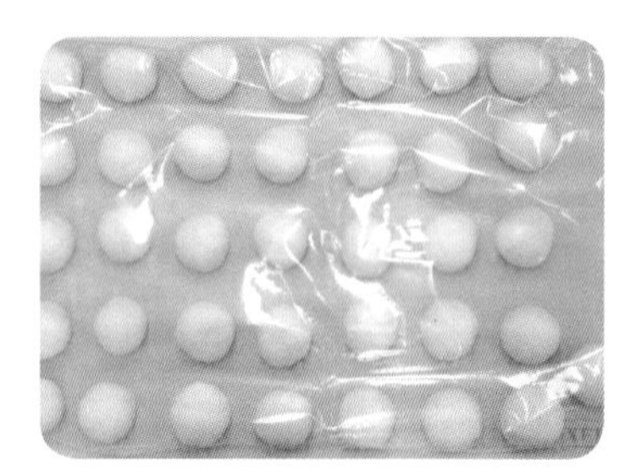

16 중간발효 시작하기
▶10~15분 정도

17 앙금 40g 분할하기
▶1차 발효 및 중간발효 시간을 활용해 준비하기

18 앙금 40g 분할하기

19 중간발효 완료하기
▶부피가 어느 정도 증가됨
▶가스가 있어야 잘 싼다.

20 정형하기
▶손바닥을 이용
▶탄력적으로 누르기

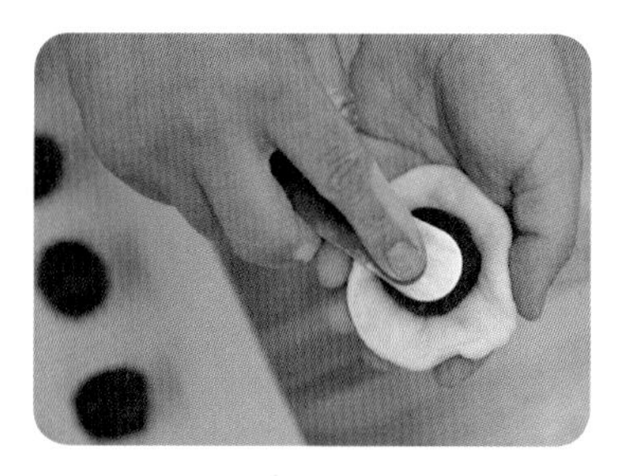

21 정형하기
▶헤라이용 앙금싸기
▶손을 잘 모을 것

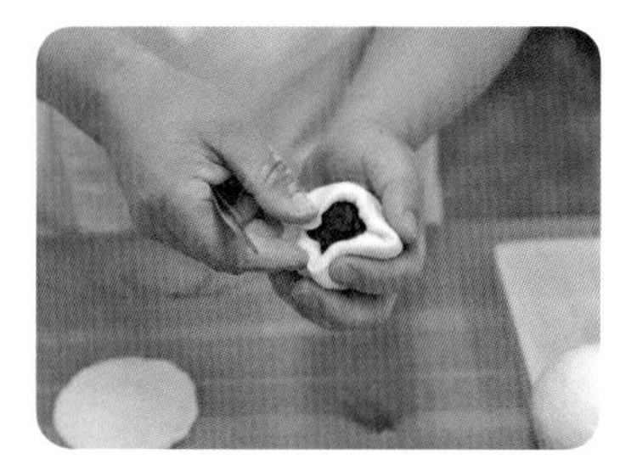

22 정형하기
▶손을 최대한 모으면서
▶이음매 봉하기

23 정형하기
▶이음매 봉하기
▶끝부분 잘 모을 것

24 정형하기
▶끝부분 잘 봉하기
▶앙금이 정중앙 위치하기

25 팬 넣기
▶오와 열을 맞추기

26 모양잡기(튜브모양)
▶모양잡기로 살짝 누르기
▶튜브모양 만들기

27 모양잡기(튜브모양)
▶모양잡기로 동그랗게 돌려서 홈 만들기

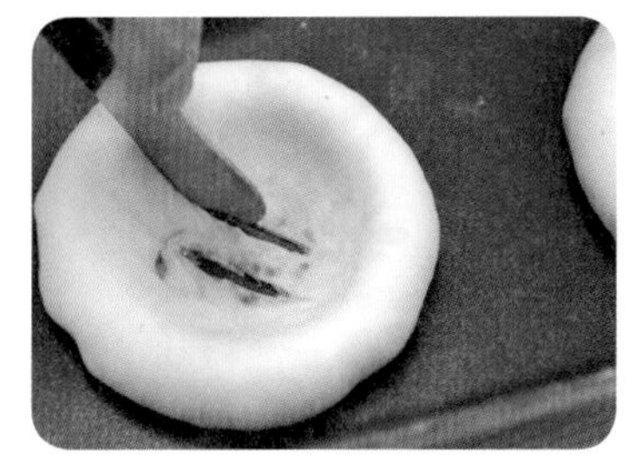

28 모양잡기 〈A형〉
▶헤라로 11자로 모양내기
▶가운데 가스팽창 막아줌

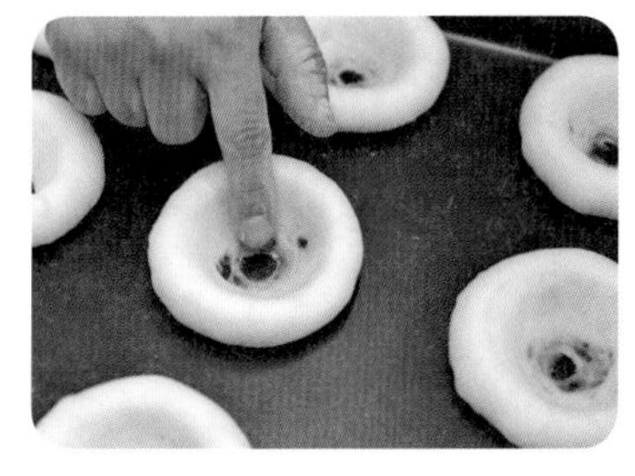

29 모양잡기 〈B형〉
▶손가락 이용해서 구멍내기
▶가운데 가스팽창 막아줌

30 팬 넣기
▶오와 열을 맞추기

31 모양잡기(원형모양)
▶손바닥 이용 탄력적으로 가볍게 누르기

32 모양잡기(원형모양)
▶밀대 이용하여 살짝 누르기

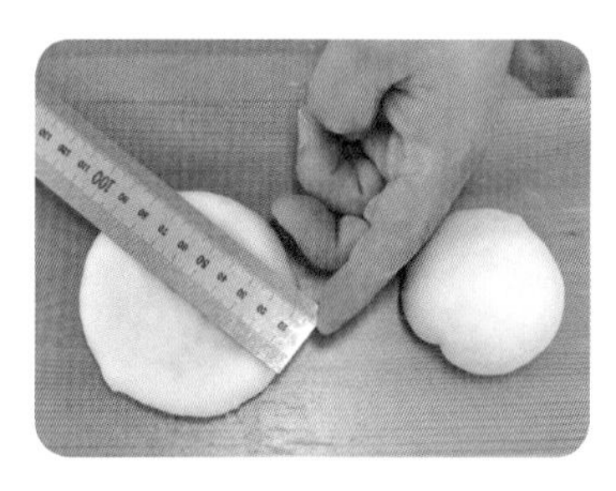

33 모양잡기(원형모양)
▶지름 9~8cm 정도로 만들기

34 모양잡기(원형모양)
▶수포는 제거하고 발효하기

35 2차 발효시작하기

36 2차 발효 완료하기
▶30~40분 전후(상태판단)

37 굽기
상 200~190℃전후 10~15분
하 150℃전후 상태판단

38 굽기
상 200~190℃전후 10~15분
하 150℃전후 상태판단

39 굽기
▶색이 1/2 이상 나면
▶앞과 뒤를 바꿔준다.

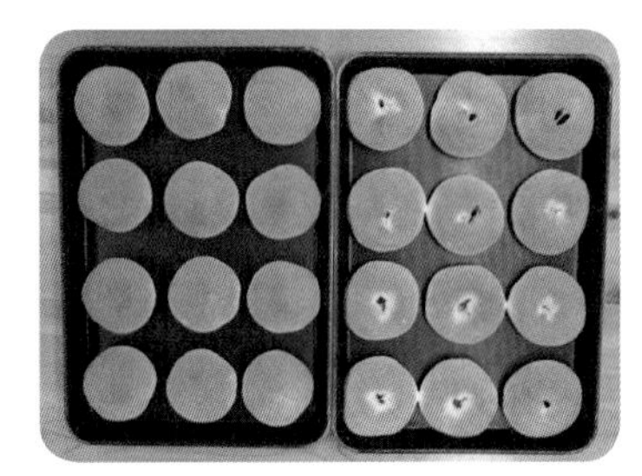

40 완제품
▶전체색상이 황금갈색

41 완제품
▶전체색상이 황금갈색

42 완제품
▶전체색상이 황금갈색

43 완제품
▶전체색상이 황금갈색

단과자빵류

소보로빵

시험시간 3시간 30분

반죽방법 스트레이트법

오븐온도 195~185전후/150℃전후
15분 전후(상태판단)

요구사항

단과자빵(소보로빵)을 제조하여 제출하시오.

❶ 빵반죽 재료를 계량하여 재료별로 진열하시오.(9분)
❷ 반죽은 스트레이트법으로 제조하시오.
(단, 유지는 클린업 단계에 첨가하시오.)
❸ 반죽 온도는 27℃를 표준으로 하시오.
❹ 반죽 1개의 분할무게는 50g씩, 1개당 소보로 사용량은 약 30g 정도로 제조하시오.
❺ 토핑용 소보로는 배합표에 따라 직접 제조하여 사용하시오.
❻ 반죽은 24개를 성형하여 제조하고, 남은 반죽과 토핑용 소보로는 감독위원의 지시에 따라 별도로 제출하시오.

배 합 표

– 빵반죽

비율(%)	재료명	무게(g)
100	강력분	900
47	물	423(422)
4	이스트	36
1	제빵개량제	9(8)
2	소금	18
18	마가린	162
2	탈지분유	18
15	달걀	135(136)
16	설탕	144
205	계	1,845(1,844)

– 토핑용 소보로(※ 계량시간에서 제외)

비율(%)	재료명	무게(g)
100	중력분	300
60	설탕	180
50	마가린	150
15	땅콩버터	45(46)
10	달걀	30
10	물엿	30
3	탈지분유	9(10)
2	베이킹파우더	6
1	소금	3
251	계	753

KEY POINT

1. 중요 : 소보로 토핑작업이 제일 중요함
   • 콩알크기와 고실 고실한 상태
2. 소보로 : 두께 일정하게 하기
3. 재 둥글리기 작업
   • 탄력적인 빵의 구조력 만들어줌
4. 소보로 일정하게 묻히기
5. 2차 발효점 잘 보기
6. 굽기 : 밝게 충분히 구울 것

01 재료계량

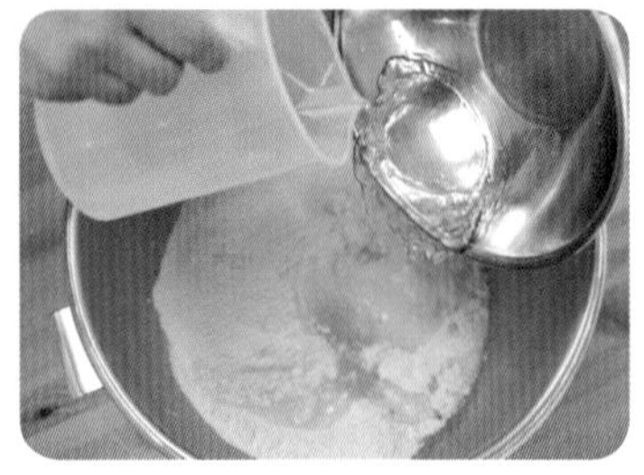

02 믹싱하기 = 혼합하기

03 싱하기 = 혼합하기

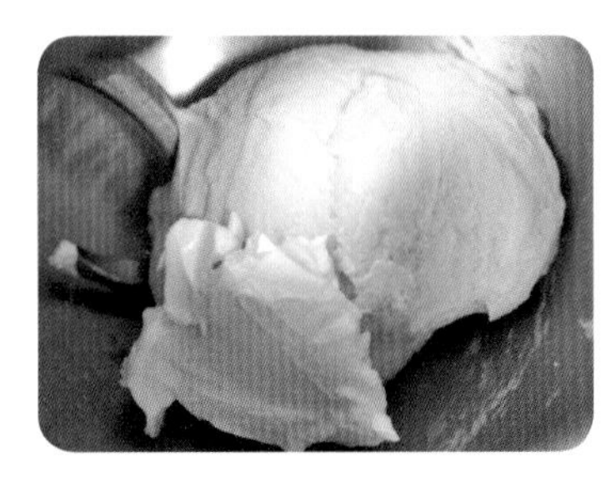

04 믹싱하기
▶클린업 단계에서 유지투입

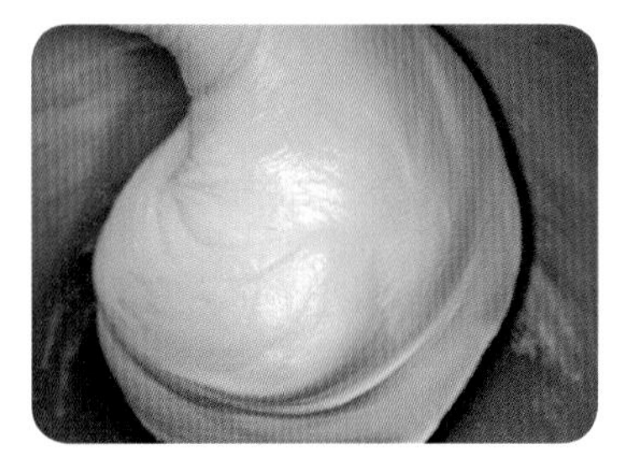

05 믹싱완료
▶최종단계(글루텐 100%)
▶스트레이트법

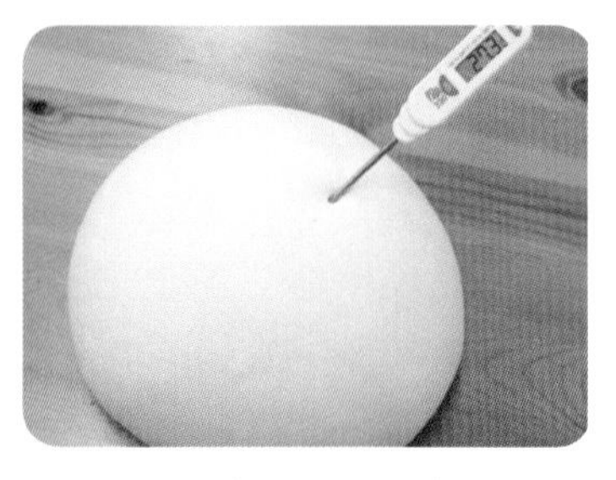

06 최종단계(글루텐 100%)
▶반죽결과온도 : 27℃
▶표피를 매끈하게 하기

07 1차 발효 시작하기
▶40분 전후

08 소보로 토핑 준비하기
▶크림법
▶콩알크기가 포인트

09 소보로 토핑
▶마가린 + 땅콩버터
▶잘 풀어주기

10 소보로 토핑
▶매끈하면 끝내기
▶질어지면 냉장고에 휴지

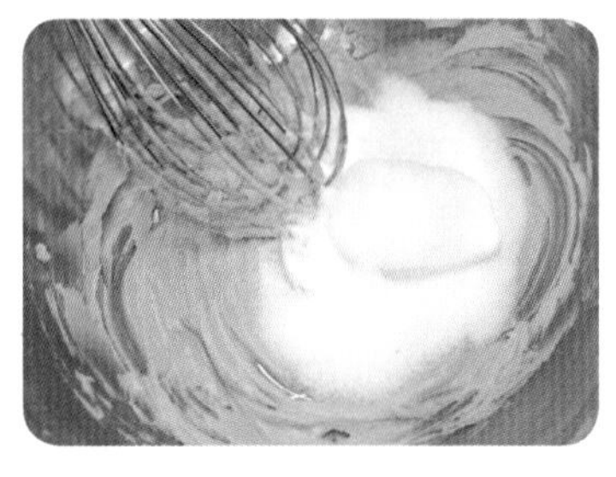

11 소보로 토핑
▶소금 + 설탕 + 물엿
▶혼합하기

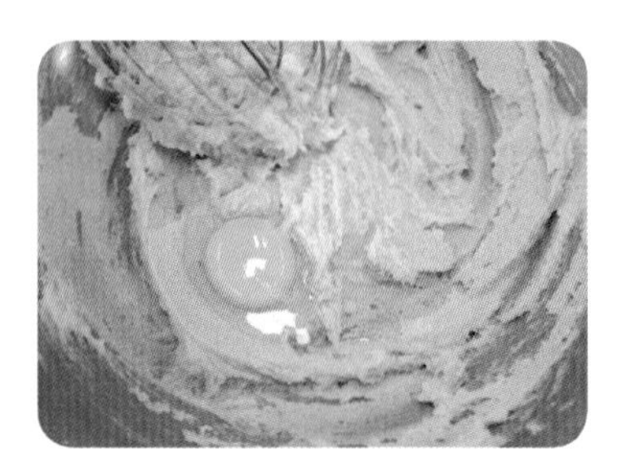

12 소보로 토핑
▶달걀 → 혼합하기

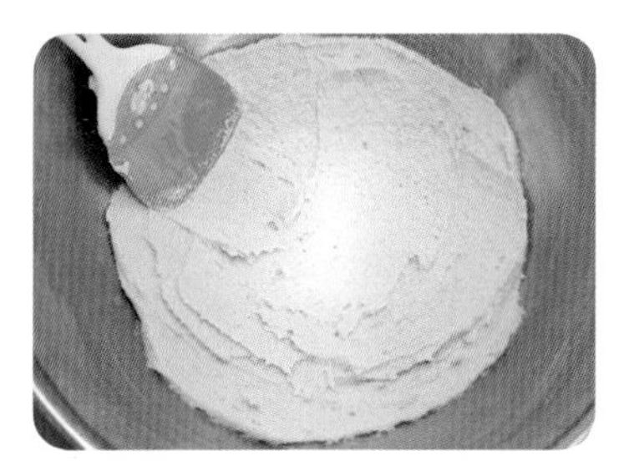

13 소보로 토핑
▶매끈하게 정리하기

14 소보로 토핑
▶가루재료(체질)
▶가볍게 혼합하기

15 소보로 토핑
▶가볍게 손바닥으로 비빔
▶오래 비비면 질어짐 주의

16 소보로 토핑 준비하기
▶콩알 크기면 끝!

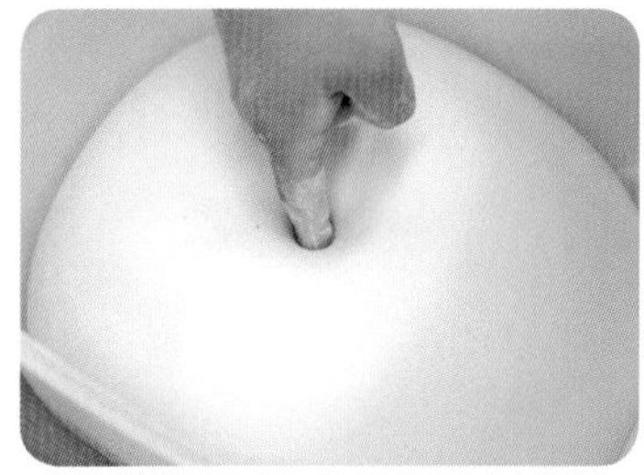

17 1차 발효 완료하기
▶손가락 시험법

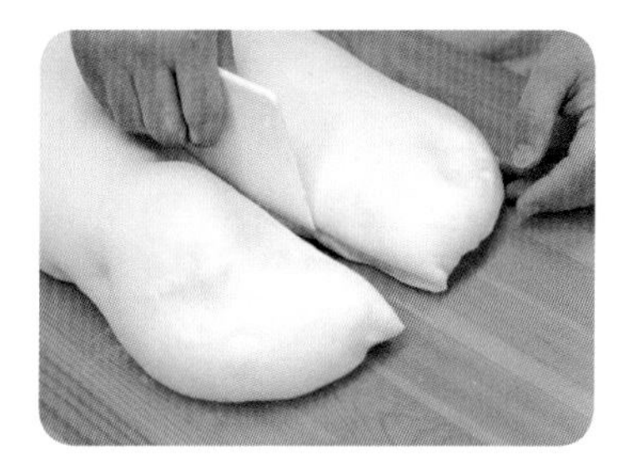

18 분할하기
▶절단면은 최소화

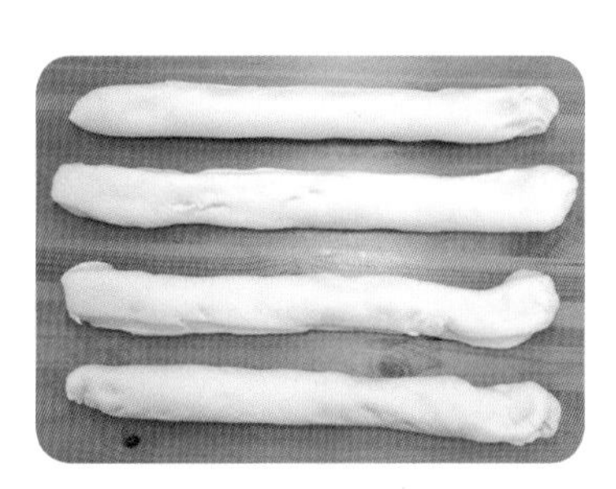

19 분할하기
▶작은 빵은 4분할하고서
▶절단면은 최소화

20 50g씩 분할하기
▶절단면은 최소화
▶그래야 발효가 잘 됨

21 분할하기
▶모두 분할하고서
▶둥글리기 하기

22 둥글리기
▶가볍게 하기
▶손가락 아래 잘 모으기

23 둥글리기
▶가볍게 하기
▶손가락 아래 잘 모으기

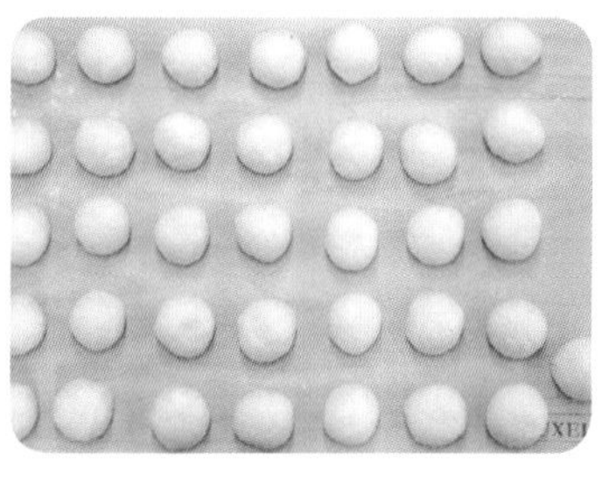

24 중간발효 시작하기
▶10~15분 정도

25 중간발효 완료하기
▶부피가 어느 정도 증가됨

26 소보로 토핑 찍기
▶30g씩 준비
▶도우 재둥글리기 꼭! 하기

27 소보로 토핑 찍기
▶두께 일정하게 준비
▶빵에 붙어있는 쿠키임

28 소보로 토핑 찍기
▶머리 부분에 물 묻히기
▶미온수 사용하면 좋음

29 소보로 토핑 찍기
▶도우 일정하게 올리기

30 소보로 토핑 찍기
▶세손가락에 덧가루 묻힘
▶도우에서 잘 분리됨

31 소보로 토핑 찍기
▶탄력적으로 전체 누르기

32 소보로 토핑 찍기
▶두 손을 이용해서 탄력적으로 누르기

33 소보로 토핑 찍기
▶충분히 잘 묻히기

34 소보로 토핑 찍기
▶반대손바닥에 옮기기
▶팬 넣기 잘하기 위함

35 팬 넣기
▶손바닥을 동그랗게 하기
▶동그랗게 발효하기 위함

36 팬 넣기
▶끝부분부터 놓기
▶그래야 놓을 때에 좋음

37 팬 넣기
▶간격과 간격을 잘 맞추기

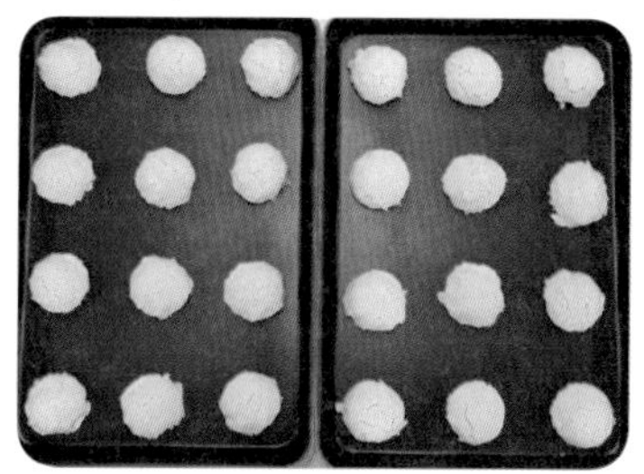

38 팬 넣기
▶오와 열을 잘 맞추기
▶그래야 옆색 잘남

39 2차 발효 시작하기
▶간격 확인하기

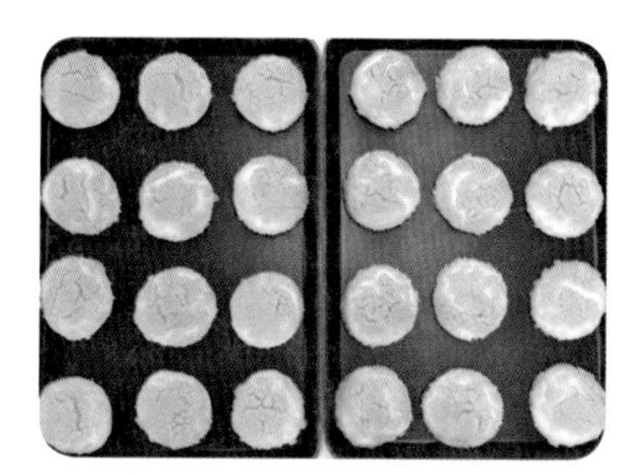

40 2차 발효 완료하기
▶30~40분 전후(상태판단)

41 2차 발효 완료하기

42 굽기
상 195~185℃전후 15분 전후
하 150℃전후 상태판단

43 굽기
상 195~185℃전후 15분 전후
하 150℃전후 상태판단

44 굽기
▶색이 1/2 이상 나면
▶앞과 뒤를 바꿔준다.

45 굽기 완료하기
▶충분히 구워라
▶쿠키 색에 신경쓰기

46 완제품
▶전체색상이 황금갈색

47 완제품
▶전체색상이 황금갈색
▶쿠키 색에 신경쓰기

48 완제품
▶전체색상이 황금갈색

단과자빵류

크림빵

시험시간 3시간 30분

반죽방법 스트레이트법

오븐온도 210~200℃/150℃전후
10~15분(상태판단)

요구사항

단과자빵(크림빵)을 제조하여 제출하시오.

❶ 배합표의 각 재료를 계량하여 재료별로 진열하시오(9분).
❷ 반죽은 스트레이트법으로 제조하시오.
(단, 유지는 클린업 단계에 첨가하시오.)
❸ 반죽 온도는 27℃를 표준으로 하시오.
❹ 반죽 1개의 분할무게는 45g, 1개당 크림 사용량은 30g으로 제조하시오.
❺ 제품 중 12개는 크림을 넣은 후 굽고, 12개는 반달형으로 크림을 충전하지 말고 제조하시오.
❻ 남은 반죽은 감독위원의 지시에 따라 별도로 제출하시오.

배 합 표

비율(%)	재료명	무게(g)
100	강력분	800
53	물	424
4	이스트	32
2	제빵개량제	16
2	소금	16
16	설탕	128
12	쇼트닝	96
2	분유	16
10	달걀	80
201	계	1,608

(※ 충전용 재료는 계량시간에서 제외)

(1개당 30g)	커스터드 크림	360

1. 중요 : 밀어펴기가 매우 중요함
• 작업성이 제일 길다.
• 확실히 밀어펴기 할 것
• 수축이 되는 것을 계산하기
2. 크림 충전 시에 중앙에 잘 넣을 것
3. 칼집은 확실히 넣을 것

01 재료계량

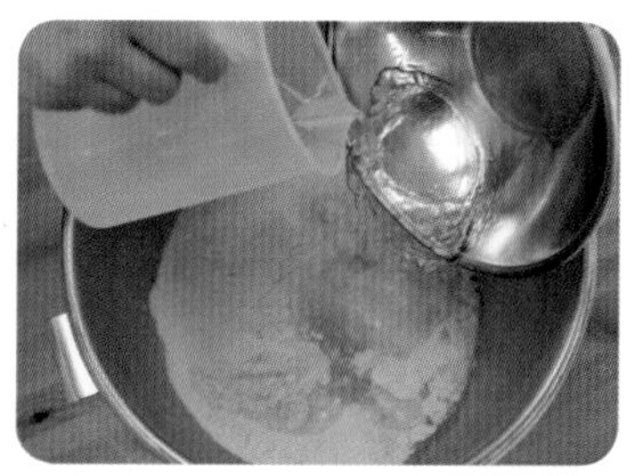

02 믹싱하기 = 혼합하기

03 믹싱하기 = 혼합하기

04 믹싱하기
▶클린업 단계에서 유지투입

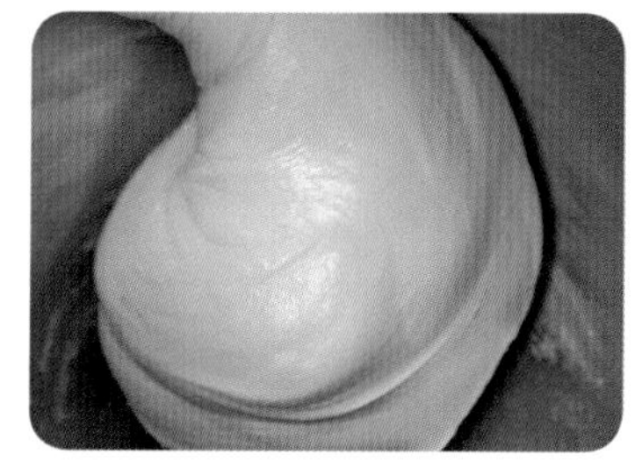

05 믹싱완료
▶최종단계(글루텐 100%)
▶스트레이트법

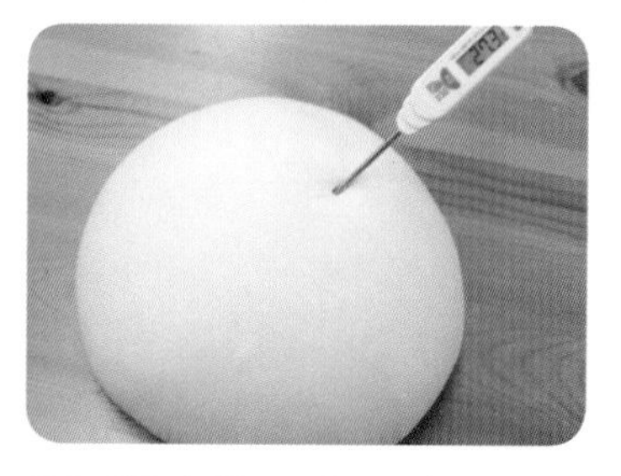

06 최종단계(글루텐 100%)
▶반죽결과온도 : 27℃
▶표피를 매끈하게 하기

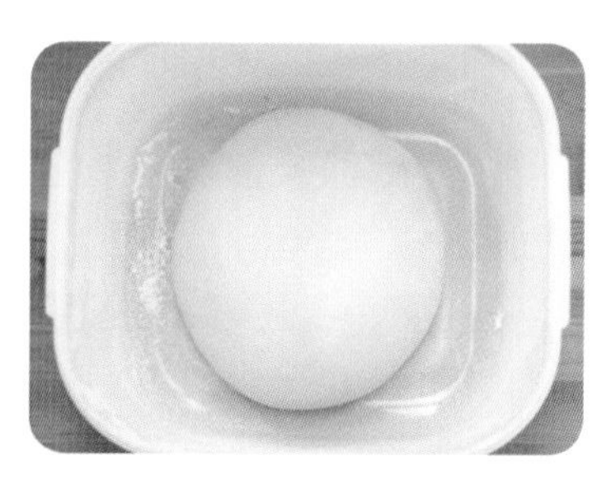

07 1차 발효 시작하기
▶40 분 전후

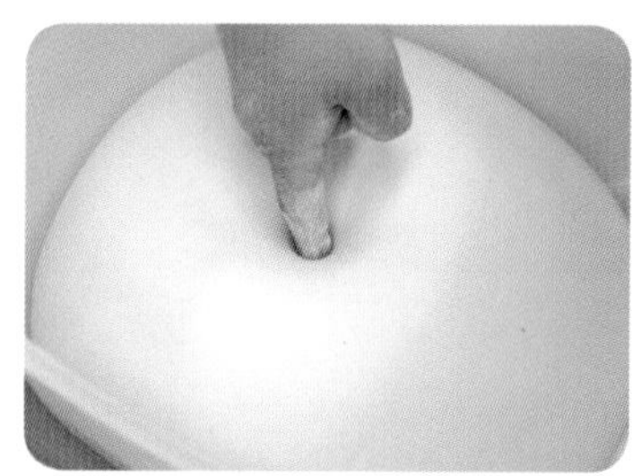

08 1차 발효 완료하기
▶손가락 시험법

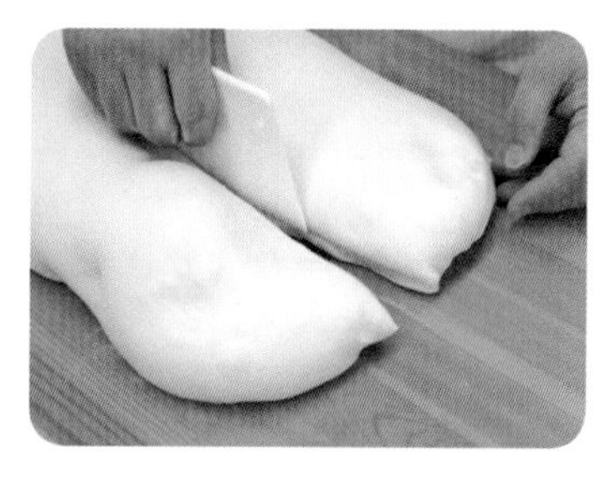

09 분할하기
▶절단면은 최소화

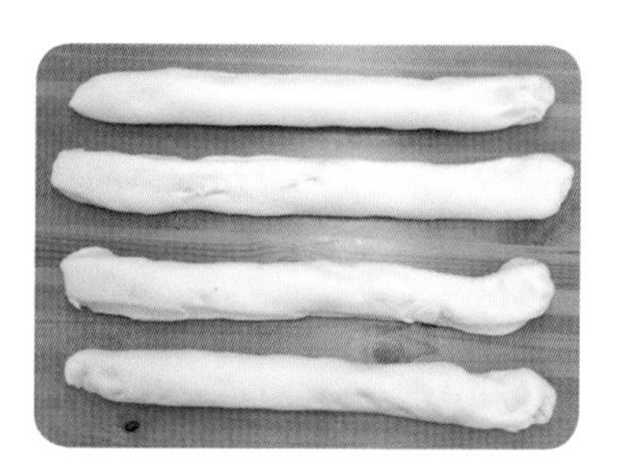

10 분할하기
▶작은 빵은 4 분할하고서
▶절단면은 최소화

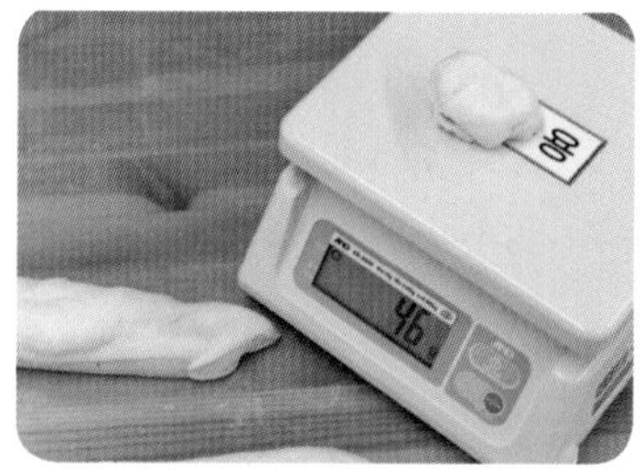

11 45g씩 분할하기
▶절단면은 최소화
▶그래야 발효가 잘 됨

12 분할하기
▶모두 분할하고서
▶둥글리기 하기

13 둥글리기
▶가볍게 하기
▶손가락 아래 잘 모으기

14 둥글리기
▶가볍게 하기
▶손가락 아래 잘 모으기

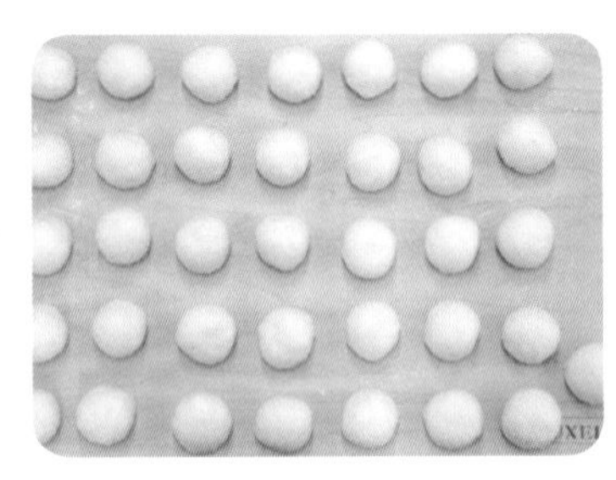

15 중간발효 시작하기
▶10~15분 정도

16 중간발효 완료하기
▶부피가 어느 정도 증가됨

17 중간발효 완료하기
▶크림 충전용 12개
▶크림 비충전용 12개

18 밀어펴기
▶3 개씩 작업하기
▶시간이 오래 걸리기 때문

19 밀어펴기
▶3개씩 작업하기
▶힘 조절이 잘 됨

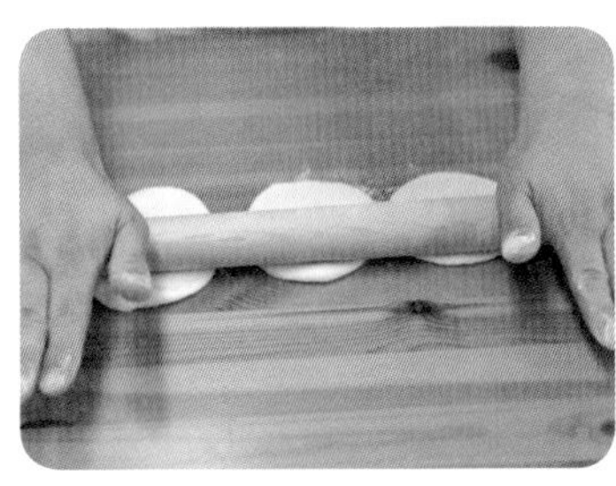

20 밀어펴기
▶3 개씩 작업하기
▶충분히 밀어펴기

21 밀어펴기
▶3 개씩 작업하기
▶도우가 수축됨을 알 것

22 밀어펴기
▶24개를 밀어펴고
▶다시 24개를 밀어펴기

23 밀어펴기
▶도우가 수축이 되기에
▶순환식 작업해야 효율적!

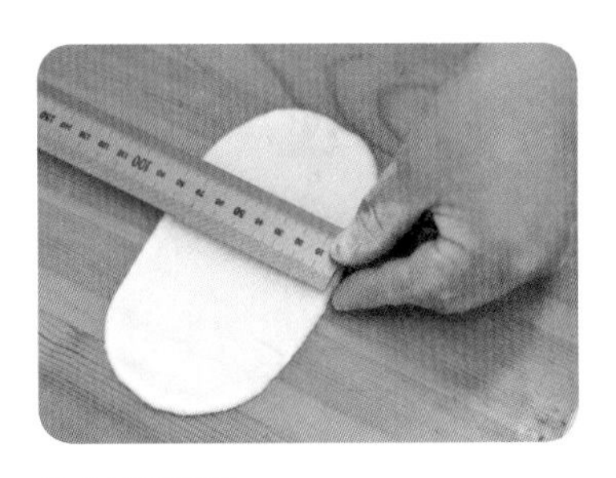

24 밀어펴기
▶최종 사이즈가 중요함
▶폭을 8cm 정도

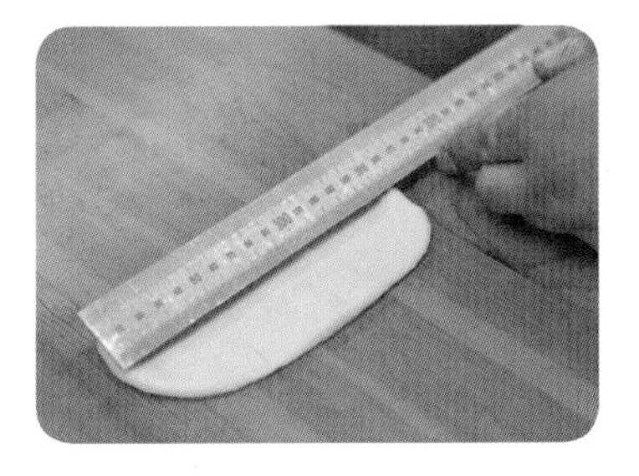

25 밀어펴기
▶최종 사이즈가 중요함
▶길이가 16cm 정도

26 크림 충전하기
▶스크래퍼 이용해서
▶중간 위치 선정하기

27 크림 충전하기
▶중간 위치 선정하기
▶크림 충전 자리 잡기

28 크림 충전하기
▶숟가락 이용법
▶30g 넣기

29 크림 충전하기
▶테두리 1cm는 남기기
▶접착 부위가 있어야 함

30 크림 충전하기

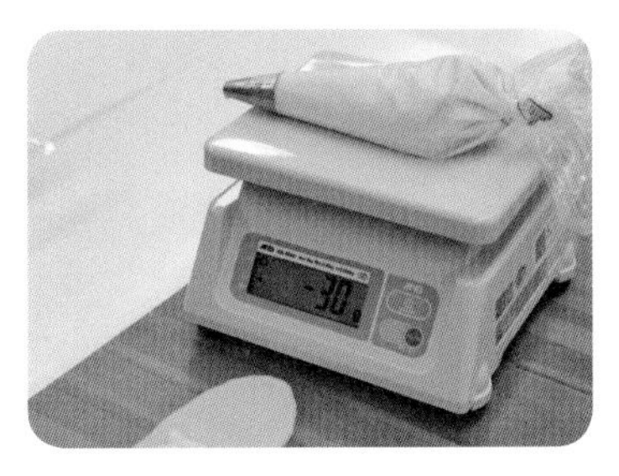

31 크림 충전하기
▶짜주머니 이용법
▶30g 넣기

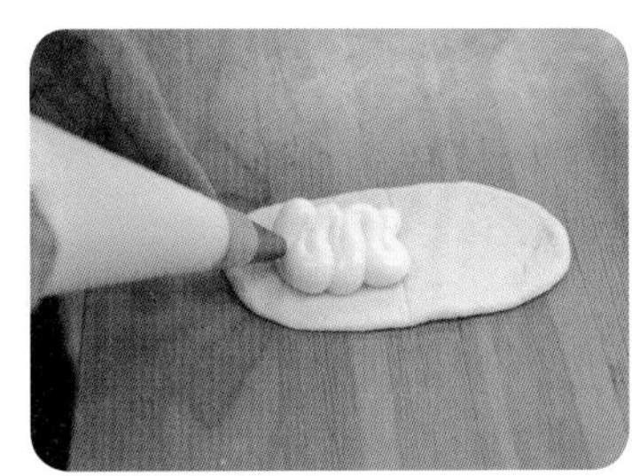

32 크림 충전하기
▶테두리 1cm는 남기기
▶접착 부위가 있어야 함

33 크림 충전하기
▶1/2 접기
▶테두리 1cm 누르기

34 모양내기(크림충전용)
▶스크래퍼 이용
▶2cm 정도 칼집내기

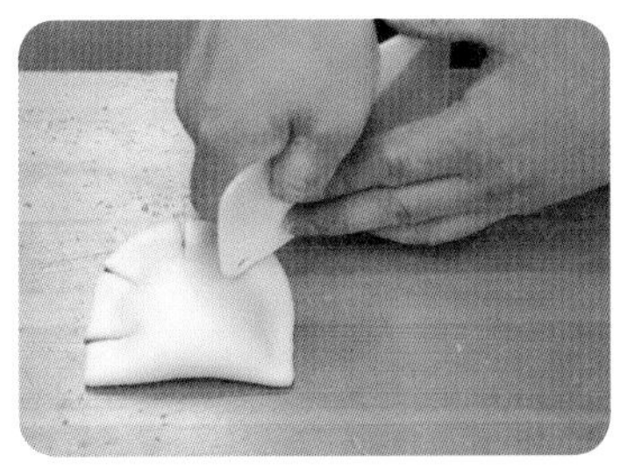

35 모양내기
▶조개모양 내기
▶확실하게 내기

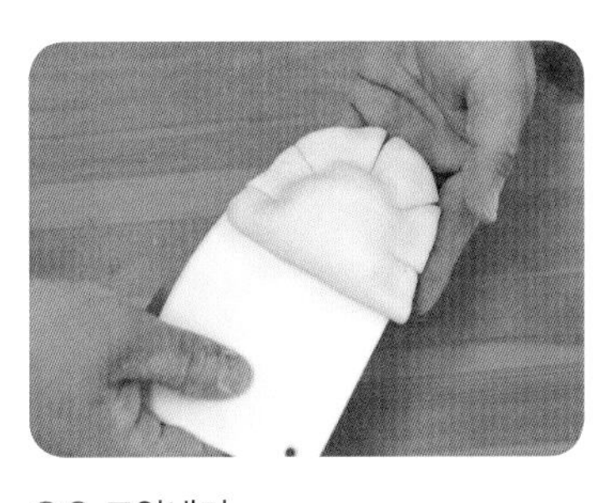

36 모양내기
▶스크래퍼 이용해서 놓기
▶손으로 이동하면 틀어짐

37 팬 넣기
▶스크래퍼 이용해서
▶사선으로 놓기

38 팬 넣기
▶오와 열을 맞추기
▶간격 간격을 잘 맞추기

39 팬 넣기
▶빵과 빵 사이가 어느 정도 간격이 있어야 함

40 크림 비충전용
▶폭과 길이가 일정해야 함
▶수축되는 부분까지 생각

41 크림 비충전용
▶식용유 바르기(이형제)
▶1/2 부분 겹쳐서 바르기

42 크림 비충전용
▶식용유 바르기(이형제)
▶1/2만 바르기

43 크림 비충전용
▶1/2 접기
▶일정하게 접기

44 2차 발효 시작하기
▶오와 열 확인 후
▶발효기에 넣기

45 2차 발효 완료하기
▶30~40분 전후(상태판단)
▶빵이 얇아 빨리 됨

46 굽기
상 210~200℃전후 10~15분
하 150℃전후 상태판단

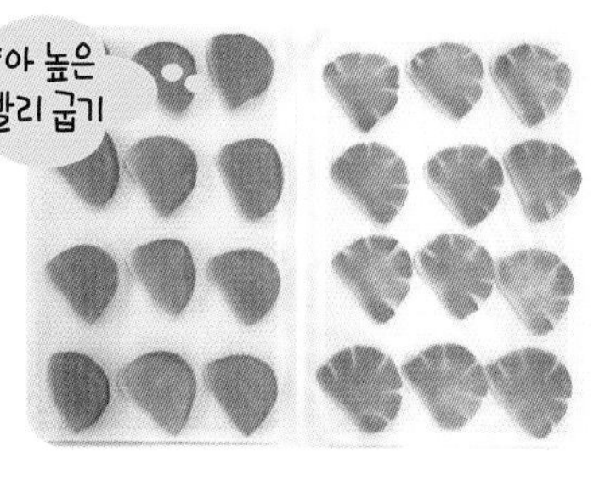

47 완제품
▶전체색상이 황금갈색

48 완제품
▶전체색상이 황금갈색

단과자빵류

단과자빵 (트위스트형)

시험시간 3시간 30분

반죽방법 스트레이트법

오븐온도 200~190℃/150℃전후
10~15분(상태판단)

요구사항

단과자빵(트위스트형)을 제조하여 제출하시오.

❶ 배합표의 각 재료를 계량하여 재료별로 진열하시오.(9분)
❷ 반죽은 스트레이트법으로 제조하시오.
(단, 유지는 클린업 단계에 첨가하시오.)
❸ 반죽 온도는 27℃를 표준으로 하시오.
❹ 반죽분할 무게는 50g이 되도록 하시오.
❺ 모양은 8자형 12개, 달팽이형 12개로 2가지 모양으로 만드시오.
❻ 완제품 24개를 성형하여 제출하고, 남은 반죽은 감독위원의 지시에 따라 별도로 제출하시오.

배 합 표

비율(%)	재료명	무게(g)
100	강력분	900
47	물	422
4	이스트	36
1	제빵개량제	8
2	소금	18
12	설탕	108
10	쇼트닝	90
3	분유	26
20	달걀	180
199	계	1,788

KEY POINT

1. 중요 : 스틱모양으로 일정하게 밀어펴기가 중요함
   • 단계별로 작업하기
2. 8자형 : 머리 부분과 꼬리 부분이 비슷해야 함
3. 달팽이형은 한쪽은 통통하게 다른 한쪽은 얇아지게 밀어펴서 자연스럽게 감기
4. 크기와 두께가 일정해야 한다.

01 재료계량

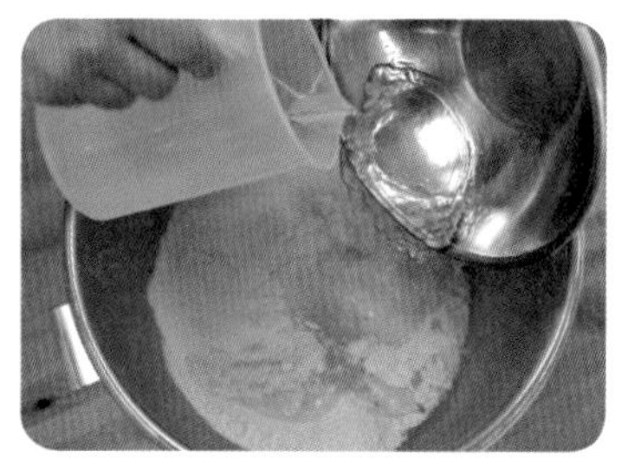
02 믹싱하기 = 혼합하기

03 믹싱하기 = 혼합하기

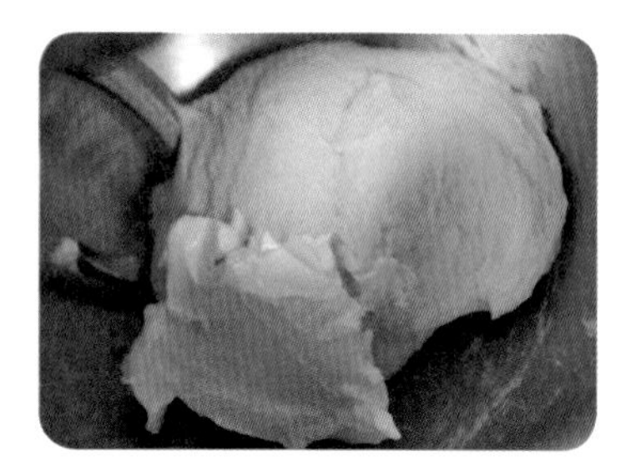
04 믹싱하기
▶클린업 단계에서 유지투입

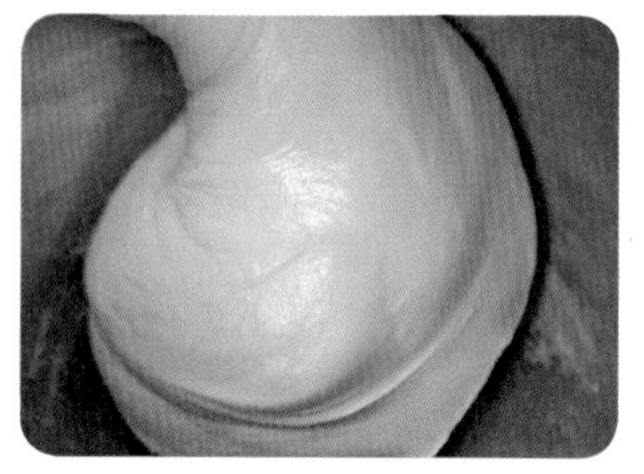
05 믹싱완료
▶최종단계(글루텐 100%)
▶스트레이트법

06 최종단계(글루텐 100%)
▶반죽결과온도 : 27℃
▶표피를 매끈하게 하기

07 1차 발효 시작하기
▶40분 전후

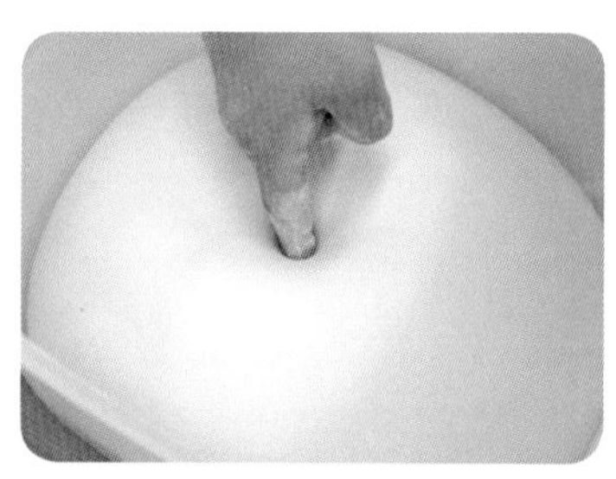
08 1차 발효 완료하기
▶손가락 시험법

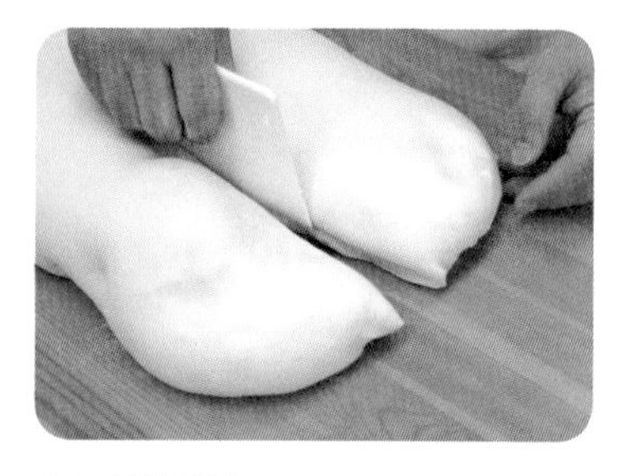
09 분할하기
▶절단면은 최소화

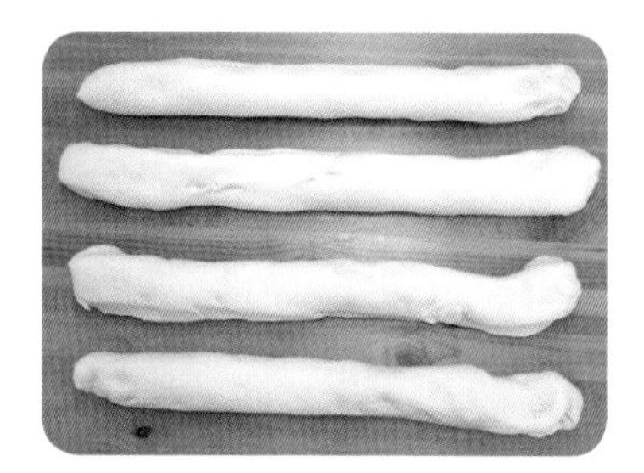
10 분할하기
▶작은 빵은 4분할하고서
▶절단면은 최소화

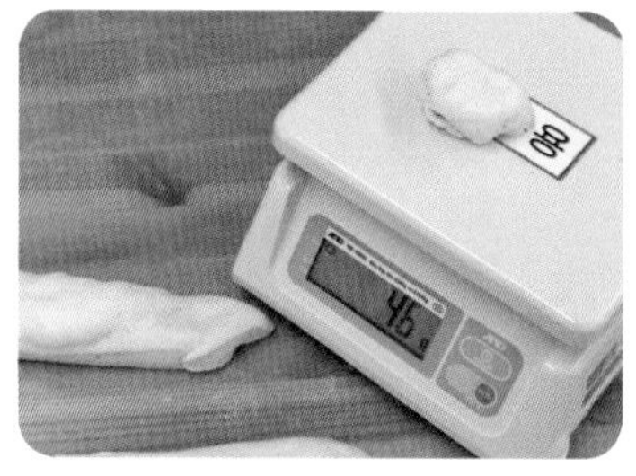
11 50g씩 분할하기
▶절단면은 최소화
▶그래야 발효가 잘 됨

12 분할하기
▶모두 분할하고서
▶둥글리기 하기

13 둥글리기
▶가볍게 하기
▶손가락 아래 잘 모으기

14 둥글리기
▶가볍게 하기
▶탄력적으로 굴리기

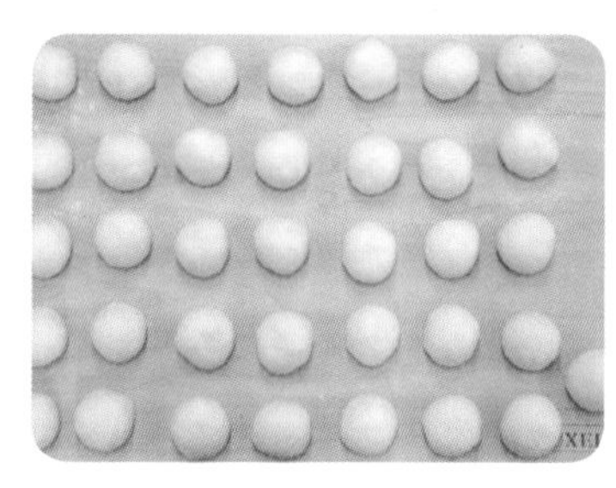

15 둥글리기 완료하기
▶오와 열 맞추기

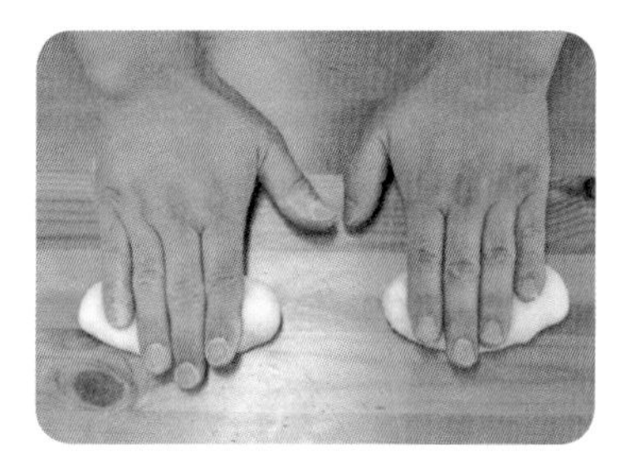

16 통통한 스틱 만들기
▶길이 일정하게 하기 위함
▶작업성 용이함

17 통통한 스틱 만들기

18 중간발효 시작하기
▶10~15분 정도

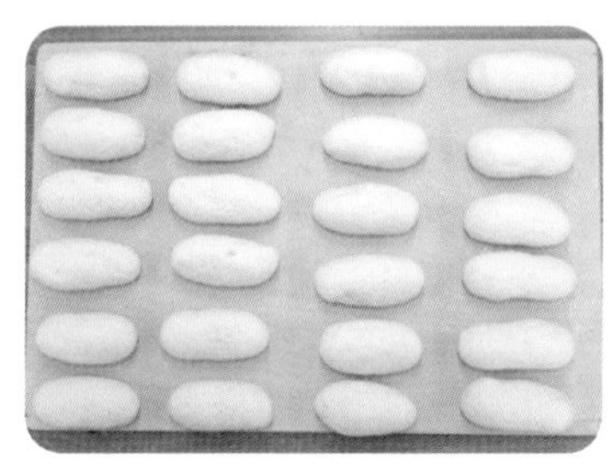

19 중간발효 완료하기
▶부피감 생기면 작업하기

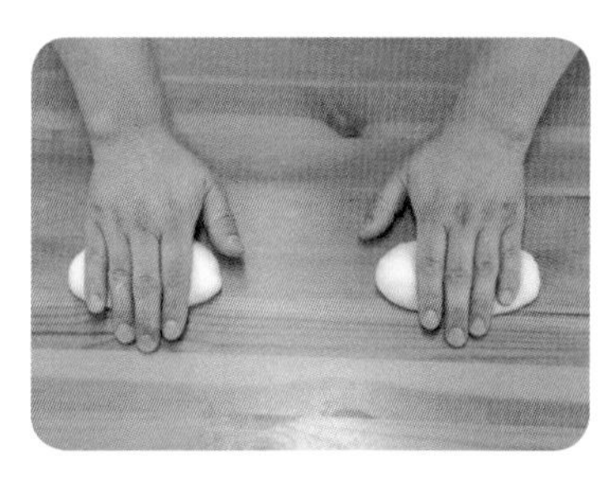

20 8자형 정형하기
▶가운데 먼저 밀어펴기
▶힘 조절 주의

21 8자형 정형하기
▶가운데 먼저 밀어펴기

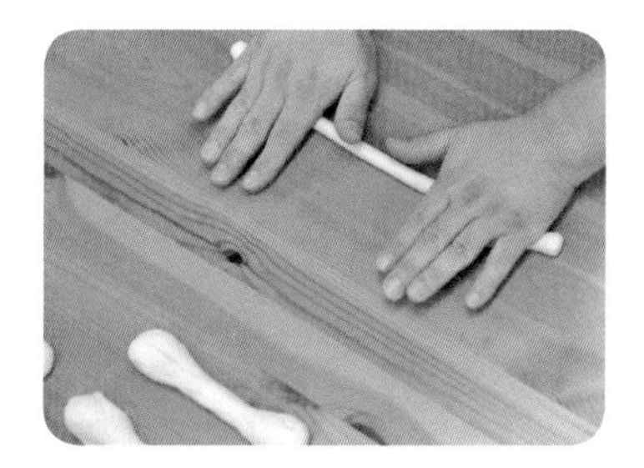

22 8자형 정형하기
▶25cm 전후로 밀어펴기
▶일정한 두께

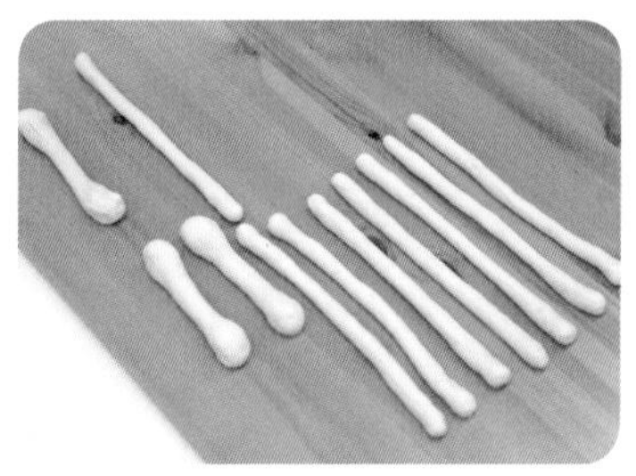

23 8자형 정형하기
▶단계별로 작업하기

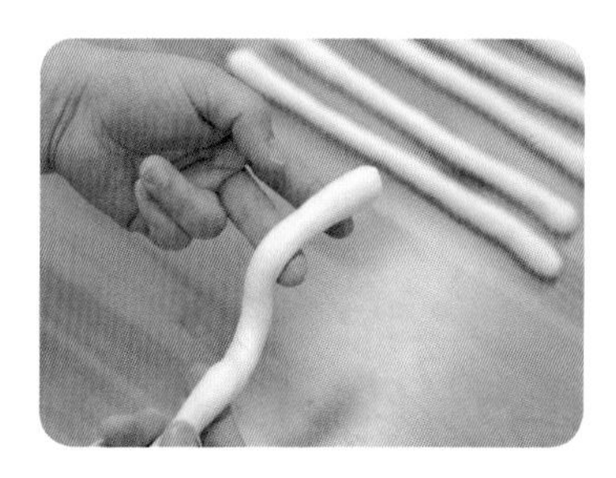

24 8자형 정형하기
▶손가락 끝에 두고 작업
▶맨 끝부분 2cm 정도 보기

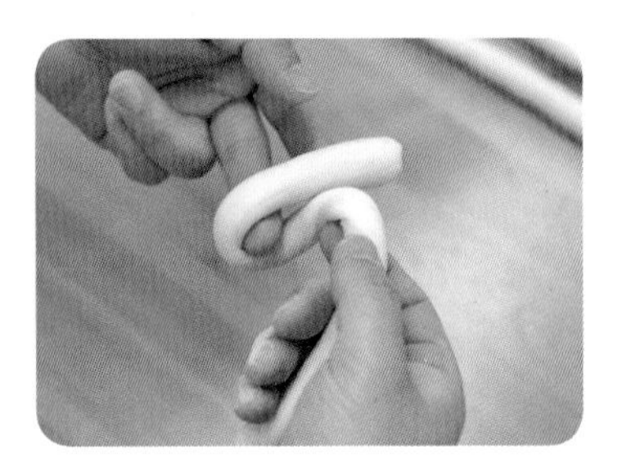

25 8자형 정형하기
▶손가락 사이로 두르듯이 감기 준비

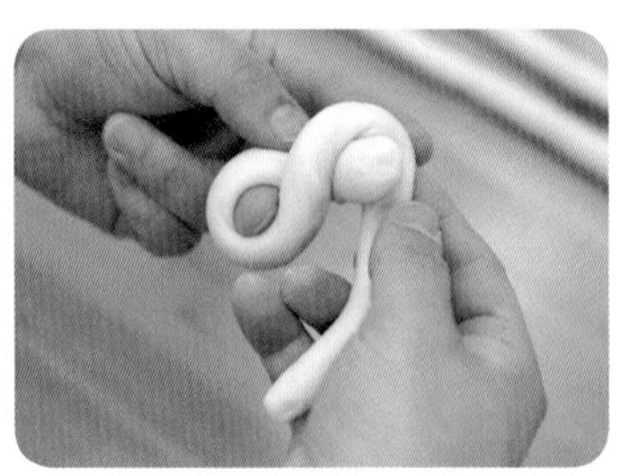

26 8자형 정형하기
▶끝부분을 감아주기

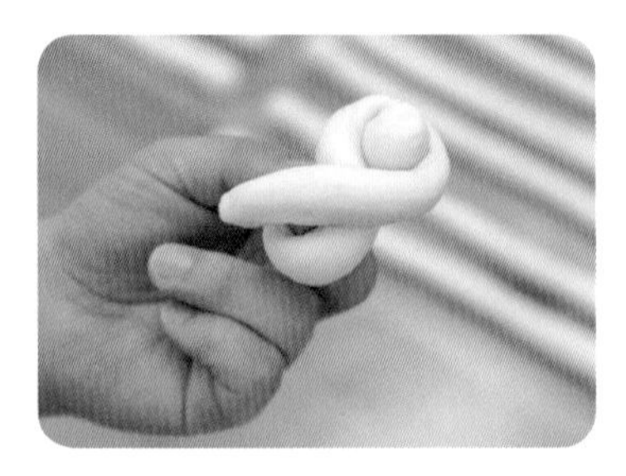

27 8자형 정형하기
▶맨 밑 부분 들어갈 준비

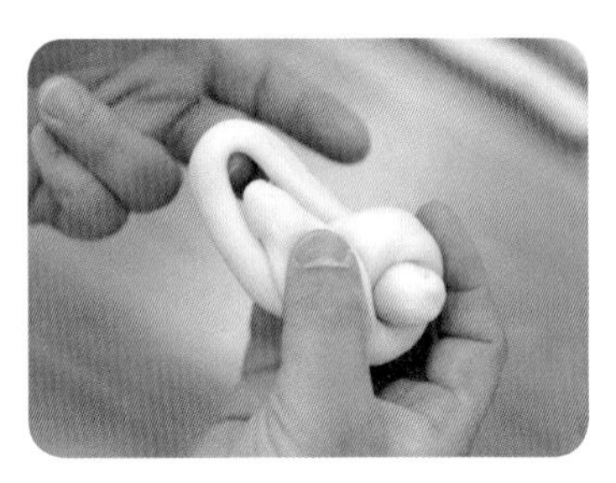

28 8자형 정형하기
▶가운데 손가락으로 밑을 당기듯이 하고 넣기

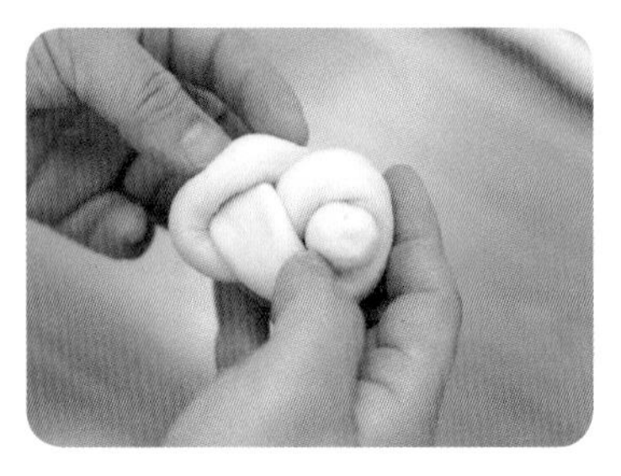

29 8자형 정형하기
▶밑 부분을 부드럽게 넣기
▶억지로 당기면 안됨

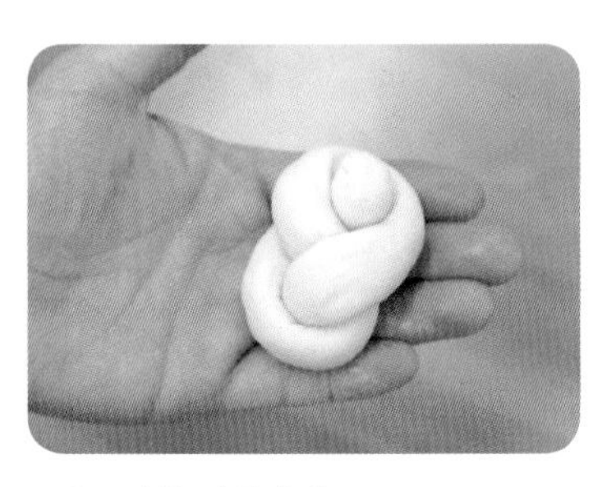

30 8자형 정형하기
▶완성하기
▶머리 부분 자연스럽게 함

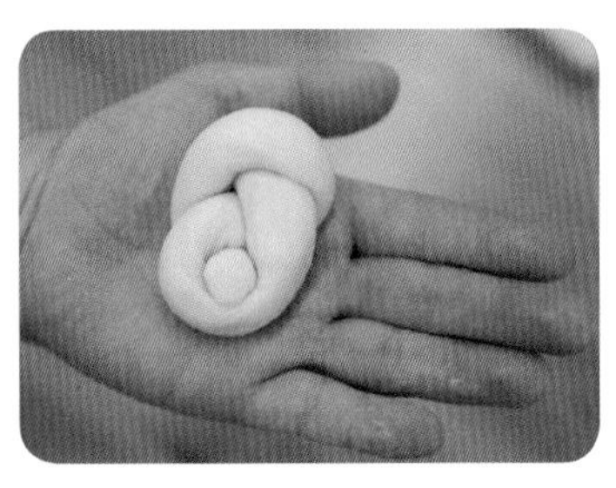

31 8자형 정형하기
▶뒤집어서 꼬리부분도 자연스럽게 나옴

32 8자형 정형하기
▶작업대에서 작업 가능함

33 8자형 정형하기
▶일정한 크기로 작업함

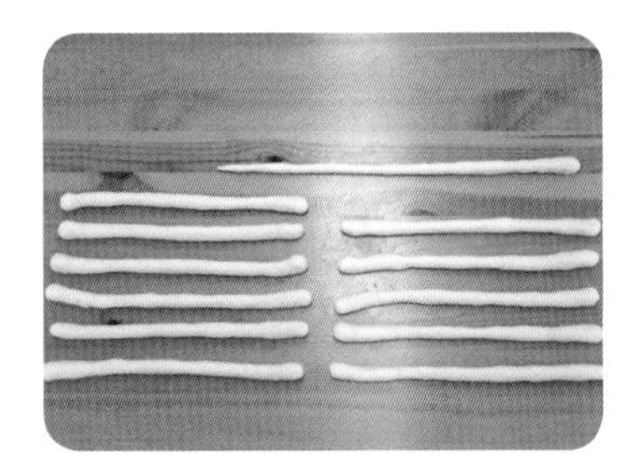

34 달팽이형 정형하기
▶35cm 전후로 밀어펴기
▶일정한 두께

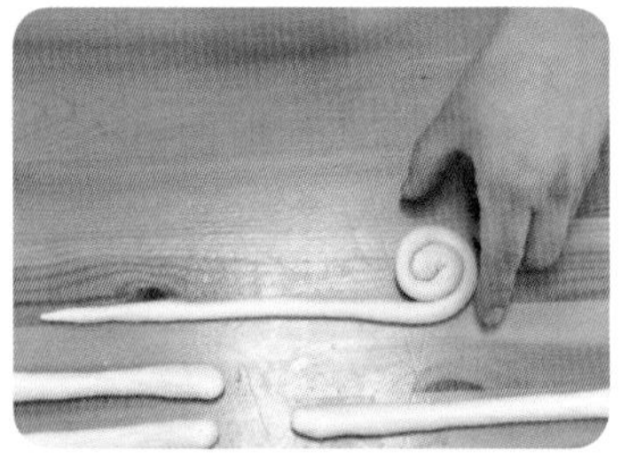

35 달팽이형 정형하기
▶머리 부분은 통통하게 함
▶꼬리 부분은 얇아짐

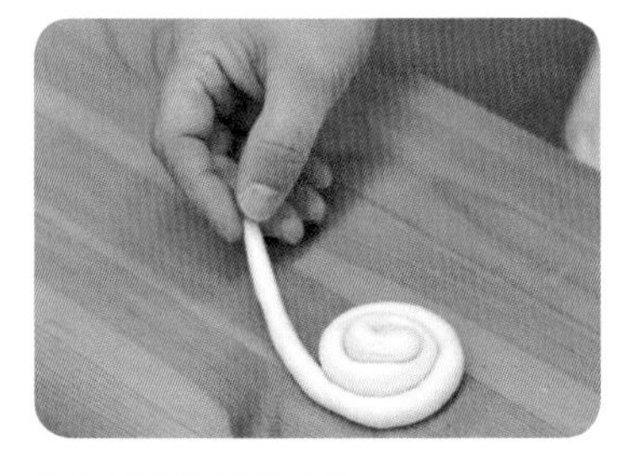

36 달팽이형 정형하기
▶부드럽게 감싸기
▶당기듯이 하면 안 됨

37 달팽이형 정형하기
▶부드럽게 감싸기

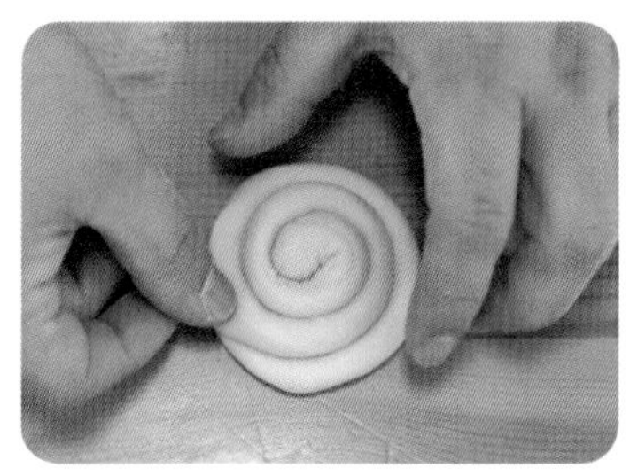

38 달팽이형 정형하기
▶끝부분은 밑으로 넣기

39 달팽이형 정형하기
▶일정한 크기

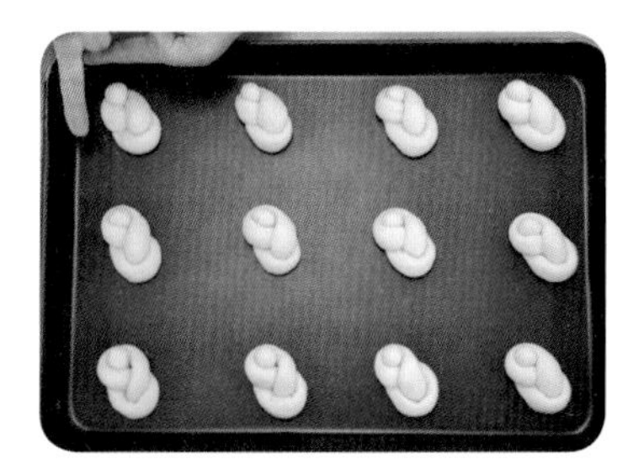

40 2차 발효 시작하기
▶오와 열 확인 후
▶발효기에 넣기

41 2차 발효 시작하기

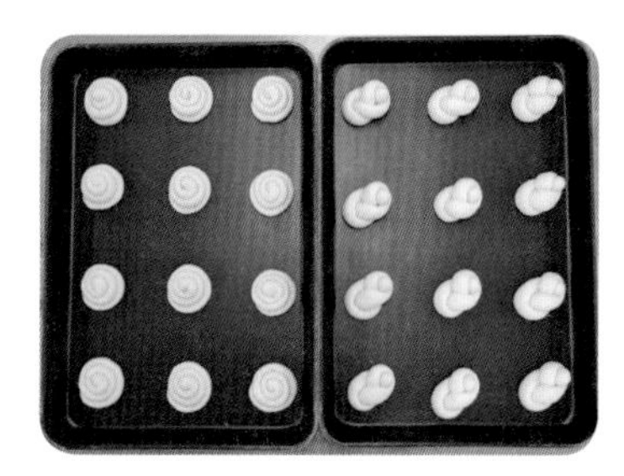

42 2차 발효 시작하기

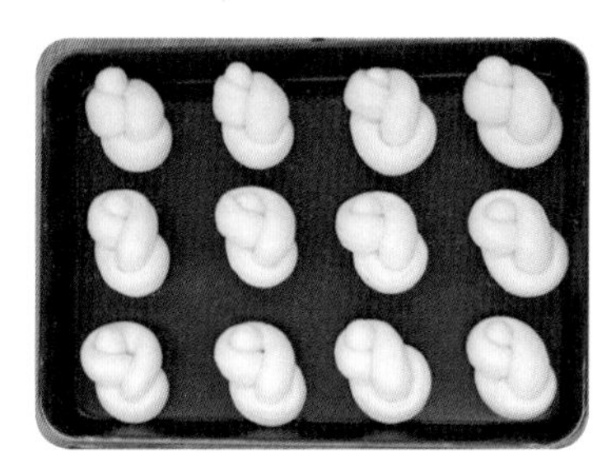

43 2차 발효 완료하기
▶30~40분 전후(상태판단)

44 2차 발효 완료하기
▶30~40분 전후(상태판단)

45 굽기
상 200~190℃전후 10~15분
하 150℃전후 상태판단

46 8자형 완제품
▶전체색상이 황금갈색

47 달팽이형 완제품
▶전체색상이 황금갈색

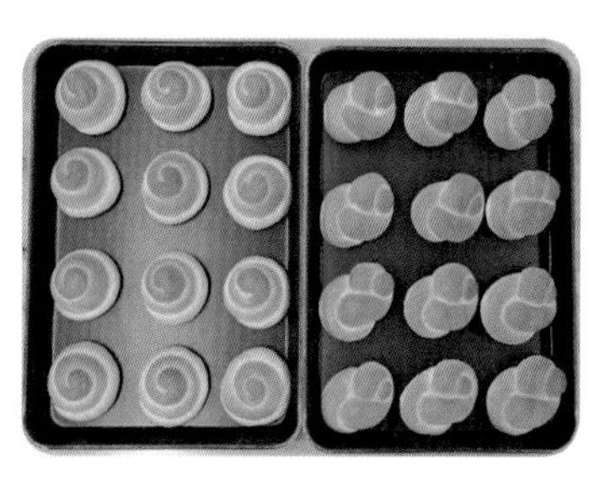

48 완제품
▶전체색상이 황금갈색

단과자빵류

빵도넛

시험시간 3시간

반죽방법 스트레이트법

오븐온도 185℃전후
앞, 뒤 각 1분 전후(상태판단)

요구사항

빵도넛을 제조하여 제출하시오.

❶ 배합표의 각 재료를 계량하여 재료별로 진열하시오(12분).

❷ 반죽을 스트레이트법으로 제조하시오.
(단, 유지는 클린업 단계에서 첨가하시오.)

❸ 반죽온도는 27℃를 표준으로 하시오.

❹ 분할무게는 46g씩으로 하시오.

❺ 모양은 8자형 22개와 트위스트형(꽈배기형) 22개로 만드시오.(남은 반죽은 감독위원의 지시에 따라 별도로 제출하시오.)

배 합 표

비율(%)	재료명	무게(g)
80	강력분	880
20	박력분	220
10	설탕	110
12	쇼트닝	132
1.5	소금	16.5(16)
3	탈지분유	33(32)
5	이스트	55(56)
1	제빵개량제	11(10)
0.2	바닐라향	2.2(2)
15	달걀	165(164)
46	물	506
0.2	넛메그	2.2(2)
194	계	2,132.9(2,130)

1. 중요 : 스틱모양으로 일정하게 밀어펴기가 중요함
▶ 단계별로 작업하기
2. 8자형 : 머리 부분과 꼬리 부분이 비슷해야 함
3. 꽈배기형 : 길이가 일정하고 꼬이는 부분의 라인이 선명해야 함
4. 튀길 때에 프라잉 존이 잘 나오도록 발효점 보기
5. 튀기기 : 앞면과 뒷면 각각 한번씩만 잘 튀기기

01 재료계량

02 믹싱하기 = 혼합하기

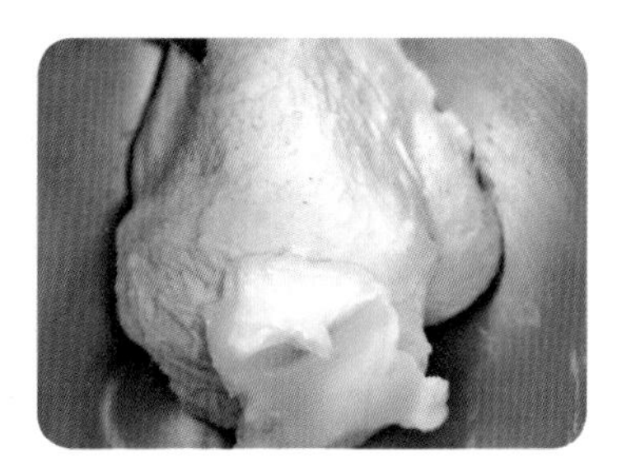

03 믹싱하기
▶클린업 단계에서 유지투입

04 믹싱완료
▶최종단계(글루텐 100%)
▶스트레이트법

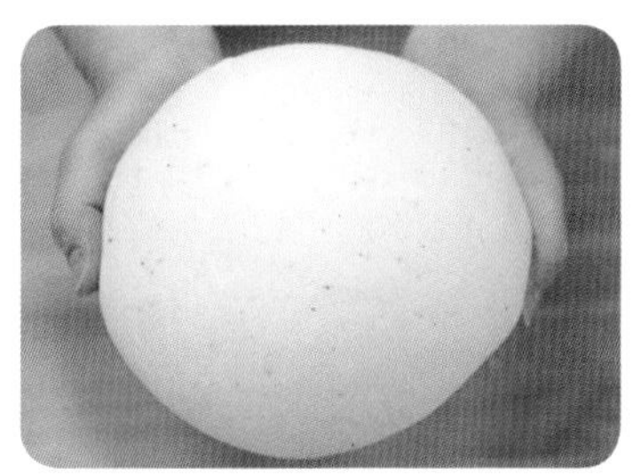

05 믹싱완료
▶최종단계(글루텐 100%)

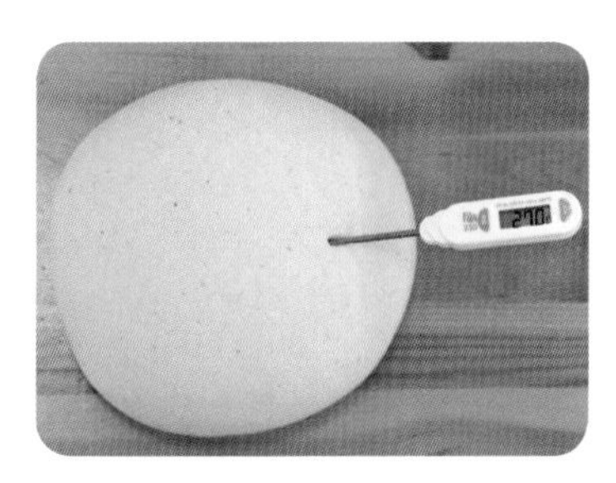

06 최종단계(글루텐 100%)
▶반죽결과온도 : 27℃
▶표피를 매끈하게 하기

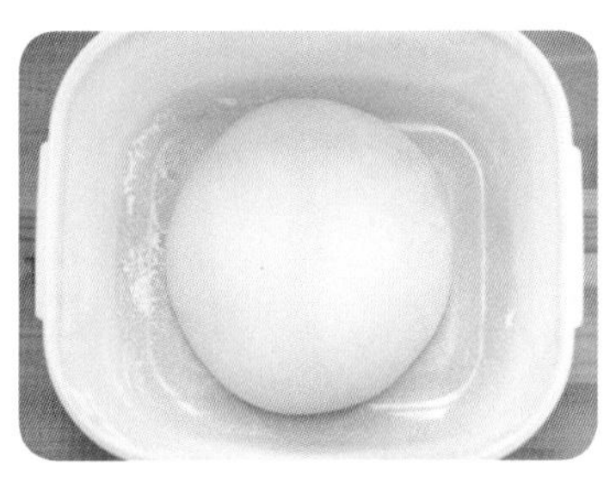

07 1차 발효 시작하기
▶40분 전후

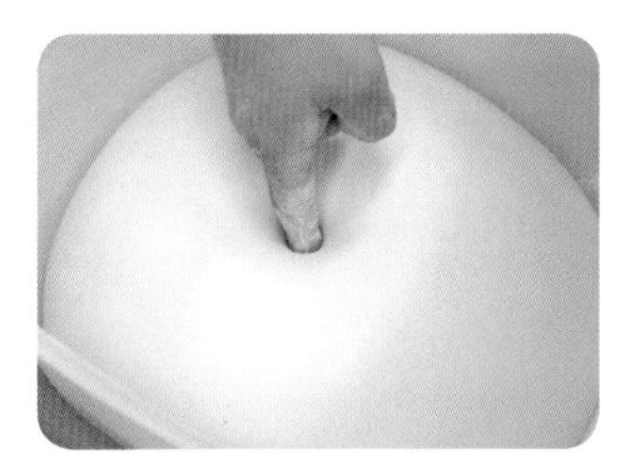

08 1차 발효 완료하기
▶손가락 시험법

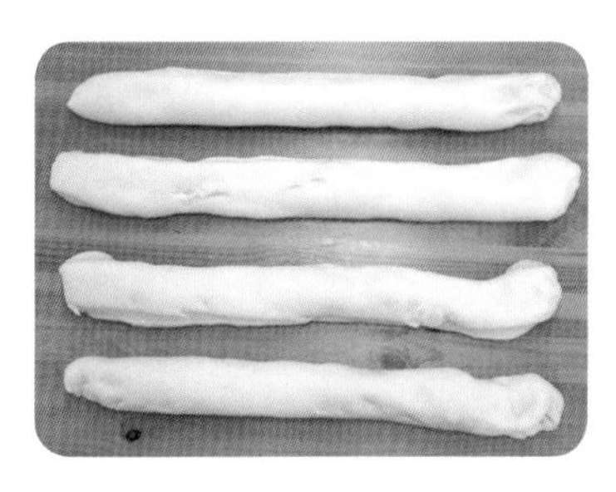

09 분할하기
▶작은 빵은 4분할하고서
▶절단면은 최소화

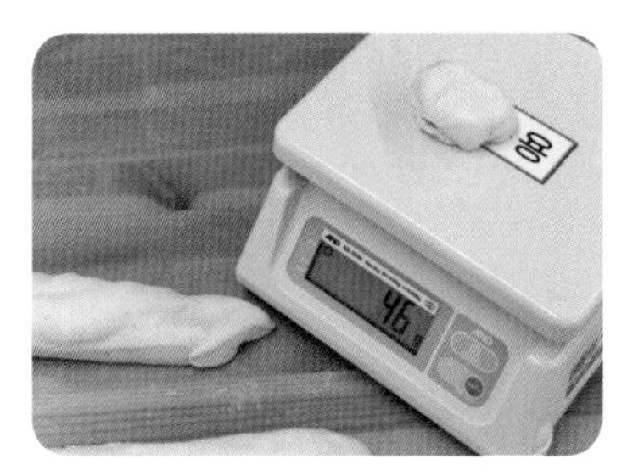

10 46g씩 분할하기
▶절단면은 최소화
▶그래야 발효가 잘 됨

11 분할하기
▶모두 분할하고서
▶둥글리기 하기

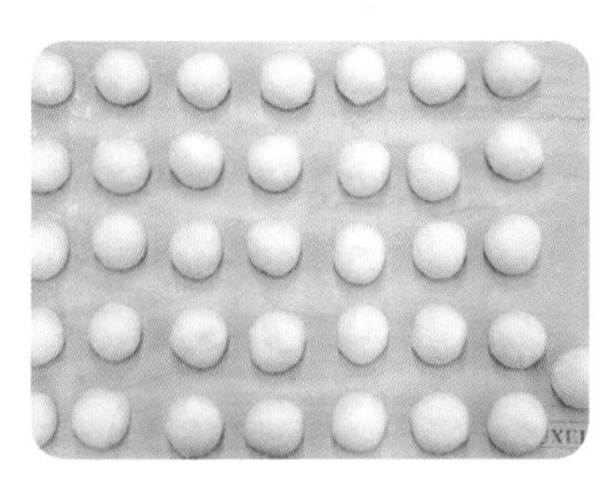

12 둥글리기 완료하기
▶오와 열 맞추기

13 중간발효 시작하기
▶10~15분 정도

14 중간발효 완료하기
▶부피감 생기면 작업하기

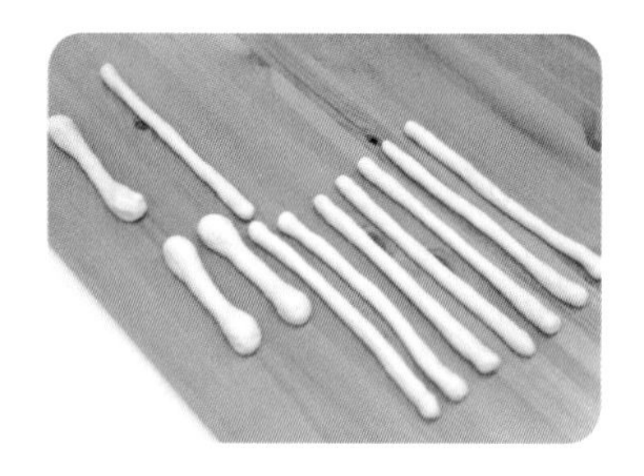

15 8자형 정형하기
▶25cm 전후로 밀어펴기
▶일정한 두께

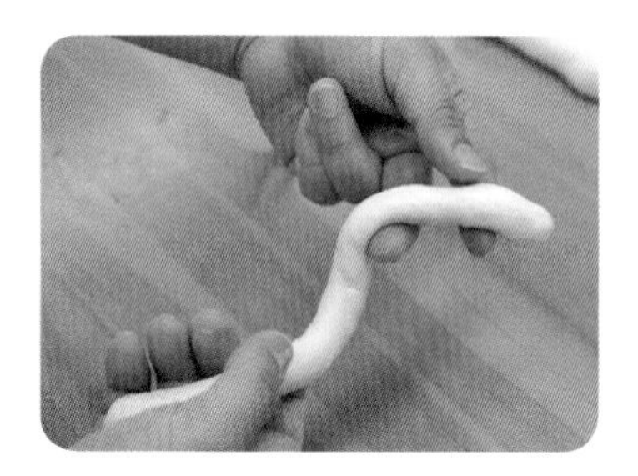

16 8자형 정형하기
▶손가락 끝에 두고 작업
▶맨 끝부분 2cm 정도 보기

17 8자형 정형하기
▶끝부분을 감아주기

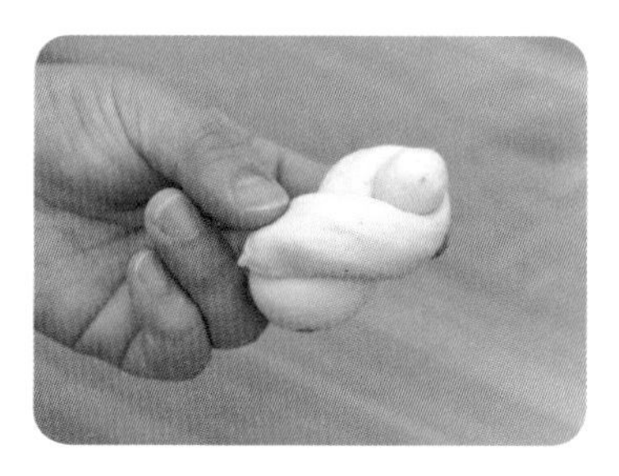

18 8자형 정형하기
▶맨 밑 부분 들어갈 준비

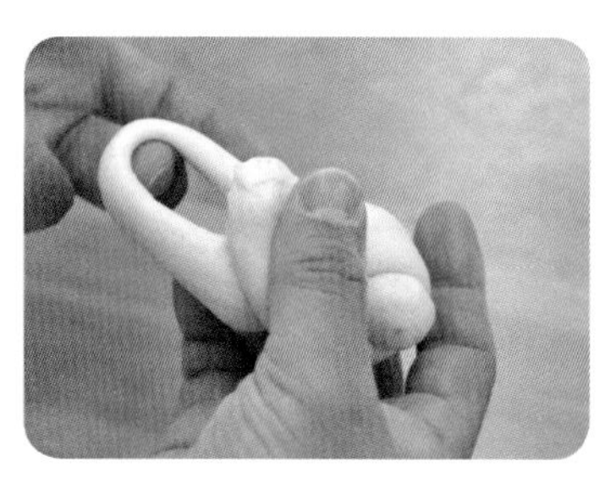

19 8자형 정형하기
▶가운데 손가락으로 밑을 당기듯이 하고 넣기

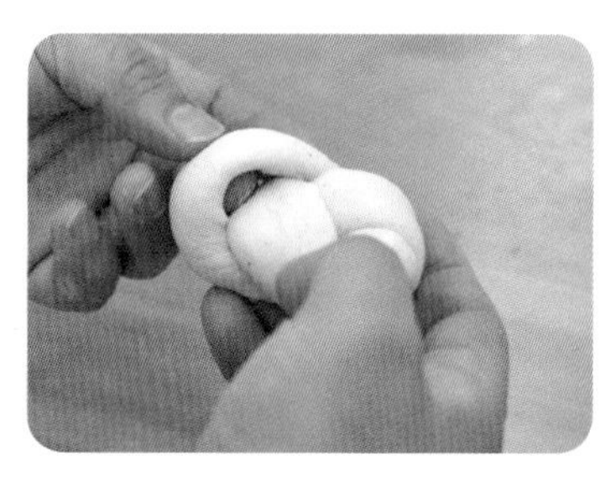

20 8자형 정형하기
▶밑 부분을 부드럽게 넣기
▶억지로 당기면 안됨

21 8자형 정형하기
▶완성하기
▶머리 부분 자연스럽게 함

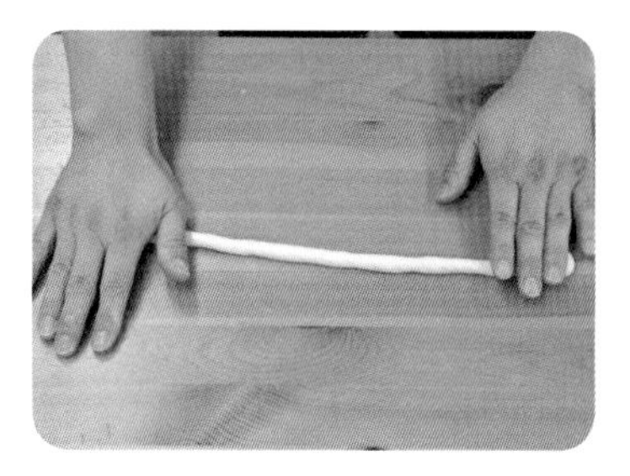

22 꽈배기형 정형하기
▶40cm 전후로 밀어펴기
▶일정한 두께

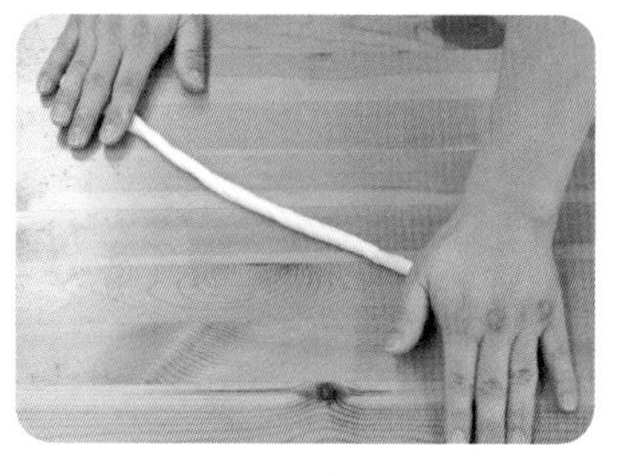

23 꽈배기형 정형하기
▶왼손은 반죽 고정하고
▶오른손은 밑으로 굴리듯!

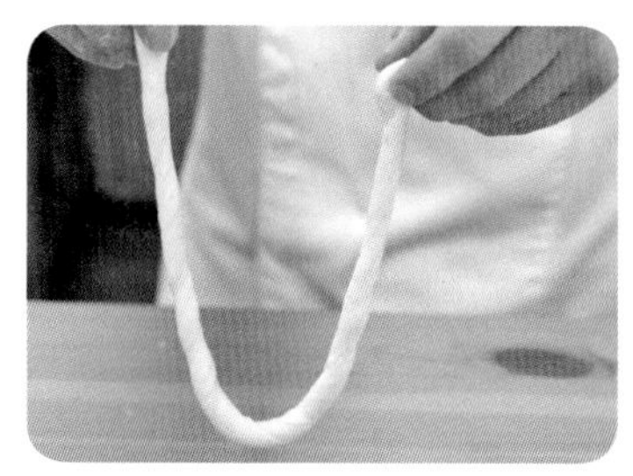

24 꽈배기형 정형하기
▶양끝을 잡고서 연결한다.

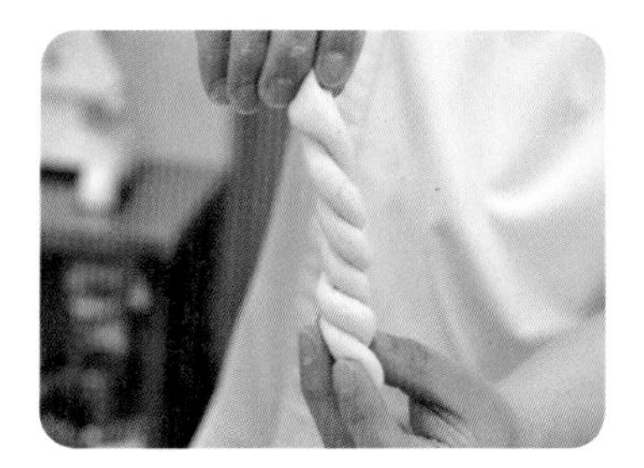

25 꽈배기형 정형하기
▶4~5줄 겹치기
▶라인이 선명해야 함

26 꽈배기형 정형하기
▶크기와 길이, 두께가 일정
▶라인이 선명!

27 꽈배기형 정형하기
▶위 부분을 수평 맞추기
▶발효와 튀길 때 구름방지

28 8자형

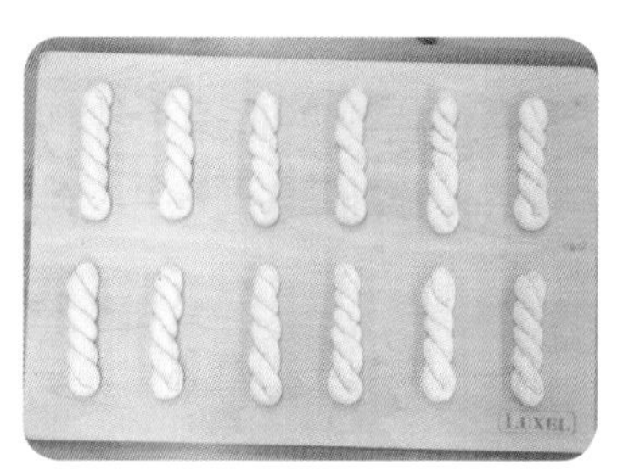

29 꽈배기형

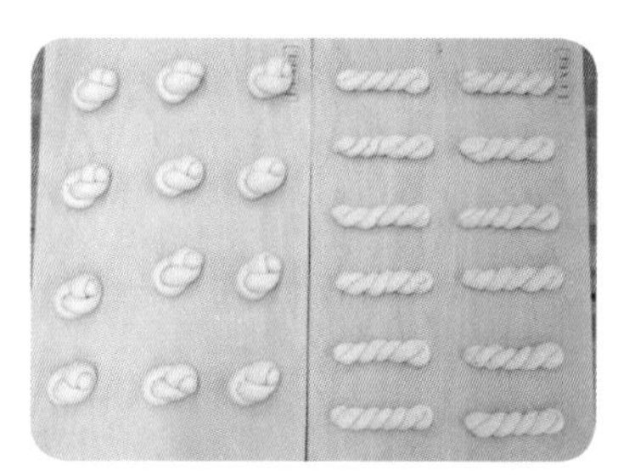

30 두 종류

31 2차 발효 시작하기
▶오와 열 확인 후
▶발효기에 넣기

32 2차 발효 시작하기
▶건열발효
▶온도와 습도를 낮게 함

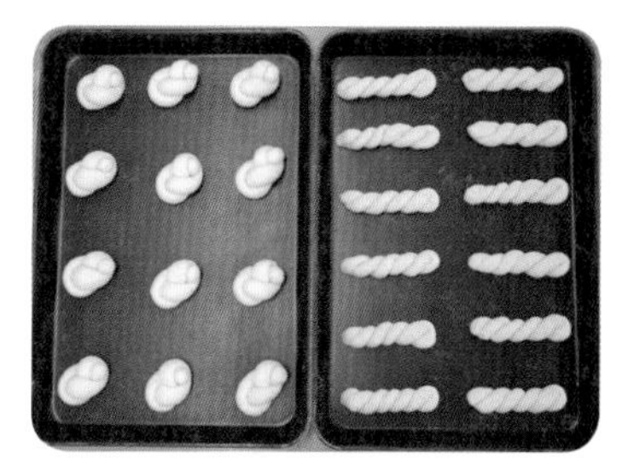

33 2차 발효 시작하기
▶튀기는 작업은 온도, 습도가 낮아야 함

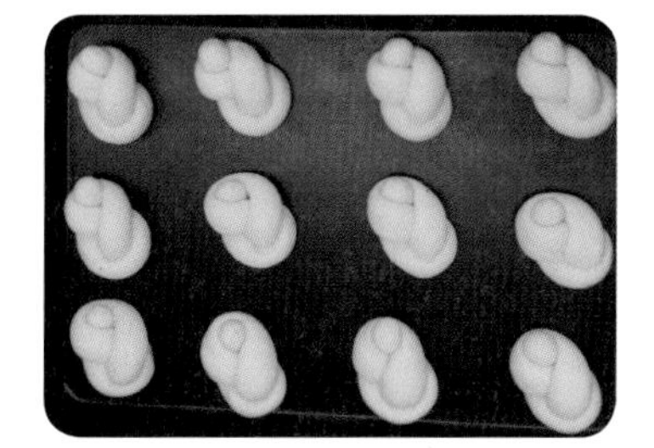

34 2차 발효 완료하기
▶30~40분 전후(상태판단)

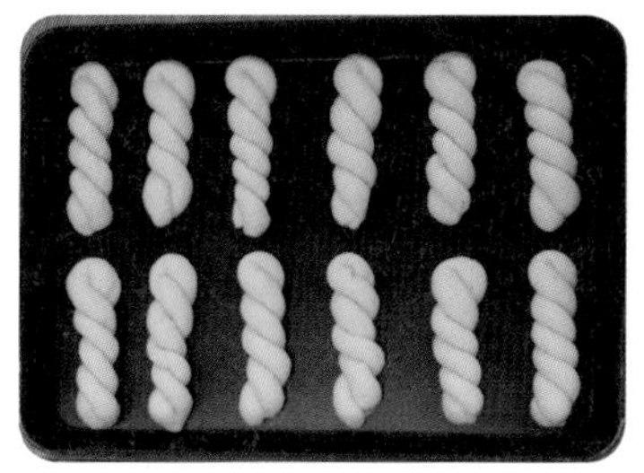

35 2차 발효 완료하기
▶30~40분 전후(상태판단)

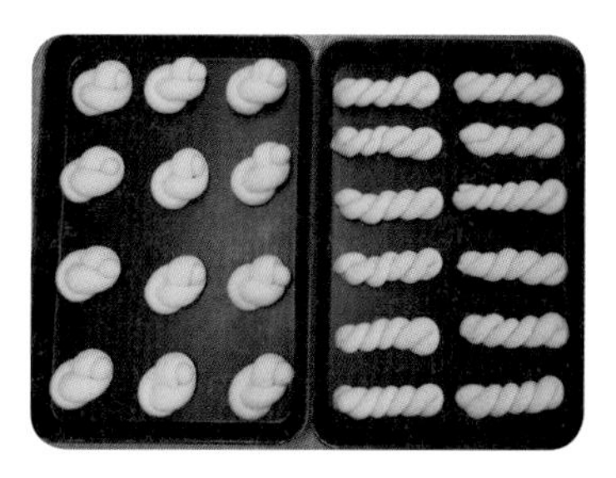

36 2차 발효 완료하기
▶30~40분 전후(상태판단)

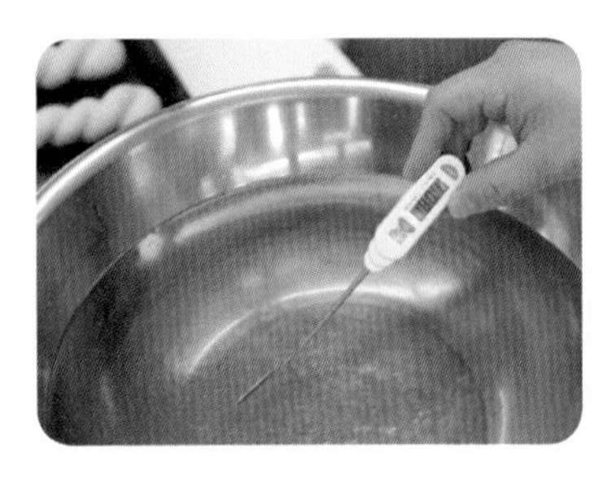

37 튀기기 준비
▶온도 190~180도 전후

38 튀기기
▶건조된 표피 먼저 튀기기
▶앞 뒤 각 각 1 분씩 전후

39 튀기기
▶색이 충분히 나면 뒤집기
▶색이 일정해야 함

40 튀기기
▶앞 뒤 색이 일정하면 건지기

41 튀기기
▶온도 유지하기

42 튀기기
▶한번만 뒤집기

43 튀기기
▶기름은 확실히 뺄 것

44 기름기 제거
▶위생지 깔기
▶적절히 냉각되면 옮기기

45 기름기 제거

46 냉각 후
▶계피설탕 묻히기
▶감독관 지시사항 시 시행

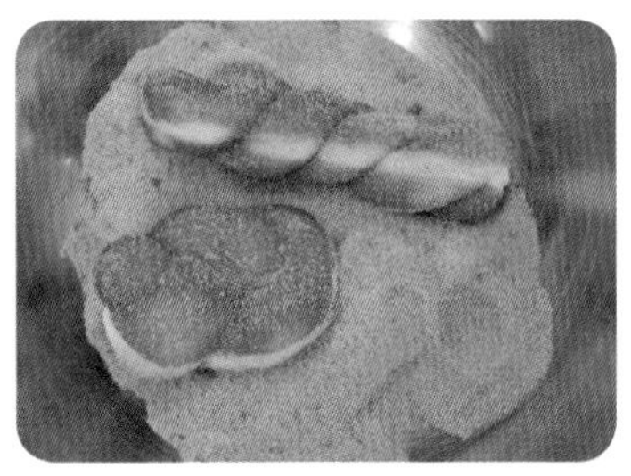

47 냉각 후
▶계피설탕 묻히기
▶선택 진행함

48 완제품

단과자빵류

버터 롤

시험시간 3시간 30분

반죽방법 스트레이트법

오븐온도 200~190℃/150℃전후
10~15분(상태판단)

요구사항

버터 롤을 제조하여 제출하시오.

❶ 배합표의 각 재료를 계량하여 재료별로 진열하시오(9분).
❷ 반죽은 "스트레이트법"으로 제조하시오.
(단, 유지는 클린업 단계에 첨가하시오.)
❸ 반죽온도는 27℃를 표준으로 하시오.
❹ 반죽 1개의 분할무게는 50g으로 제조하시오.
❺ 제품의 형태는 번데기 모양으로 제조하시오.
❻ 24개를 성형하고, 남은 반죽은 감독위원의 지시에 따라 별도로 제출하시오.

배 합 표

비율(%)	재료명	무게(g)
100	강력분	900
10	설탕	90
2	소금	18
15	버터	135(134)
3	탈지분유	27(26)
8	달걀	72
4	이스트	36
1	제빵개량제	9(8)
53	물	477(476)
196	계	1,764

KEY POINT

1. 정형 : 통통한 번데기 모양이 중요함
2. 밀어펴기 : 이등변 삼각형 모양이 중요함
3. 모양 : 원추 모양을 만들고 라인을 잘 감싸기

01 재료계량

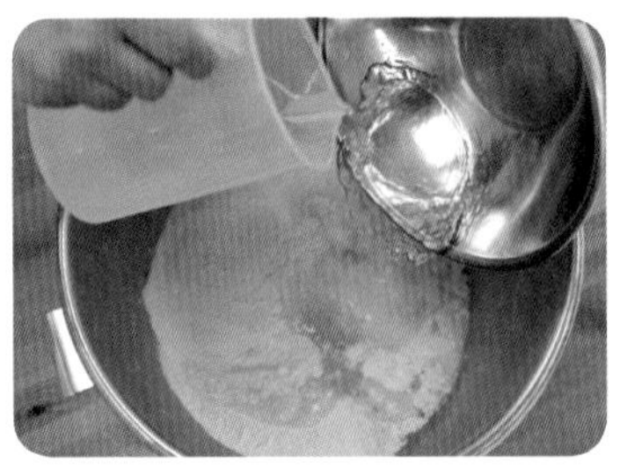

02 믹싱하기 = 혼합하기

03 믹싱하기 = 혼합하기

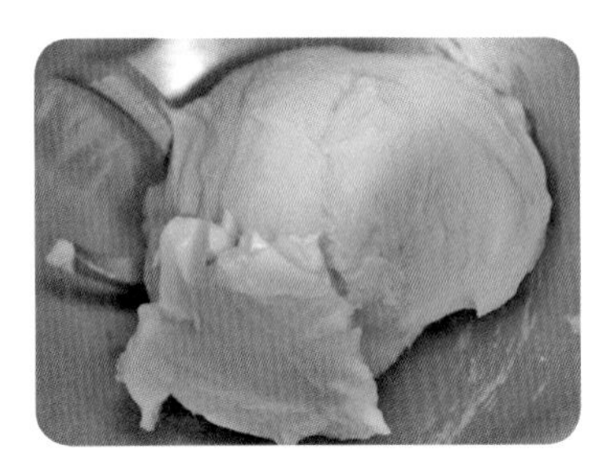

04 믹싱하기
▶클린업 단계에서 유지투입

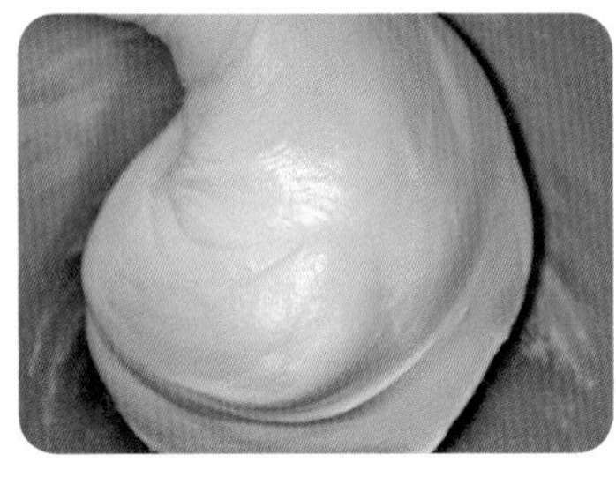

05 믹싱완료
▶최종단계(글루텐 100%)
▶스트레이트법

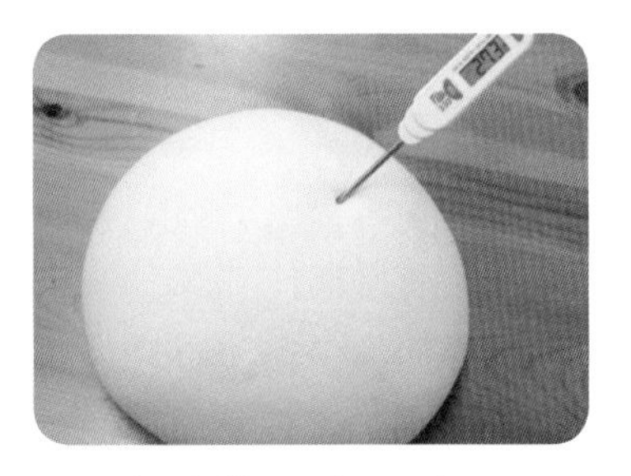

06 최종단계(글루텐 100%)
▶반죽결과온도 : 27℃
▶표피를 매끈하게 하기

07 1차 발효 시작하기
▶40분 전후

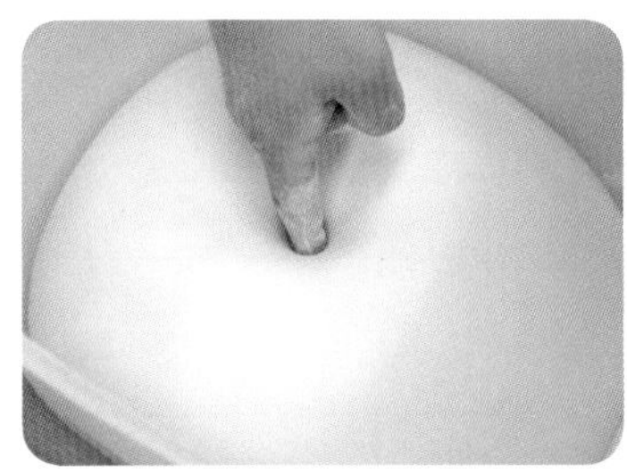

08 1차 발효 완료하기
▶손가락 시험법

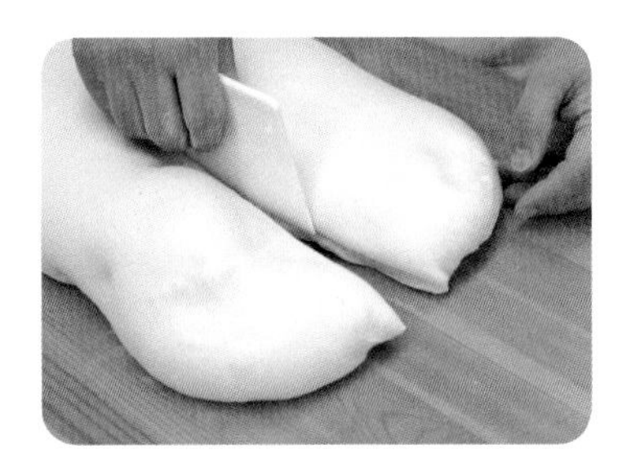

09 분할하기
▶절단면은 최소화

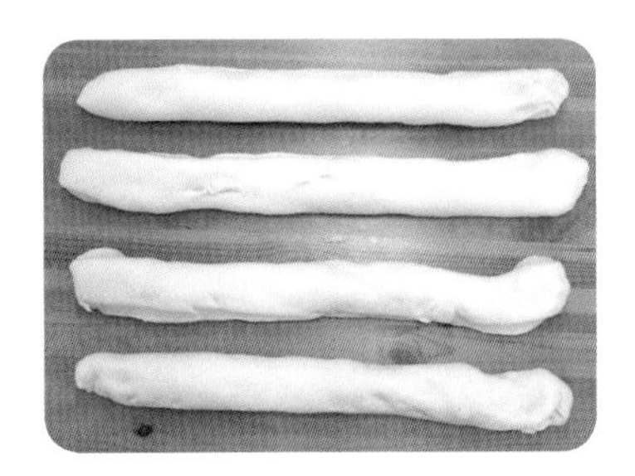

10 분할하기
▶작은 빵은 4분할하고서
▶절단면은 최소화

11 50g씩 분할하기
▶절단면은 최소화
▶그래야 발효가 잘 됨

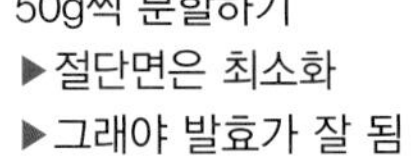

12 분할하기
▶모두 분할하고서
▶둥글리기 하기

13 둥글리기
▶가볍게 하기
▶손가락 아래 잘 모으기

14 둥글리기
▶가볍게 하기
▶손가락 아래 잘 모으기

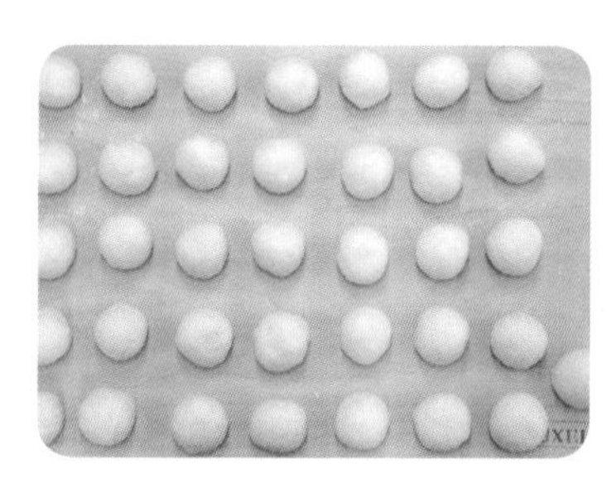

15 둥글리기 및 작업

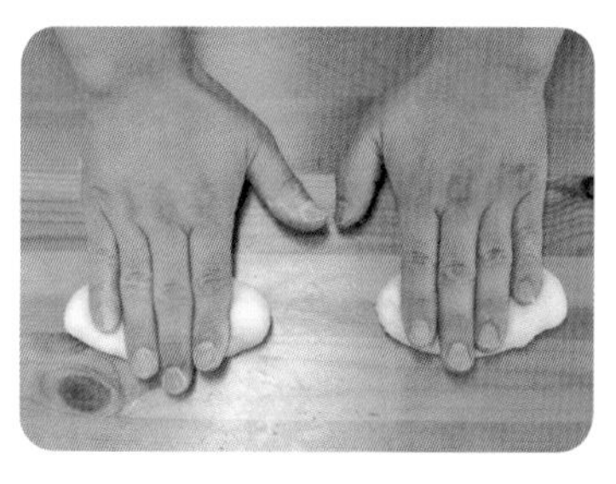

16 통통한 스틱형태
▶가볍게 하기
▶탄력적으로 밀어펴기

17 통통한 스틱형태
▶8cm 전후
▶일정한 크기

18 통통한 스틱형태

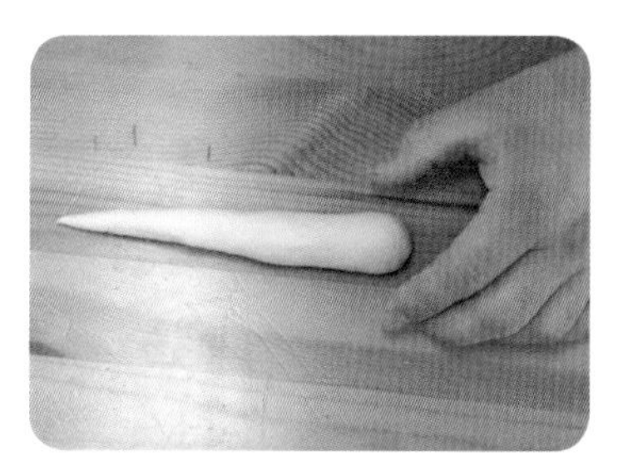

19 원추 형태
▶올챙이 모양 만들기
▶머리가 크면 안 됨

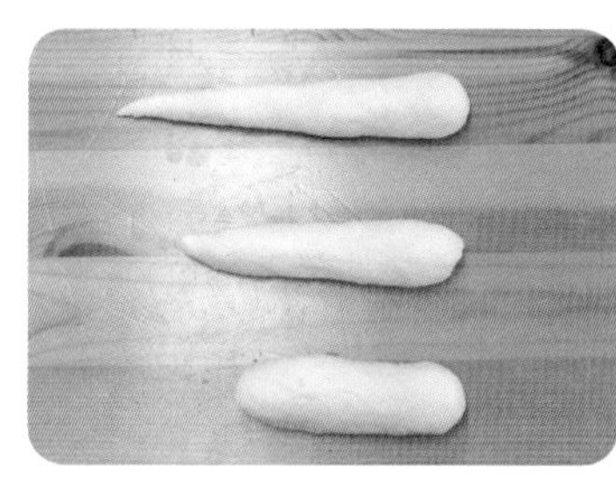

20 원추 형태
▶단계별로 만들기
▶머리가 크면 안 됨

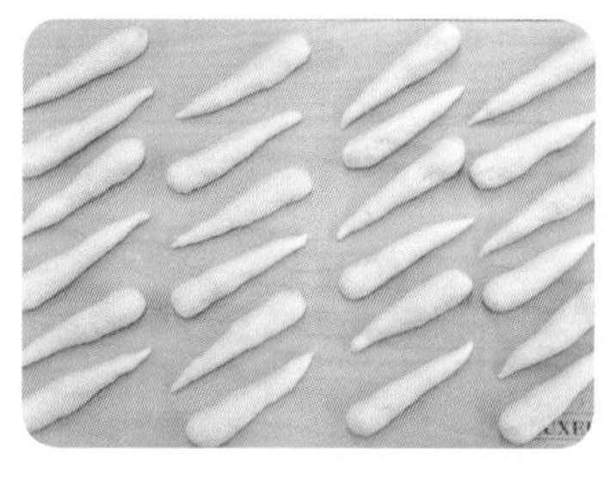

21 중간발효 시작하기
▶10~15분 정도

22 중간발효 시작하기
▶10~15분 정도

23 밀어펴기
▶일정하게 밀어펴기

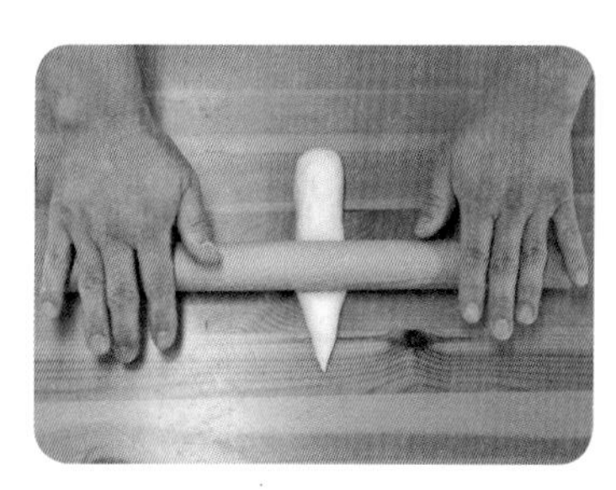

24 밀어펴기
▶일정하게 밀어펴기

25 밀어펴기
▶일정하게 밀어펴기

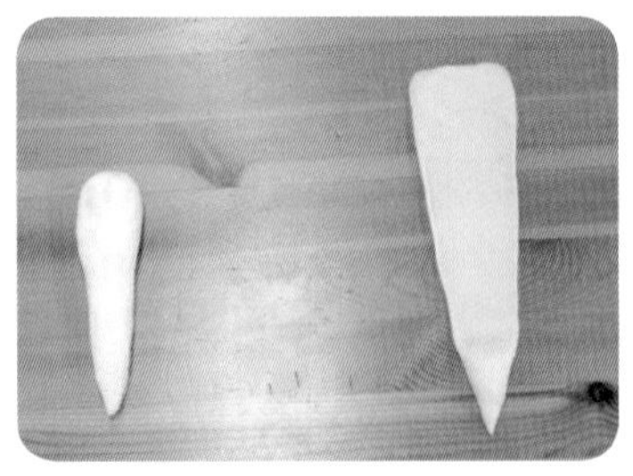

26 밀어펴기
▶일정하게 밀어펴기

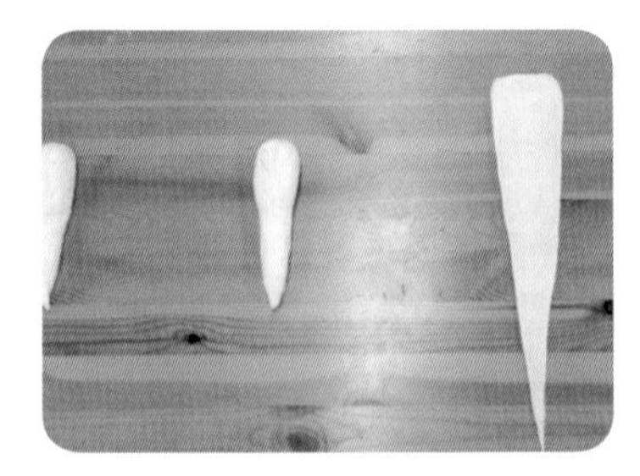

27 밀어펴기
▶일정하게 밀어펴기

28 밀어펴기
▶일정하게 밀어펴기
▶끝부분 잡고 밀기

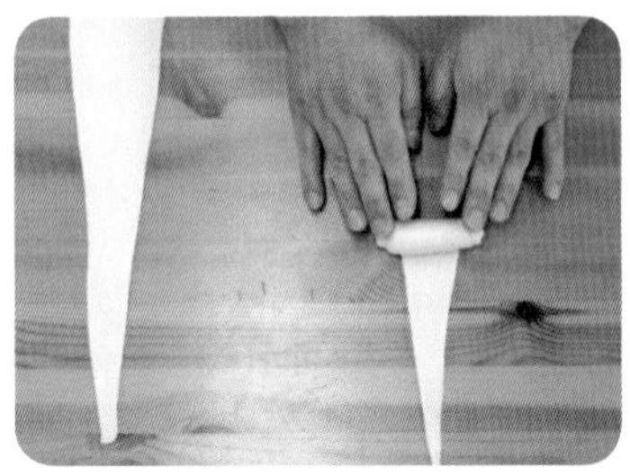

29 말기
▶일정하게 말기
▶통통하게 말기

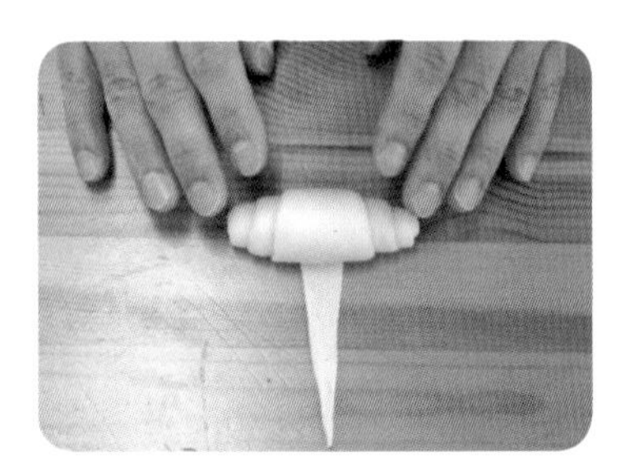

30 말기
▶일정하게 말기

31 말기
▶일정하게 말기

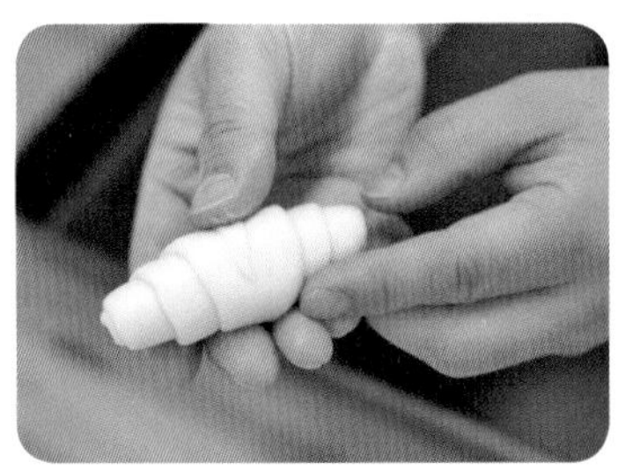

32 말기
▶일정하게 말기
▶끝부분이 밑으로 가기

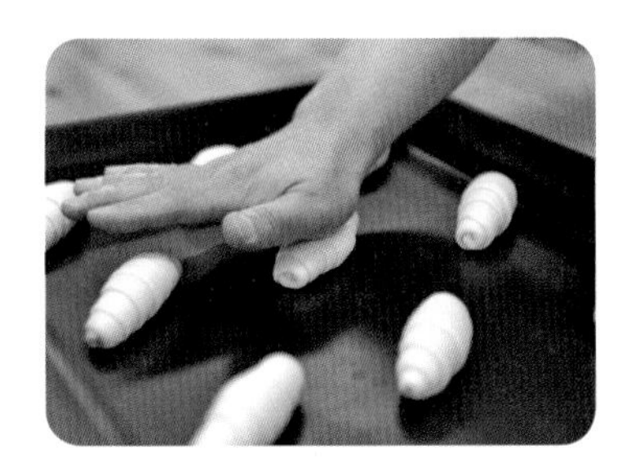

33 팬 넣기
▶굴러가니 위에 부분을 살짝 누르기

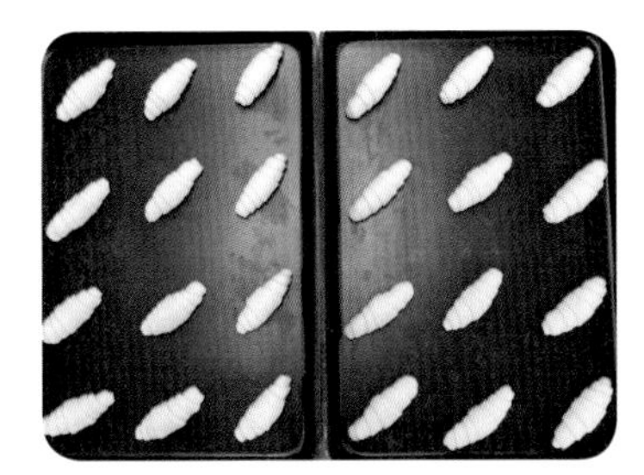

34 2차 발효 시작하기
▶오와 열 확인 후
▶발효기에 넣기

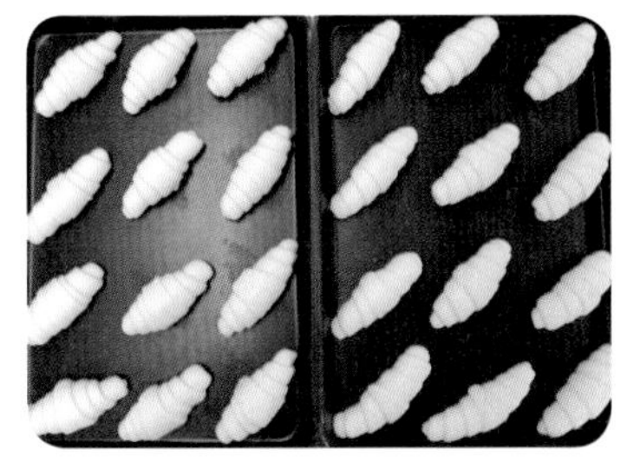

35 2차 발효 완료하기
▶30~40분 전후(상태판단)

36 2차 발효 완료하기
▶부피증가 판단(상태판단)

37 굽기
상 200~190℃전후 10~15분
하 150℃전후 상태판단

38 굽기
상 200~190℃전후 10~15분
하 150℃전후 상태판단

39 굽기
▶색이 1/2 이상 나면
▶앞과 뒤를 바꿔준다.

40 완제품
▶전체색상이 황금갈색

41 완제품
▶전체색상이 황금갈색

42 완제품
▶전체색상이 황금갈색

단과자빵류

스위트 롤

시험시간 3시간 30분

반죽방법 스트레이트법

오븐온도 200~190℃/150℃전후
10~15분(상태판단)

요구사항

스위트 롤을 제조하여 제출하시오.

❶ 배합표의 각 재료를 계량하여 재료별로 진열하시오(9분).
❷ 반죽은 스트레이트법으로 제조하시오.(단, 유지는 클린업 단계에 첨가 하시오.)
❸ 반죽온도는 27℃를 표준으로 사용하시오.
❹ 야자잎형 12개, 트리플리프(세잎새형) 9개를 만드시오.
❺ 계피설탕은 각자가 제조하여 사용하시오.
❻ 성형 후 남은 반죽은 감독위원의 지시에 따라 별도로 제출하시오.

배 합 표

비율(%)	재료명	무게(g)
100	강력분	900
46	물	414
5	이스트	45(46)
1	제빵개량제	9(10)
2	소금	18
20	설탕	180
20	쇼트닝	180
3	탈지분유	27(28)
15	달걀	135(136)
212	계	1,908(1,912)

(※ 충전용 재료는 계량시간에서 제외)

15	충전용 설탕	135(136)
1.5	충전용계피가루	13.5(14)

1. 밀어펴기 : 두께와 크기가 일정해야 함
2. 말기 : 탄력적으로 말기
   라인이 확실하게 나와야 함
3. 말기두께 : 자르기 좋은 일정한 두께
4. 재단 : 2cm정도의 일정한 두께로 재단
5. 팬넣기 : 재단한 부분을 확실히 펼치기

01 재료계량

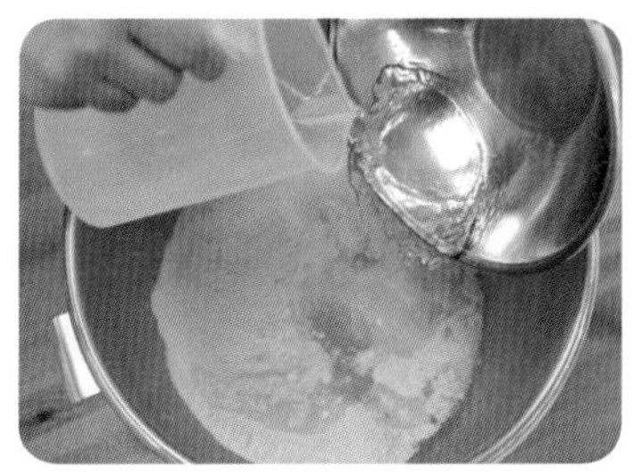

02 믹싱하기 = 혼합하기

03 믹싱하기 = 혼합하기

04 믹싱하기
▶클린업 단계에서 유지투입

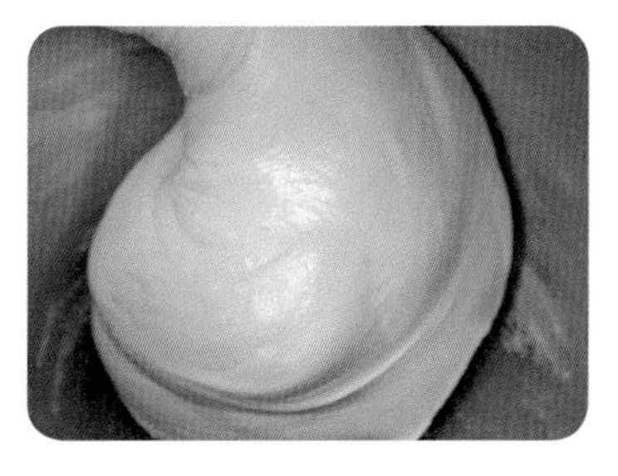

05 믹싱완료
▶최종단계(글루텐 100%)
▶스트레이트법

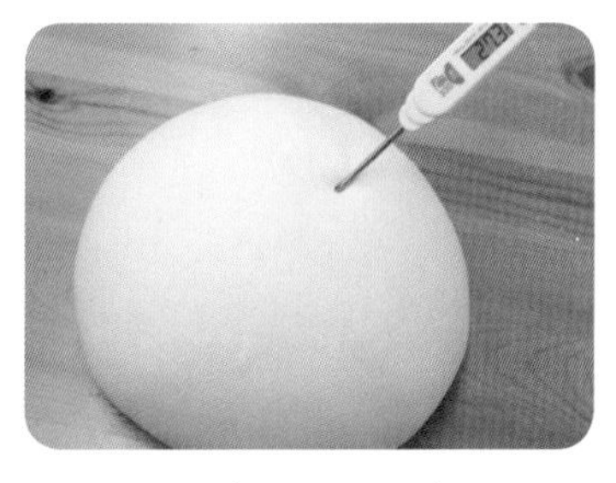

06 최종단계(글루텐 100%)
▶반죽결과온도 : 27℃
▶표피를 매끈하게 하기

07 1차 발효 시작하기
▶30분 전후

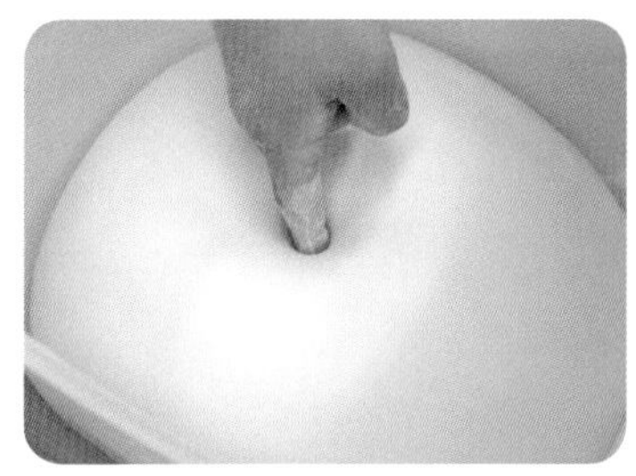

08 1차 발효 완료하기
▶손가락 시험법
▶30분 전후(조금 짧게!)

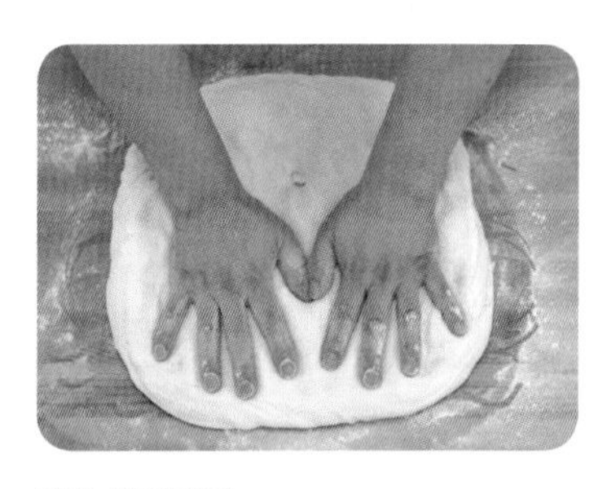

09 밀어펴기
▶기본 손바닥 이용하기
▶자연스럽게 펴기

10 밀어펴기
▶기본 손바닥 이용하기
▶자연스럽게 펴기

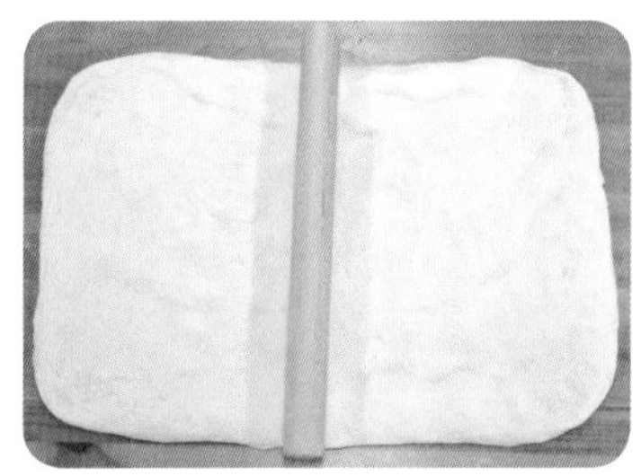

11 밀어펴기
▶밀대 이용하기
▶직사각형으로 펴기

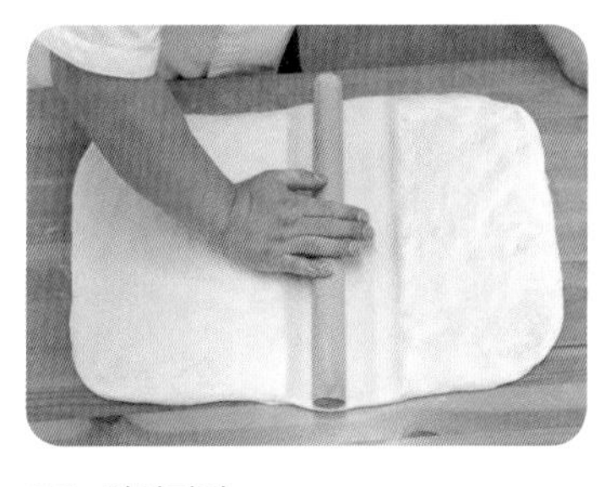

12 밀어펴기
▶밀대 이용하기
▶직사각형으로 펴기

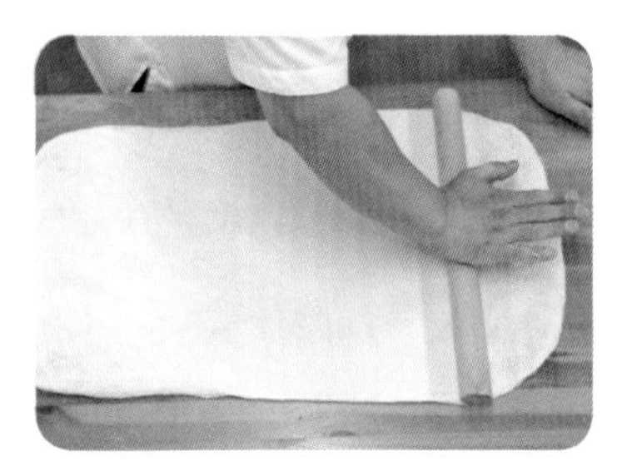

13 밀어펴기
▶밀대 이용하기
▶직사각형으로 펴기

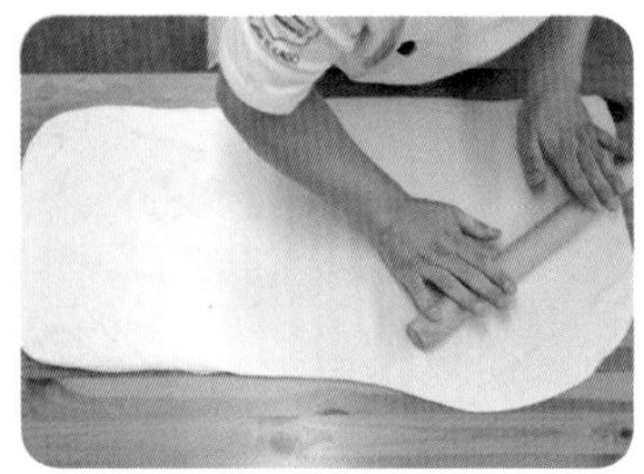

14 밀어펴기

15 밀어펴기

16 밀어펴기

17 밀어펴기
▶120cm X 40cm 사이즈
▶직사각형으로 펴기

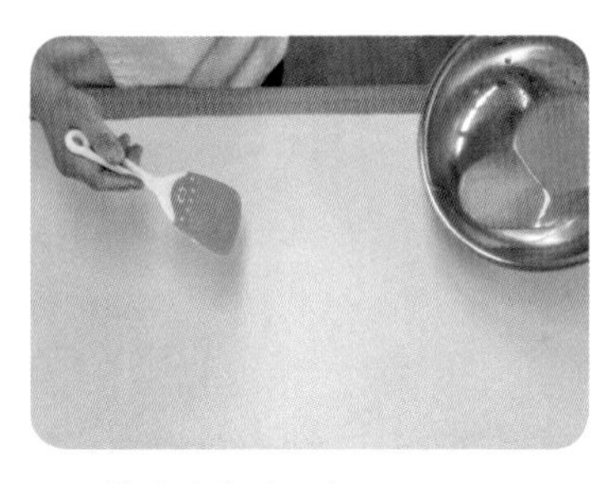

18 용해버터 바르기
▶50~60g 정도 바르기
▶알뜰주걱 이용하기

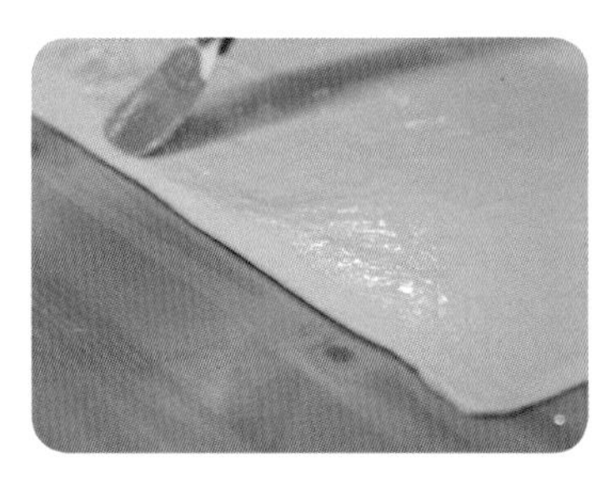

19 용해버터 바르기
▶끝부분 1cm 남기고 바르기
▶용해버터 적당히 굳히기

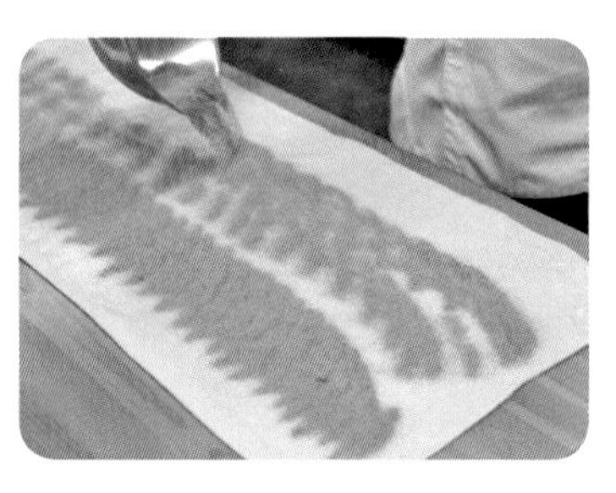

20 계피설탕
▶골고루 뿌리기

21 계피설탕
▶골고루 뿌리기

22 계피설탕
▶골고루 뿌리기
▶끝부분 1cm 남기기

23 말기
▶탄력적으로 말기

24 말기
▶탄력적으로 말기

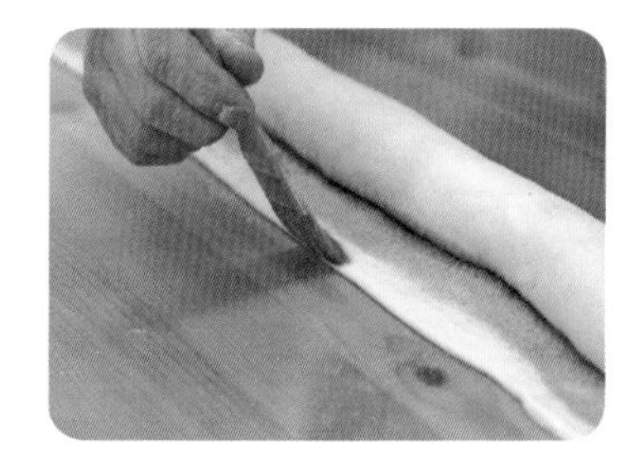

25 말기
▶끝부분 1cm 물 바르기
▶접착제 역할

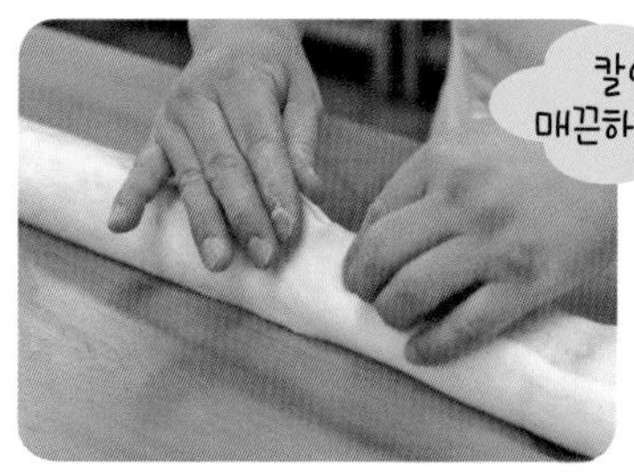

26 이음매 봉하기
▶끈적거리는 곳 정리하기
▶전체 두께 조절하기

27 재단하기
▶칼 / 둥근 / 각 스크래퍼
▶매끈하게 재단 → 선정

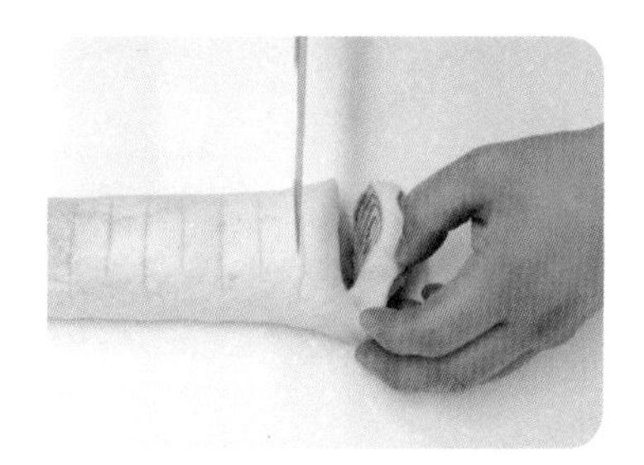

28 폭 2cm 재단하기
▶끝부분 1cm 남기고 재단
▶바닥까지 확실하게 재단

29 야자잎형 12개
▶두께 2cm 간격 재단
▶잎새모양 확실히 펼치기

30 야자잎형 12개
▶한판에 12개 놓으려면 작게 재단해야 함

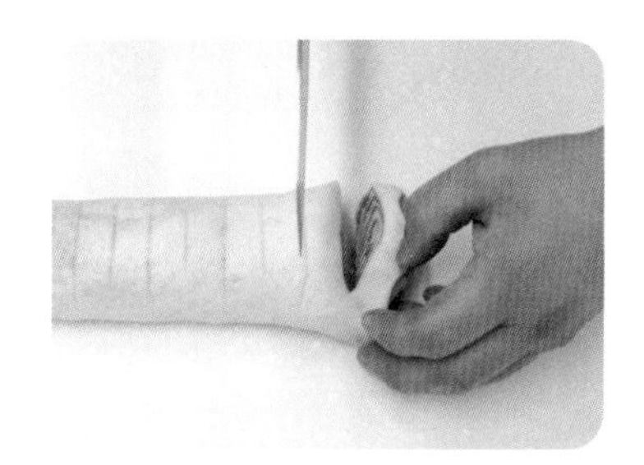

31 트리플리프(세잎세형)
▶끝부분 1cm 남기고 재단
▶두께가 일정해야 함

32 트리플리프 9개
▶두께 2cm 간격 재단
▶잎새모양 확실히 펼치기

33 세잎세형 9개
▶한판에 9개 놓으려면 작게 재단해야 함

34 2차 발효 시작하기
▶오와 열 확인 후
▶발효기에 넣기

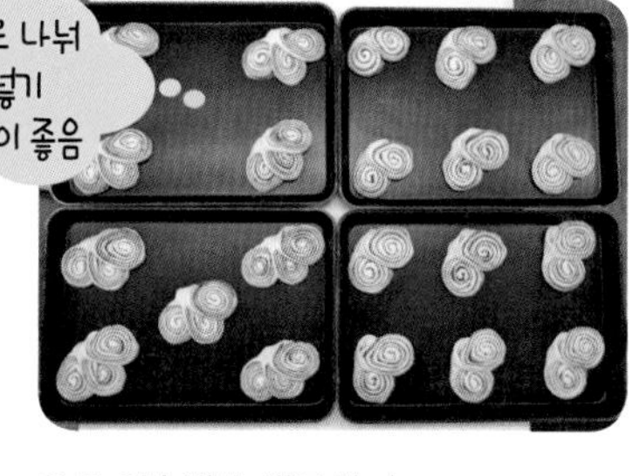

35 2차 발효 완료하기
▶30~40분 전후(상태판단)

36 굽기
상 200~190℃전후 10~15분
하 150℃전후 상태판단

37 ※ 야자잎형
▶6개씩 2판 준비
▶2차 발효와 굽기에 여유

38 ※ 굽기-황금갈색
▶계피 설탕으로 색이 진함
▶굽기 중 주의할 것

39 ※ 완제품
▶진하지 않도록 주의
▶라인이 선명하도록 함

40 ※ 트리플리프(세잎세형)
▶5개와 4개 2판 준비
▶2차 발효와 굽기에 여유

41 ※ 굽기-황금갈색
▶1/2 색이 나면 위치 바꿈
▶색이 나면 윗불 낮춤

42 ※ 완제품
▶진하지 않도록 주의
▶라인이 선명하도록 함

※ 스위트 롤은
야자잎형과 세잎세형으로 작업하는 방법이 각각 1판씩 2판 작업과 각각 2판씩 4판 작업은 선택이다.

참고로 빵은 2차 발효가 중요하기에 2판씩 4판 작업을 권장합니다.
발효로 커지고~굽기로 커지기에 빵과 빵이 달라붙는 것을 방지하기 위함입니다.

모든 종류의 빵의 맛은 2차 발효의 완료점과 굽기에서의 방법에 의해서 좌우가 됩니다.

조리빵

소시지빵

시험시간 3시간 30분

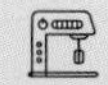

반죽방법 스트레이트법

오븐온도 220~210℃/150℃전후
10~15분(상태판단)

요구사항

소시지빵을 제조하여 제출하시오.

1. 반죽 재료를 계량하여 재료별로 진열하시오(10분).
   (토핑 및 충전물 재료의 계량은 휴지시간을 활용하시오.)
2. 반죽은 스트레이트법으로 제조하시오.
3. 반죽온도는 27℃를 표준으로 하시오.
4. 반죽 분할무게는 70g씩 분할하시오.
5. 완제품(토핑 및 충전물 완성)은 12개 제조하여 제출하고 남은 반죽은 감독위원이 지정하는 장소에 따로 제출하시오.
6. 충전물은 발효시간을 활용하여 제조하시오.
7. 정형 모양은 낙엽모양 6개와 꽃잎모양의 6개씩 2가지로 만들어서 제출하시오.

배 합 표

– 배합표(반죽)

비율(%)	재료명	무게(g)
80	강력분	560
20	중력분	140
4	생이스트	28
1	제빵개량제	6
2	소금	14
11	설탕	76
9	마가린	62
5	탈지분유	34
5	달걀	34
52	물	364
189	계	1,318

– 토핑 및 충전물(계량시간에서 제외)

비율(%)	재료명	무게(g)
100	프랑크소시지	(480)
72	양파	336
34	마요네즈	158
22	피자치즈	102
24	케찹	112
252	계	1,188

KEY POINT

1. 정형 : 도우에 소시지 감싸기
2. 재단 : 8등분과 10등분 후 확실히 펼치기
   토핑 올리기 좋고 빵이 안정적임
3. 토핑 : 총중량 ÷ 12개로 1개 중량을 계산해서 토핑하기
4. 굽기 : 빵과 치즈색이 황금색으로 일정하기

01 재료계량

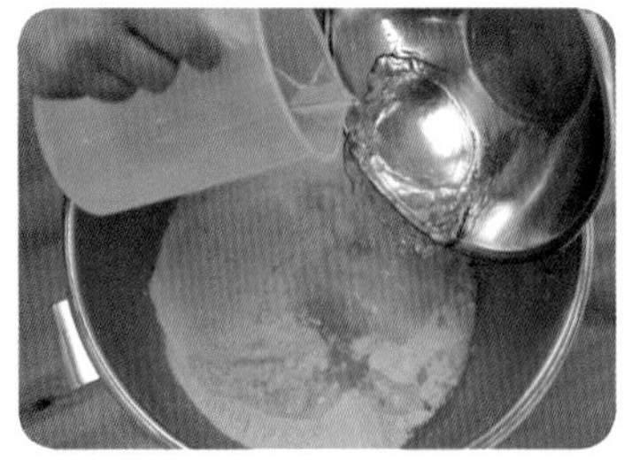
02 믹싱하기 = 혼합하기

03 믹싱하기 = 혼합하기

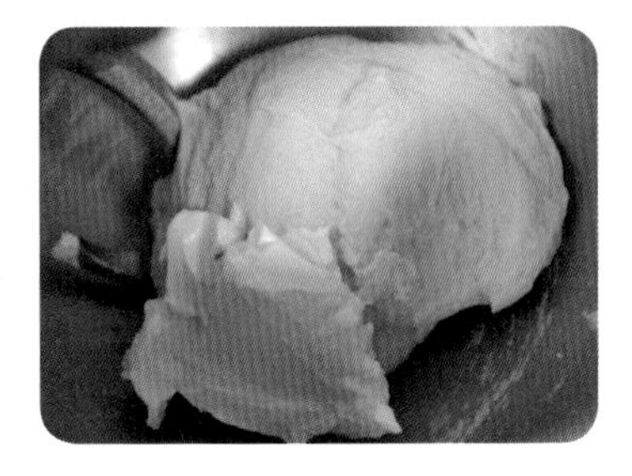
04 믹싱하기
▶클린업 단계에서 유지투입

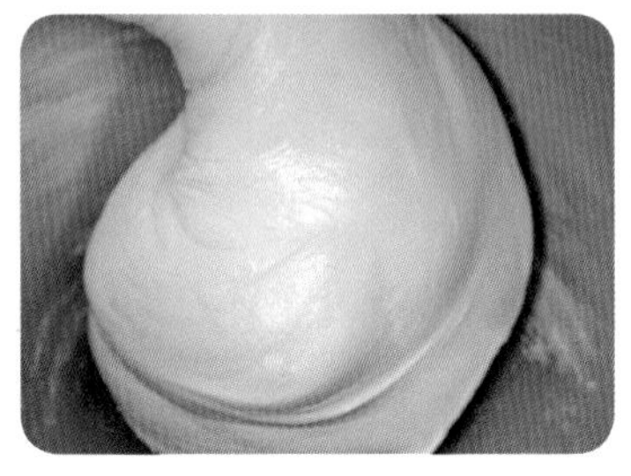
05 믹싱완료
▶최종단계(글루텐 100%)
▶스트레이트법

06 최종단계(글루텐 100%)
▶반죽결과온도 : 27℃
▶표피를 매끈하게 하기

07 1차 발효 시작하기
▶40분 전후

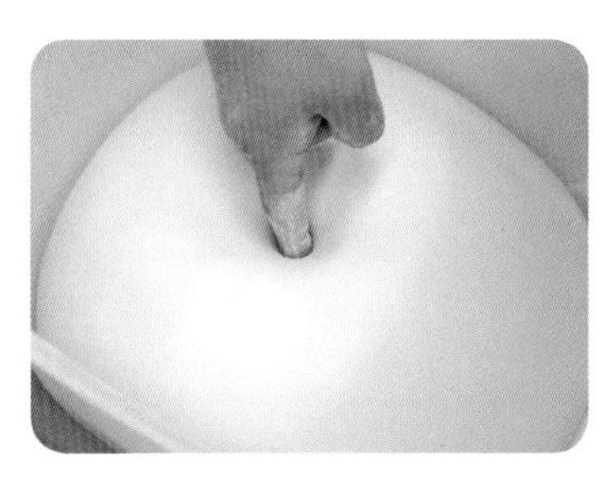
08 1차 발효 완료하기
▶손가락 시험법

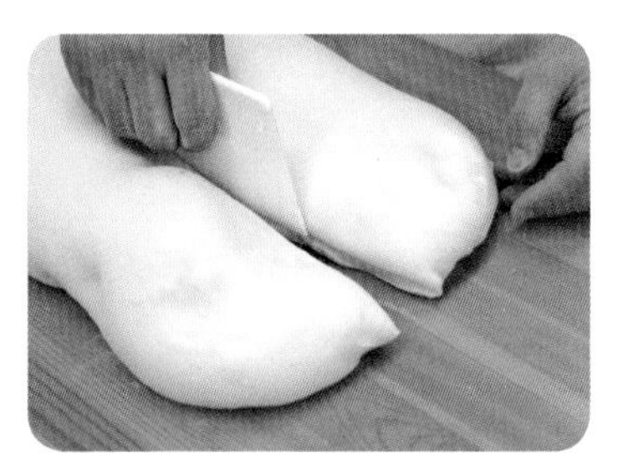
09 분할하기
▶절단면은 최소화

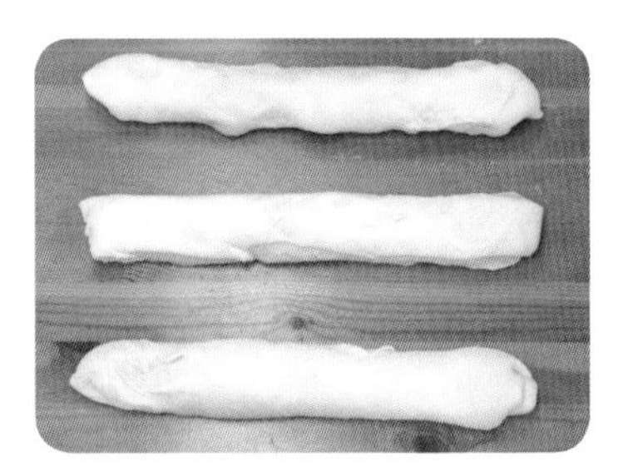
10 분할하기
▶빵은 분할하고서
▶절단면은 최소화

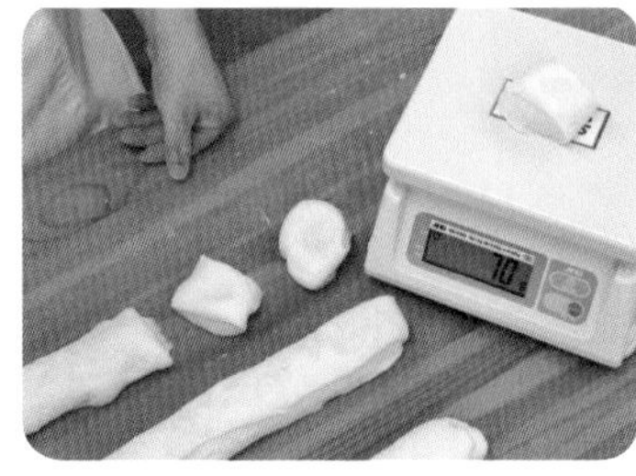
11 70g씩 분할하기
▶절단면은 최소화
▶그래야 발효가 잘 됨

12 70g씩 분할하기
▶모두 분할하고서
▶둥글리기 하기

13 둥글리기
▶가볍게 하기
▶손가락 아래 잘 모으기

14 둥글리기
▶가볍게 하기
▶탄력적으로 굴리기

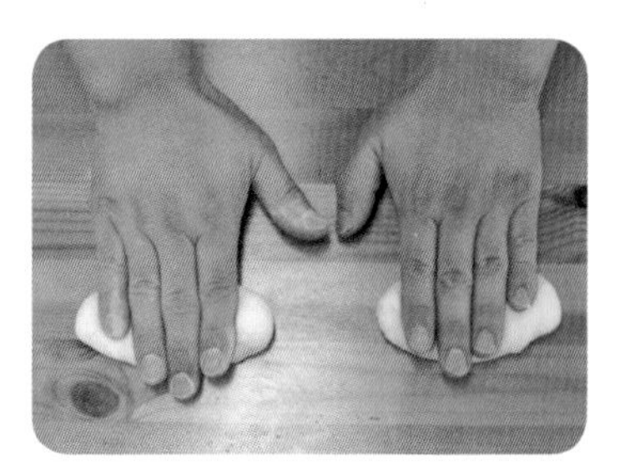

15 통통한 스틱 만들기
▶길이 일정하게 하기 위함
▶작업성 용이함

16 통통한 스틱 만들기

17 중간발효
▶10~15분 정도

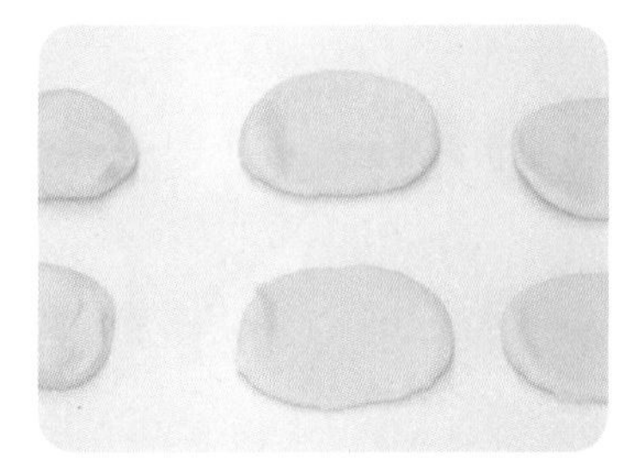

18 밀어펴기

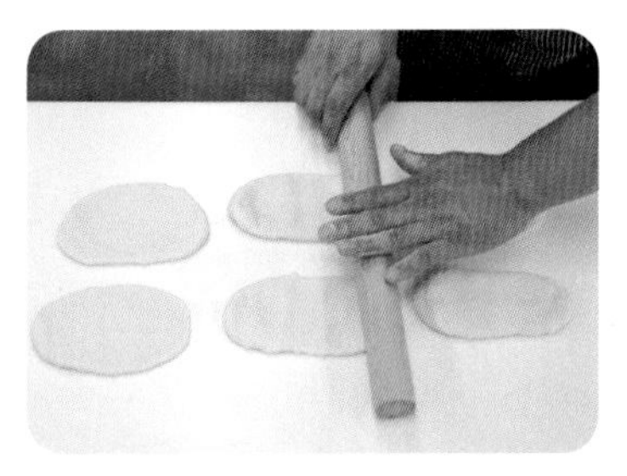

19 밀어펴기
▶밀대이용 가스빼기
▶크기는 일정하게 하기

20 정형하기
▶빵은 소시지보다 길게
▶충분히 감쌀 정도

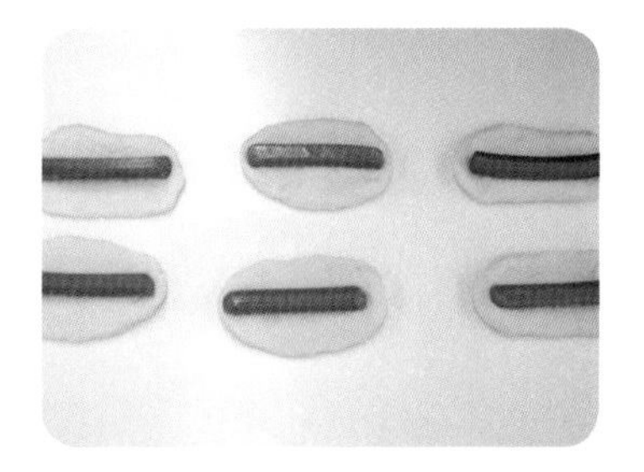

21 정형하기
▶빵은 소시지보다 길게
▶충분히 감쌀 정도

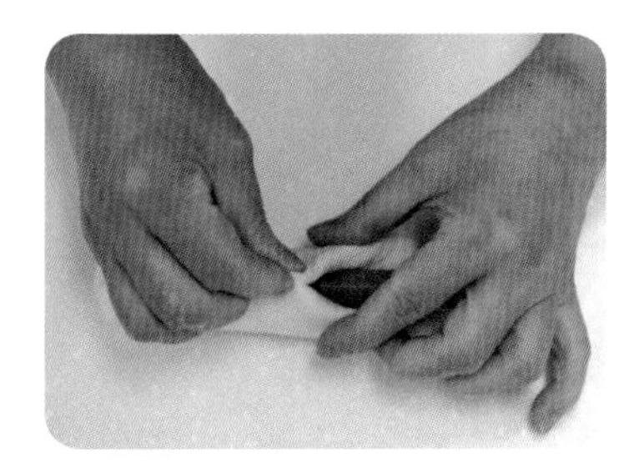

22 정형하기
▶이음매 봉하기

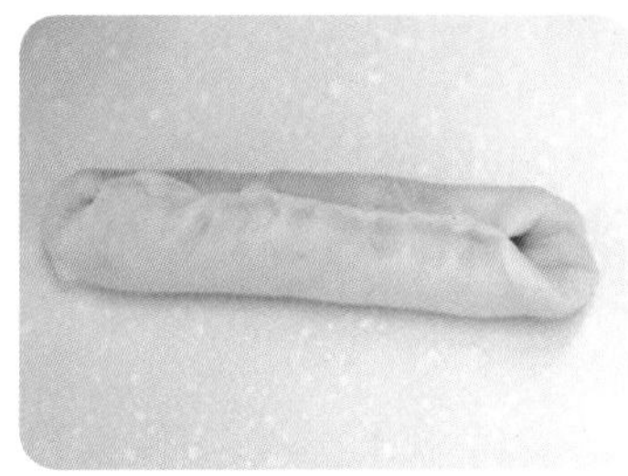

23 정형하기
▶이음매 봉하기

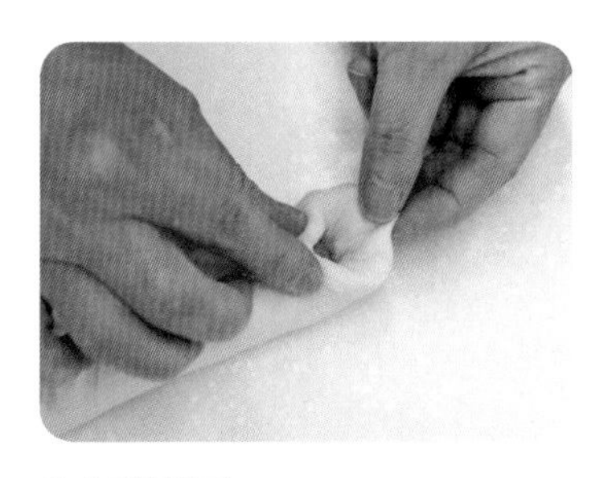

24 정형하기
▶이음매 봉하기
▶끝부분 신경쓰기

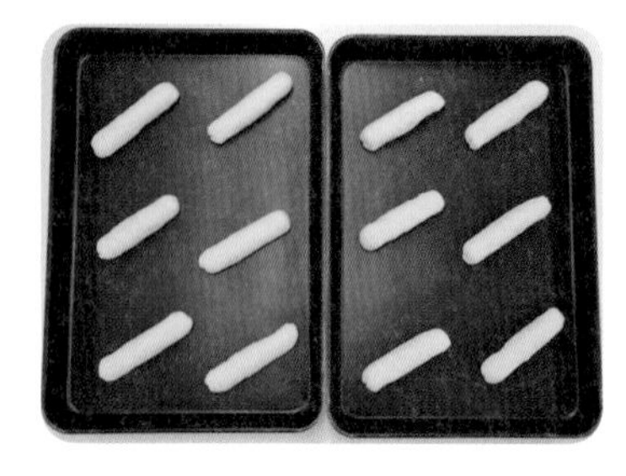

25 자르기 준비
▶사선으로 놓기
▶이음매는 아래로

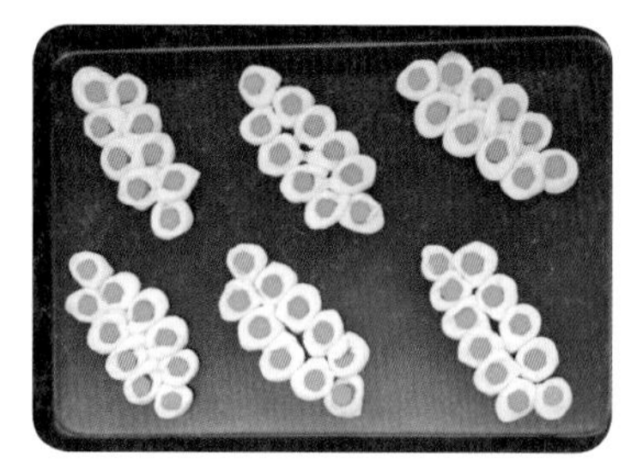

26 낙엽모양
▶10등분 자르기
▶확실히 펼치기

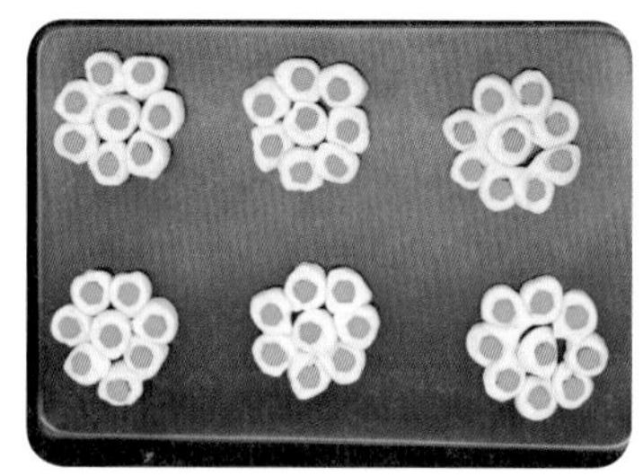

27 꽃잎모양
▶8등분 자르기
▶확실히 펼치기

28 2차 발효 시작하기

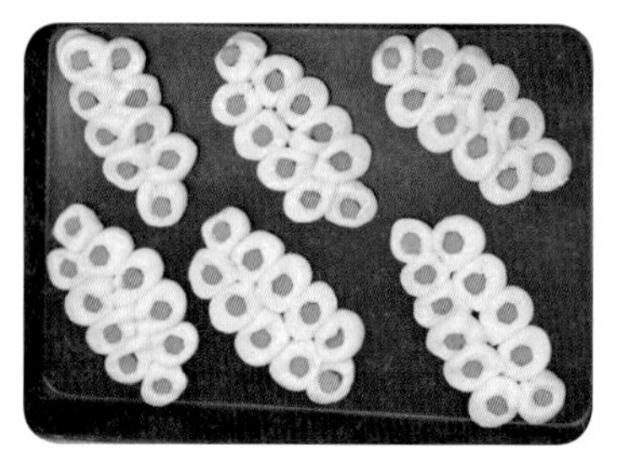

29 2차 발효 완료하기
▶30~40분 전후(상태판단)

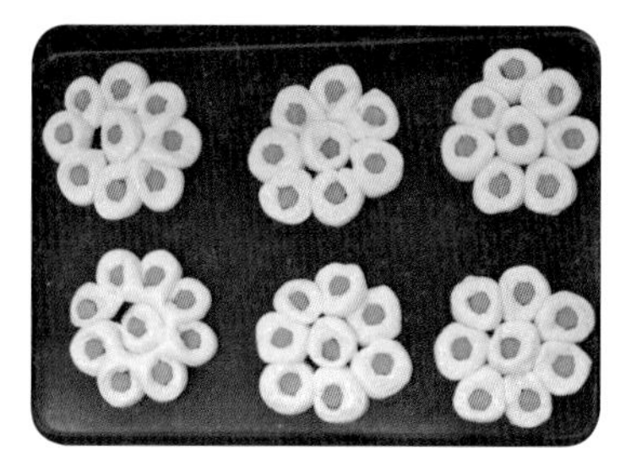

30 2차 발효 완료하기
▶빵이 얇아 발효가 빠름
▶빵이 건조되지 않도록 함

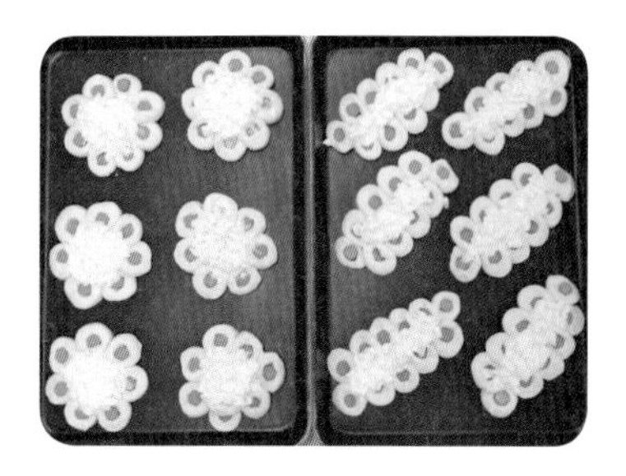

31 토핑하기 1
▶양파+마요네즈 : 혼합
▶총중량 ÷ 12개 = 1개양

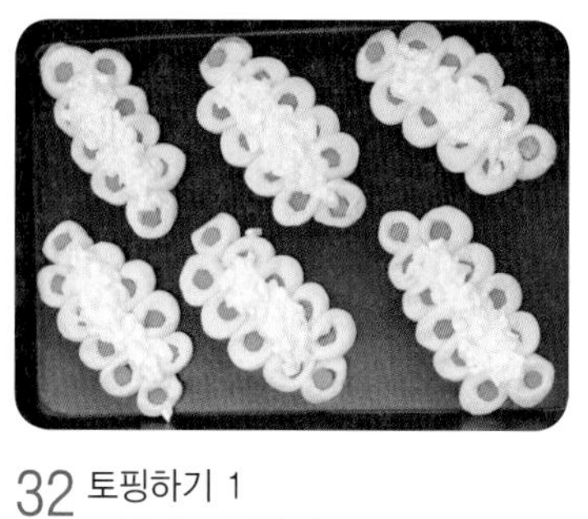

32 토핑하기 1
▶길게 토핑하기
▶적절히 소시지 보이기

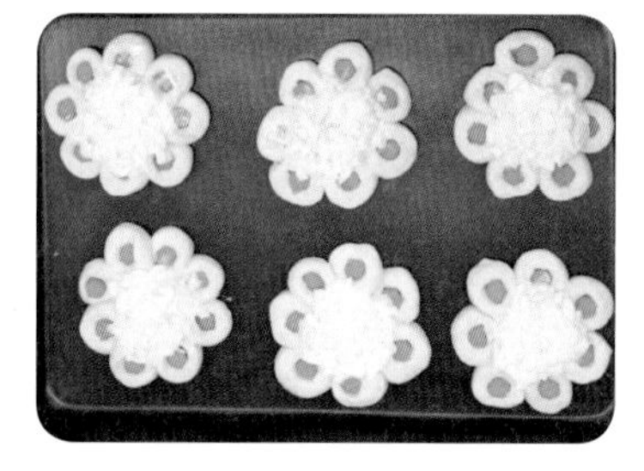

33 토핑하기 1
▶가운데 적절히 하기

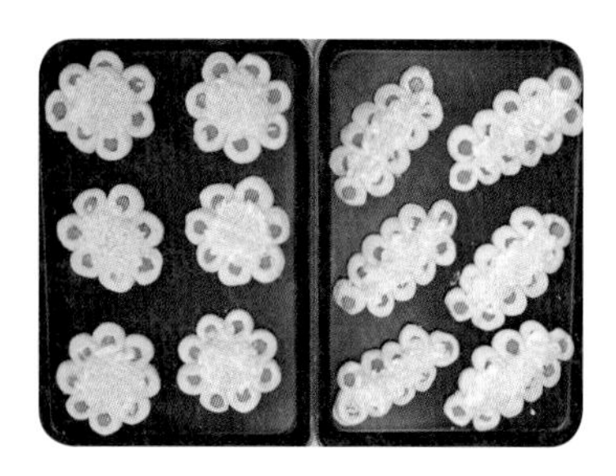

34 토핑하기 2
▶피자치즈
▶총중량 ÷ 12개 = 1개양

35 토핑하기 2
▶길게 토핑하기

36 토핑하기 2
▶동그랗게 토핑하기

37 토핑하기 3
▶케찹 지그재그로 짜기
▶총중량 ÷ 12개 = 1개양

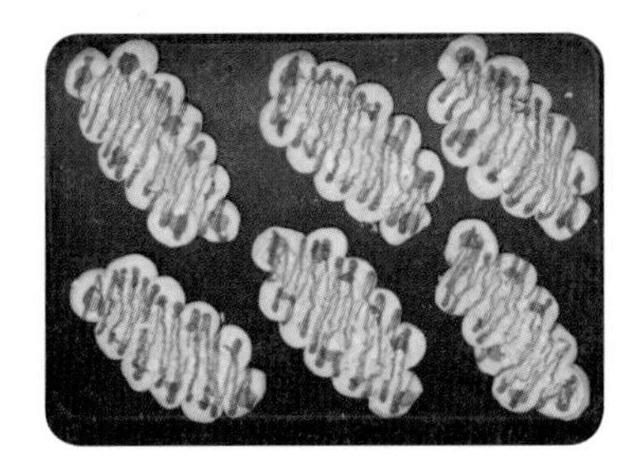

38 토핑하기 3
▶일정한 양으로 짜기
▶빵 밖으로 안 나가기

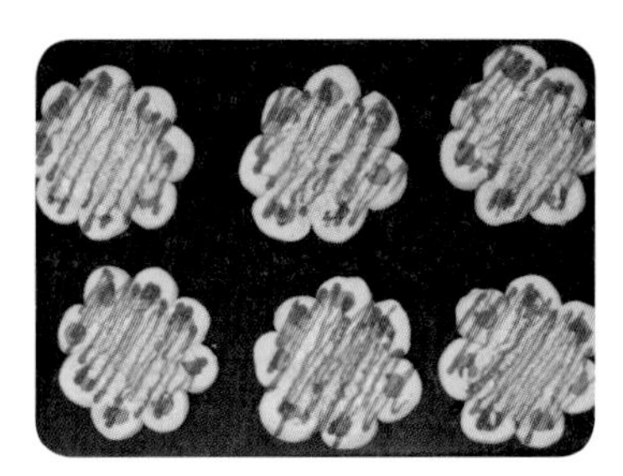

39 토핑하기 3
▶너무 얇거나 두꺼우면 볼륨감이 없어보임

40 굽기
상 220~210℃전후 10~15분
하 150℃전후 상태판단

41 굽기
▶색이 나면 앞 뒤 바꾸기
▶도우와 치즈색상 신경씀

42 굽기
▶빵은 황금갈색
▶치즈는 노릇 노릇

43 꽃잎모양 완제품
▶전체색상이 황금갈색

44 낙엽모양 완제품
▶전체색상이 황금갈색

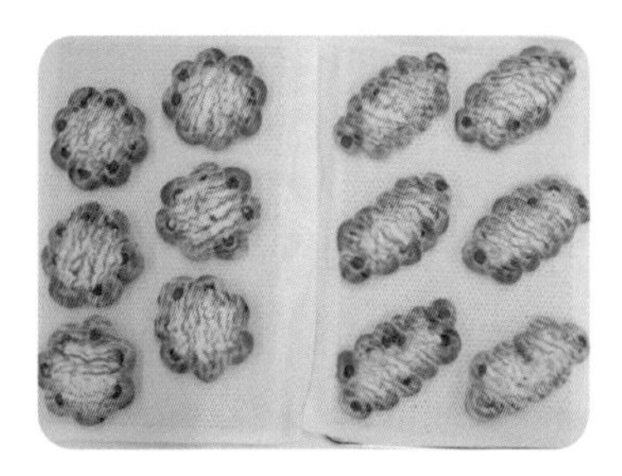

45 완제품
▶전체색상이 황금갈색

중형빵

모카빵

시험시간 3시간 30분

반죽방법 스트레이트법

오븐온도 180℃전후/150℃전후
25~30분 전후(상태판단)

요구사항

모카빵을 제조하여 제출하시오.

❶ 배합표의 빵반죽 재료를 계량하여 재료별로 진열하시오(11분).
❷ 반죽은 "스트레이트법"으로 제조하시오.
(단, 유지는 클린업 단계에서 첨가하시오)
❸ 반죽온도는 27℃를 표준으로 하시오.
❹ 반죽 1개의 분할무게는 250g, 1개당 비스킷은 100g씩으로 제조하시오.
❺ 제품의 형태는 타원형(럭비공 모양)으로 제조하시오.
❻ 토핑용 비스킷은 주어진 배합표에 의거 직접 제조하시오.
❼ 완제품 6개를 제출하고 남은 반죽은 감독위원 지시에 따라 별도로 제출하시오.

배 합 표

– 빵반죽

비율(%)	재료명	무게(g)
100	강력분	850
45	물	382.5(382)
5	이스트	42.5(42)
1	제빵개량제	8.5(8)
2	소금	17(16)
15	설탕	127.5(128)
12	버터	102
3	탈지분유	25.5(26)
10	달걀	85(86)
1.5	커피	12.75(12)
15	건포도	127.5(128)
209.5	계	1780.75(1780)

– 토핑용 비스킷(계량시간에서 제외)

비율(%)	재료명	무게(g)
100	박력분	350
20	버터	70
40	설탕	140
24	달걀	84
1.5	베이킹파우더	5.25(5)
12	우유	42
0.6	소금	2.1(2)
198.1	계	693.35(693)

KEY POINT

1. 믹싱 : 건포도가 반죽에 일정하게 분포될 것
2. 정형 : 타원형 모양과 비스킷 두께 일정하게 밀어펴서 잘 감싸기
3. 비스킷 : 밀어펴는 비스킷은 크림화 적게하기
4. 비스킷 휴지 : 밀어펴기 좋은 되기 맞추기
5. 밀어펴기 : 너무 얇은면 안됨. 즉, 빵의 사이즈보다 사방 3cm정도만 크면 좋음
6. 굽기 : 커피색상

01 재료계량

02 건포도
▶따뜻한 물 → 침지 → 배수
▶체에 받쳐놓기–물기 제거

03 믹싱하기
▶클린업 단계에서 유지투입

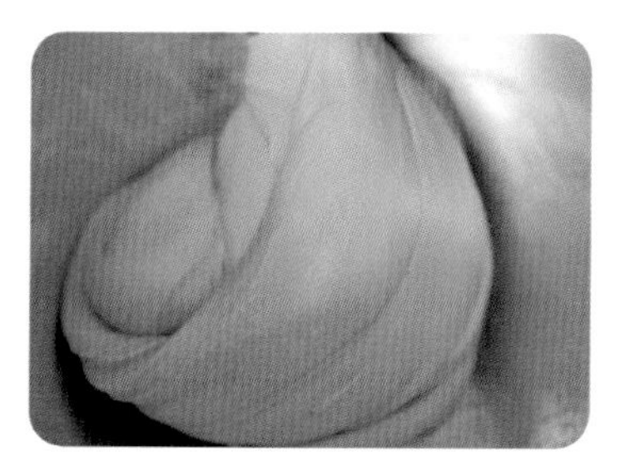

04 믹싱하기
▶최종단계(글루텐 100%)

05 믹싱하기
▶건포도 투입하기
▶저속~중속으로 혼합하기

06 믹싱하기
▶저속~중속으로 혼합하기
▶혼합되면 믹싱 끝

07 믹싱완료
▶최종단계(글루텐 100%)

08 최종단계(글루텐 100%)
▶반죽결과온도 : 27℃
▶표피를 매끈하게 하기

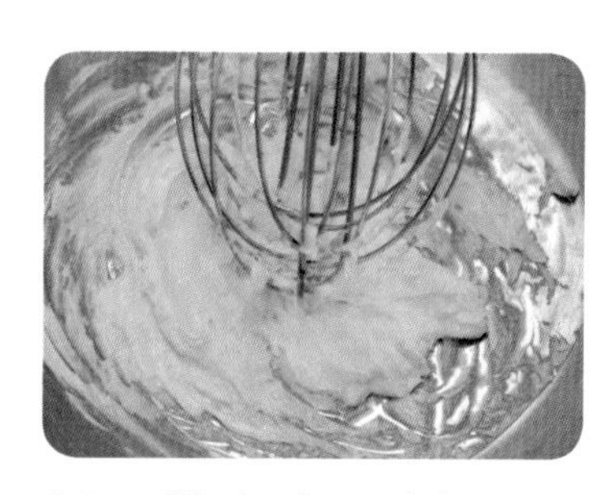

09 토핑용 비스킷 – 크림법
▶버터
▶잘 풀어주기

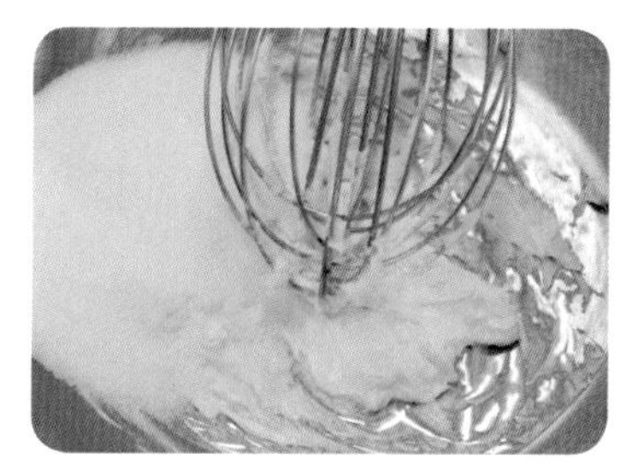

10 토핑용 비스킷 – 크림법
▶소금 + 설탕
▶혼합 및 크림화

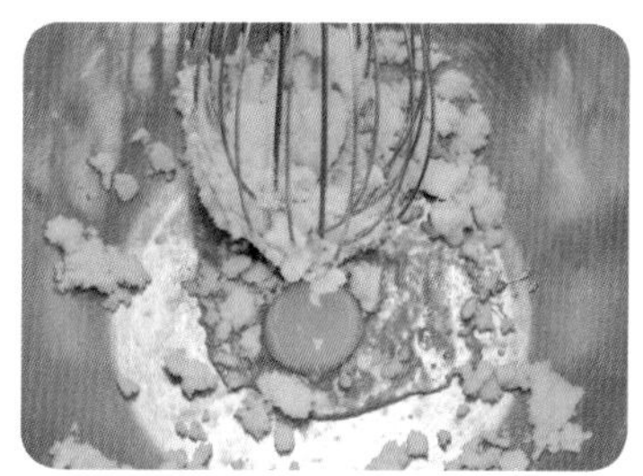

11 토핑용 비스킷 – 크림법
▶달걀 2회 분할 투입
▶혼합 및 크림화

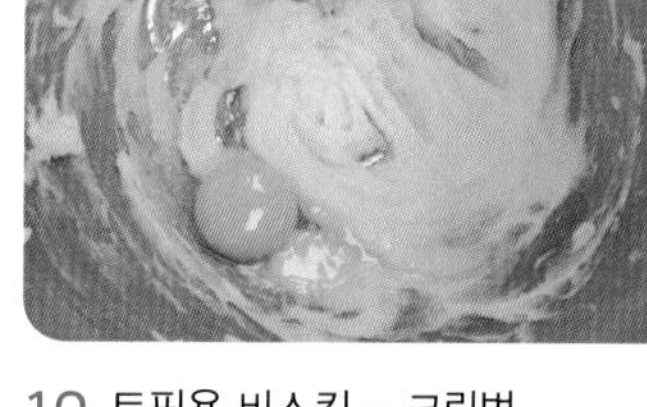

12 토핑용 비스킷 – 크림법
▶혼합 및 크림화

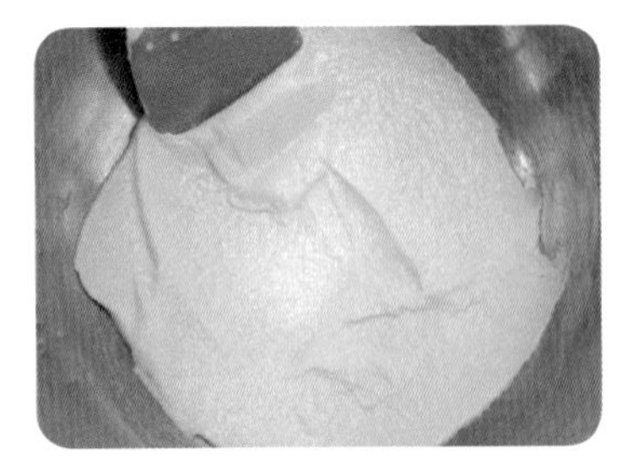

13 토핑용 비스킷 – 크림법
▶벽과 바닥 정리하기

14 토핑용 비스킷 – 크림법
▶가루재료(체질하기)
▶혼합하기

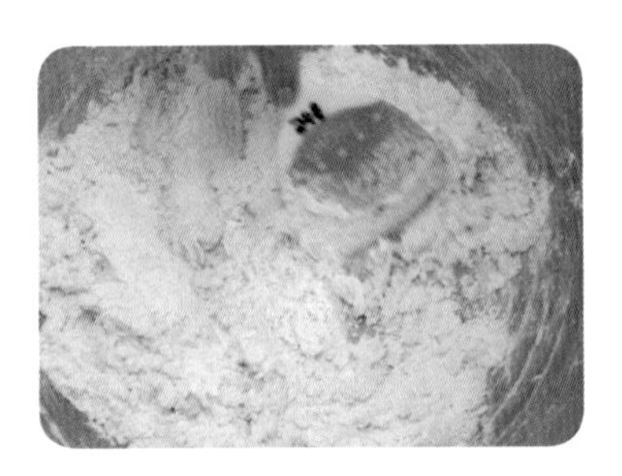

15 토핑용 비스킷 – 크림법
▶가볍게 95% 혼합하기
▶글루텐 최소화

16 비스킷 휴지주기
▶비닐에 넣고 사각형
▶냉장 20~30분 정도

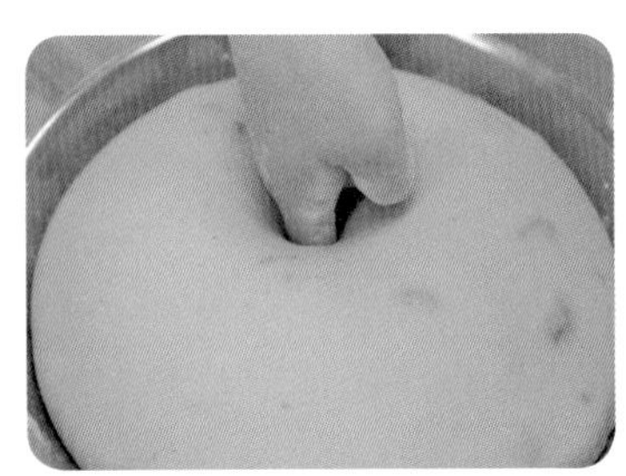

17 1차 발효 완료하기
▶40분 전후

18 분할하기
▶길게 2등분하기
▶절단면 최소화하기

19 분할하기
▶250g

20 둥글리기 및 중간발효
▶표피는 매끈하게 하기
▶10~15분 정도

21 중간발효 완료하기

22 정형하기
▶타원형 = 럭비공 모양
▶원형 → 타원형 만들기

23 정형하기
▶밀어펴기
▶이등변 삼각형 모양

24 정형하기
▶앞부분은 살짝 잡고서 밀어펴기

25 정형하기
▶겉에 있는 건포도는 제거
▶발효가 되면서 분리된다.

26 정형하기
▶뒤집기 후 떼어낸 건포도는 안에 넣기

27 정형하기
▶부드럽게 감싸기

28 정형하기
▶안으로 부드럽게 감싸기

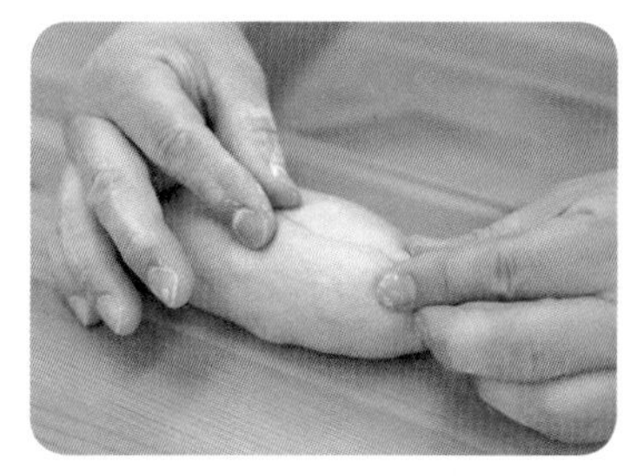

29 정형하기
▶이음매 봉하기

30 비스킷 작업하기
▶휴지가 잘 되면
▶밀어펴기가 좋음

31 비스킷 작업하기
▶반으로 접기
▶적절한 덧가루 사용하기

32 비스킷 작업하기
▶100g씩 대략 7등분하기

33 비스킷 작업하기
▶100g

34 비스킷 작업하기
▶통통한 스틱형태
▶원형

35 비스킷 작업하기
▶덧가루 충분히 묻히기
▶완료 후에 털기

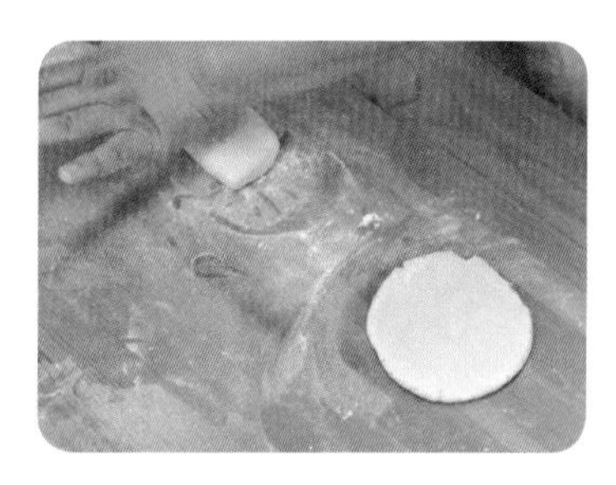

36 비스킷 작업하기
▶기본 손바닥으로 작업함

37 비스킷 작업하기
▶밀대로 밀어펴기
▶가볍게 밀어펴기

38 비스킷 작업하기
▶크기를 보면서 밀어펴기
▶밀면서 바닥 확인하기

39 비스킷 작업하기
▶테두리는 스크래퍼로 정리하면 갈라짐 방지

40 빵에 감싸기
▶빵의 크기보다 사방 3cm 정도 크게 밀기

41 빵에 감싸기
▶이음매의 위치를 잘 보고 감싸기

42 빵에 감싸기
▶바닥을 제외하고 모두 감싸기

43 빵에 감싸기
▶감싸고서 모양잡기

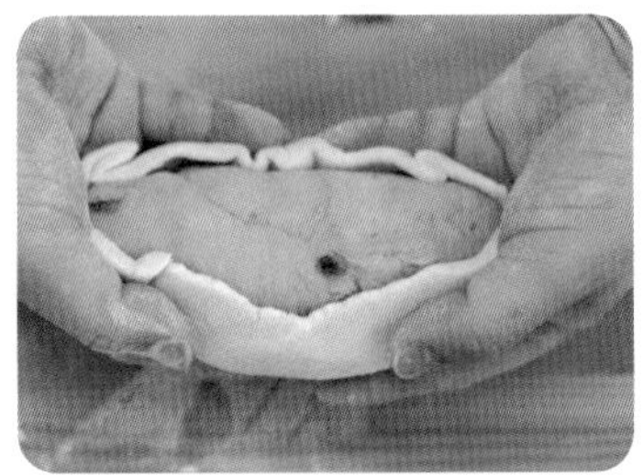

44 빵에 감싸기
▶이음매는 바닥으로 가게 꼭! 확인한다.

45 팬 넣기
▶오와 열을 잘 맞추기
▶그래야 옆색 잘남

46 2차 발효 시작하기
▶덧가루 확인하기
▶간격과 간격 확보하기

47 2차 발효 시작하기

48 2차 발효 완료하기
▶30~40분 전후(상태판단)

49 2차 발효 완료하기
▶30~40분 전후(상태판단)
▶A형 : 옆색으로 간격확보

50 2차 발효 완료하기
▶30~40분 전후(상태판단)
▶B형 : 옆색으로 간격확보

51 굽기
상 195~185℃전후 25~30분 전후
하 150℃전후 상태판단

52 완제품
▶전체색상이 커피색상

53 완제품
▶전체색상이 커피색상

54 굽기
▶색이 1/2 이상 나면
▶앞과 뒤를 바꿔준다.

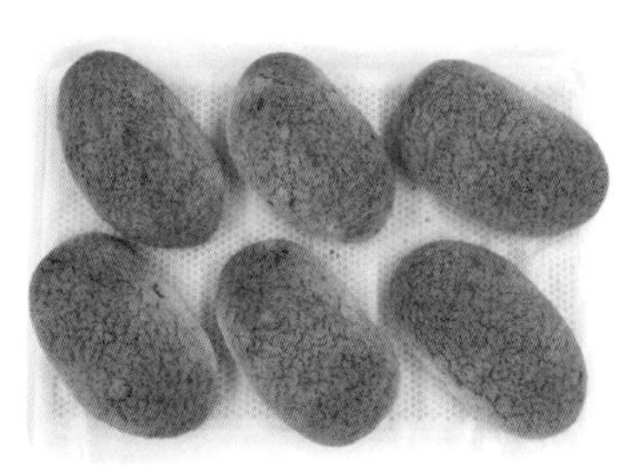

55 완제품
▶전체색상이 커피색상

56 완제품
▶전체색상이 커피색상

57 완제품
▶전체색상이 커피색상

건강빵류

호밀빵

시험시간 3시간 30분

반죽방법 스트레이트법

오븐온도 190℃전후/170℃전후
30분 전후(상태판단)

요구사항

호밀빵을 제조하여 제출하시오.

❶ 배합표의 각 재료를 계량하여 재료별로 진열하시오(10분).
❷ 반죽은 스트레이트법으로 제조하시오.
❸ 반죽 온도는 25℃를 표준으로 하시오.
❹ 표준분할무게는 330g으로 하시오.
❺ 제품의 형태는 타원형(럭비공 모양)으로 제조하고, 칼집모양을 가운데 일자로 내시오.
❻ 반죽은 전량을 사용하여 성형하시오.

배 합 표

비율(%)	재료명	무게(g)
70	강력분	770
30	호밀가루	330
3	이스트	33
1	제빵개량제	11(12)
60~65	물	660~715
2	소금	22
3	황설탕	33(34)
5	쇼트닝	55(56)
2	탈지분유	22
2	몰트액	22
178~183	계	1958~2016

KEY POINT

1. 믹싱 : 발전단계와 반죽온도 25도
2. 정형 : 타원형
3. 2차 발효점 : 70% 주고서 칼집내고 30% 주기
4. 표피 : 물분무하기(오븐팽창 도와줌)
5. 굽기 : 충분히 구워 조금 진한 황금갈색

01 재료계량

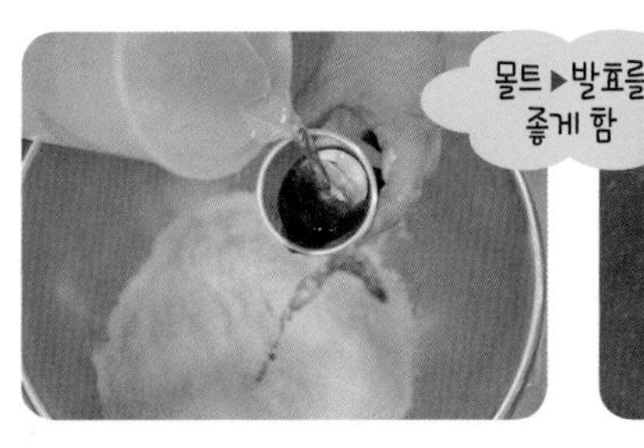

02 믹싱하기 = 혼합하기
▶몰트는 물로 씻듯이 사용

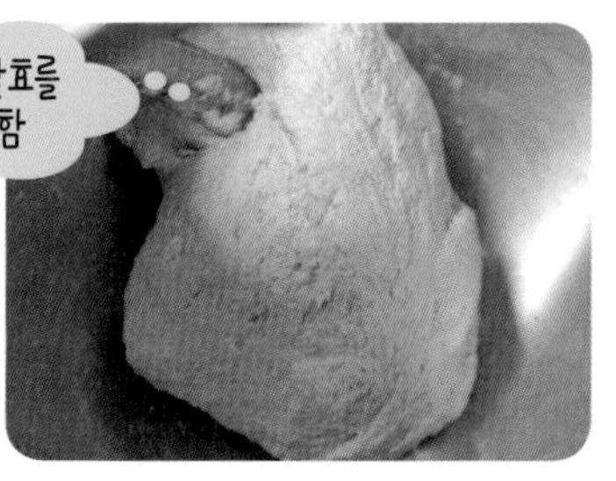

03 믹싱하기 = 혼합하기
▶몰트는 물로 씻듯이 사용

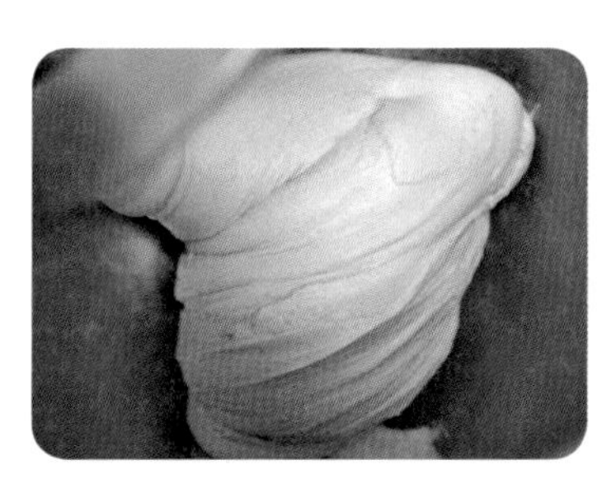

04 믹싱완료
▶발전단계(글루텐 80%)
▶반죽온도 낮게 하기

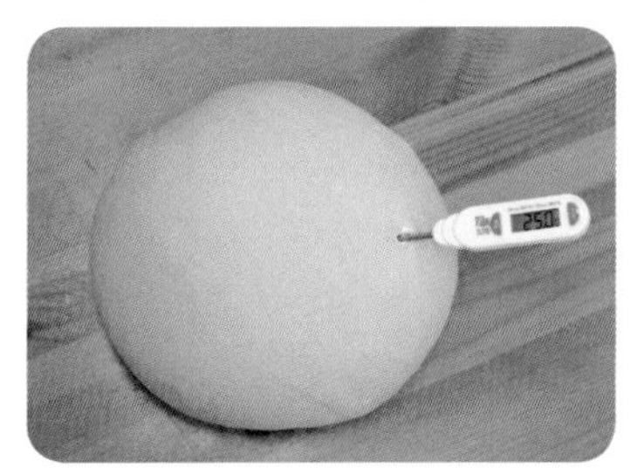

05 발전단계(글루텐 80%)
▶반죽결과온도 : 25℃
▶표피를 매끈하게 하기

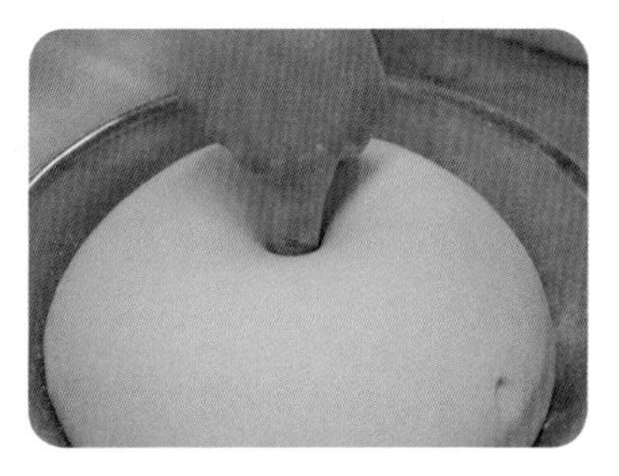

06 1차 발효 완료하기
▶손가락 시험법
▶20분 정도주고 펀치주기

07 펀치 = 가스빼기
▶선택사항으로 하면 활성정도가 좋아짐

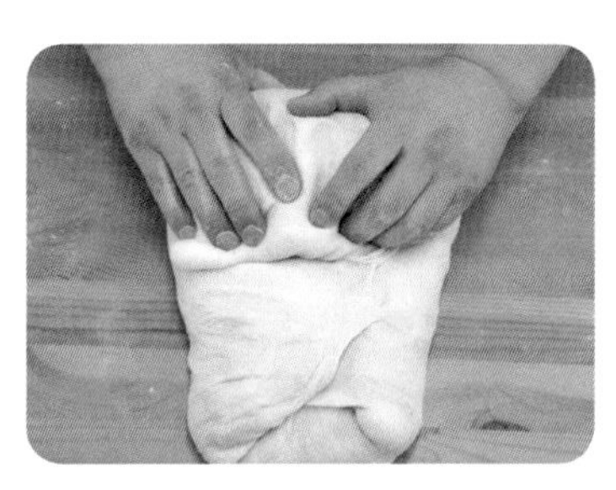

08 펀치 = 가스빼기
▶하면 구조력도 좋아짐

09 펀치 = 가스빼기
▶하면 발효정도가 촉진됨

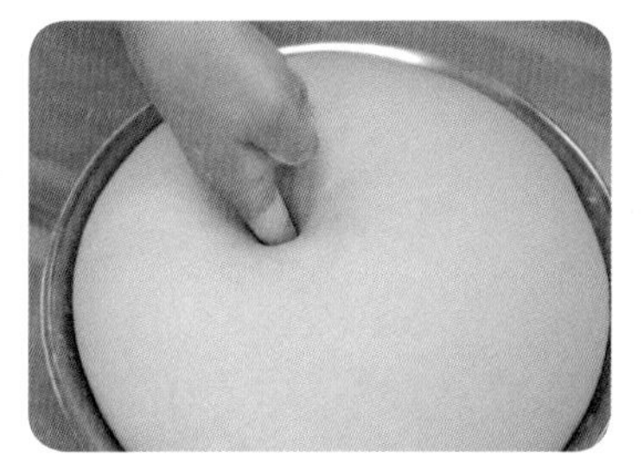

10 1차 발효 완료하기
▶40분 전후
▶손가락 시험법

11 분할하기
▶큰 빵으로 2등분하기

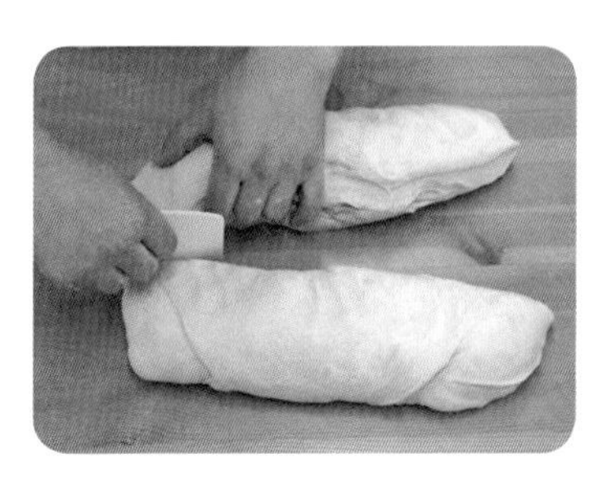

12 분할하기
▶큰 빵으로 2등분하기

13 분할하기
▶330g

14 둥글리기
▶가볍게 하기
▶손아래 잘 모으기

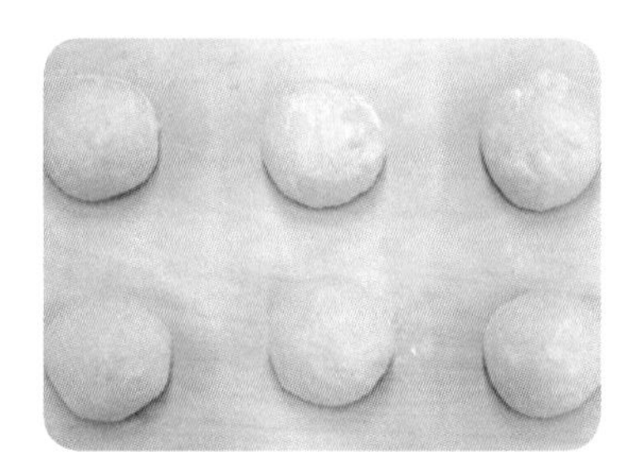

15 중간발효 시작하기
▶15분 정도

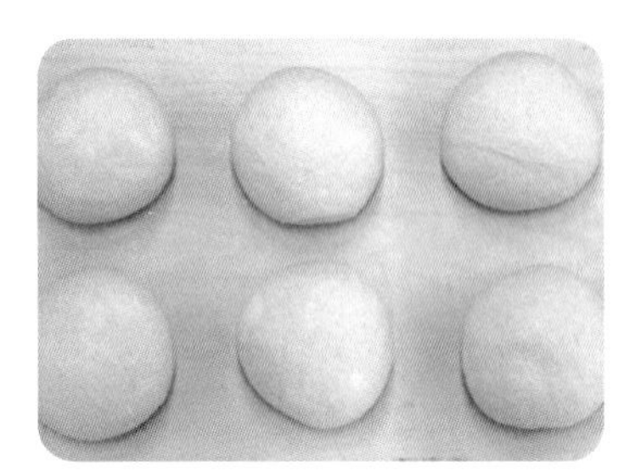

16 중간발효 완료하기
▶부피가 어느 정도 증가됨
▶가스가 있어야 잘 밀림

17 정형하기
▶원형을 타원형 만들기
▶옆부분만 살짝 넣기

18 정형하기
▶뒤부분 먼저 밀어펴기

19 정형하기
▶앞부분 밀어펴기

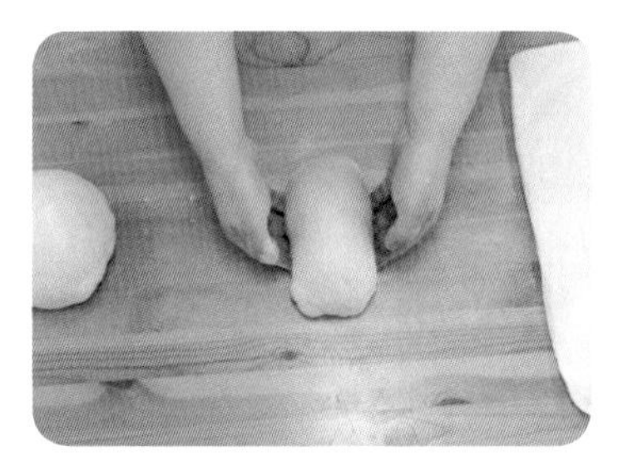

20 정형하기
▶단계별로 밀어펴기

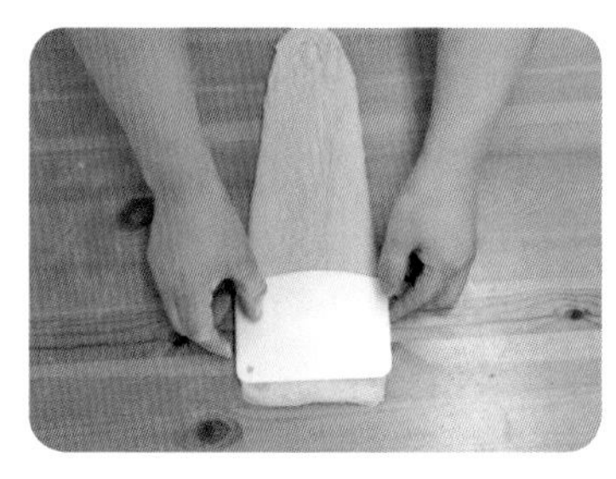

21 정형하기
▶밑면 부분에 신경쓰기
▶통통한 타원형 만들기

22 정형하기
▶부드럽게 감싸기
▶탄력적으로 말기

23 정형하기
▶이음매 봉하기
▶끈적거림 없게 하기

24 정형하기
▶크기 일정하게 하기
▶표피는 매끈하게 하기

25 2차 발효시작하기

26 2차 발효 완료하기
▶30~40분 전후(상태판단)

27 칼집내기 준비
▶스크래퍼로 표시하기
▶표피 살짝 건조하기

28 칼집내기 준비
▶칼은 비스듬히 30도 각도
▶과감하게 낼 것

29 칼집내기
▶빨리 과감하게 낼 것
▶느리게 하면 빵이 뜯긴다.

30 칼집내기
▶칼집내면 자연스럽게 터짐

31 칼집내기
▶칼집크기는 일정하게 함

32 표피에 물분무하기
▶스프레이 활용
▶또는 붓 사용

33 굽기-스팀주기
상 190℃전후 30분 전후
하 170℃전후 상태판단

34 굽기
▶색이 1/2 이상 나면
▶앞과 뒤를 바꿔준다.

35 굽기 완료하기
▶전체색상이 황금갈색

36 완제품
▶전체색상이 황금갈색

37 완제품
▶전체색상이 황금갈색
▶칼집 부분이 잘 벌어짐

38 완제품
▶전체색상이 황금갈색

39 완제품
▶전체색상이 황금갈색

40 완제품
▶전체색상이 황금갈색
▶일정한 크기

41 완제품
▶전체색상이 황금갈색

42 완제품
▶전체색상이 황금갈색

■ 칼집을 넣는 이유
1. 다른 곳이 터지는 것을 방지한다.
2. 빵의 부풀림을 좋게 함
3. 속결을 부드럽게 한다.

※ 호밀빵 칼집 넣기 방법
일반적으로 2차 발효 완료점에 작업함

수검자는 2차 발효를 70% 정도에 칼집내고 다시 2차 발효를 30% 주고서 구워야 칼집 모양이 더욱 잘 나옵니다

■ 오븐에 스팀을 넣는 이유
1. 커팅 부분을 보기 좋게 터지게 한다.
2. 부피가 큰 제품을 얻을 수 있다(증기압 팽창).
3. 껍질의 광택이 좋다.

건강빵류

통밀빵

시험시간 3시간 30분 간

반죽방법 스트레이트법

오븐온도 200℃전후/180℃전후
20분 전후(상태판단)

요구사항

통밀빵을 제조하여 제출하시오.

❶ 배합표의 각 재료를 계량하여 재료별로 진열하시오(10분).
(단, 토핑용 오트밀은 계량 시간에서 제외한다.)
❷ 반죽은 스트레이트법으로 제조하시오.
❸ 반죽 온도는 25℃를 표준으로 하시오.
❹ 표준 분할 무게는 200g으로 하시오.
❺ 제품의 형태는 밀대(봉)형(22~23cm)으로 제조하고, 표면에 물을 발라 오트밀을 보기 좋게 적당히 묻히시오.
❻ 8개를 성형하여 제출하고 남은 반죽은 감독위원의 지시에 따라 별도로 제출하시오.

배 합 표

비율(%)	재료명	무게(g)
80	강력분	800
20	통밀가루	200
2.5	이스트	25
1	제빵개량제	10
63~65	물	630~650
1.5	소금	15(14)
3	설탕	30
7	버터	70
2	탈지분유	20
1.5	몰트액	15(14)
181.5~183.5	계	1814~1835

(※토핑용재료는 계량시간에서 제외)

-	(토핑용)오트밀	200g

1. 믹싱 : 발전단계와 반죽온도 25도
2. 정형 : 통통한 막대모양과 오트밀 묻히기
3. 팬 넣기 : 간격을 잘 맞춰서 둘 것
4. 2차 발효 : 충분히 주고서 굽기
5. 굽기 : 오트밀과 빵과의 색상 조화롭게 굽기

01 재료계량

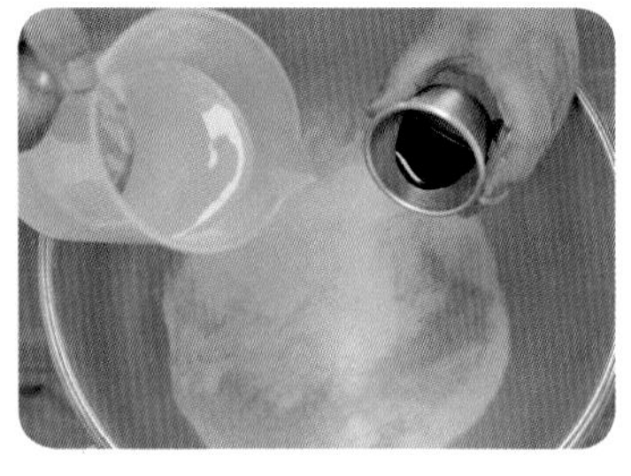

02 믹싱하기 = 혼합하기
▶몰트는 물로 씻듯이 사용

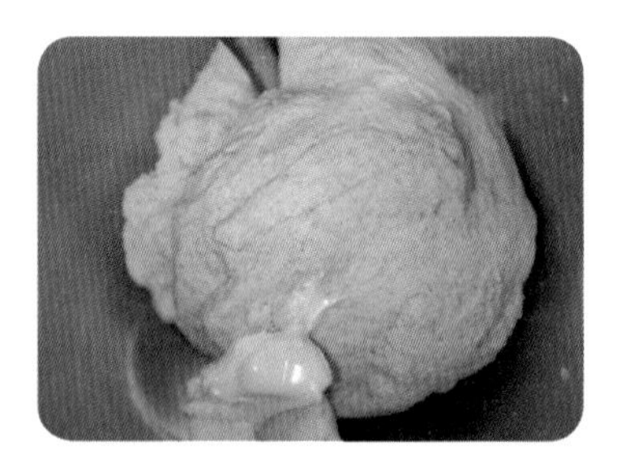

03 믹싱하기

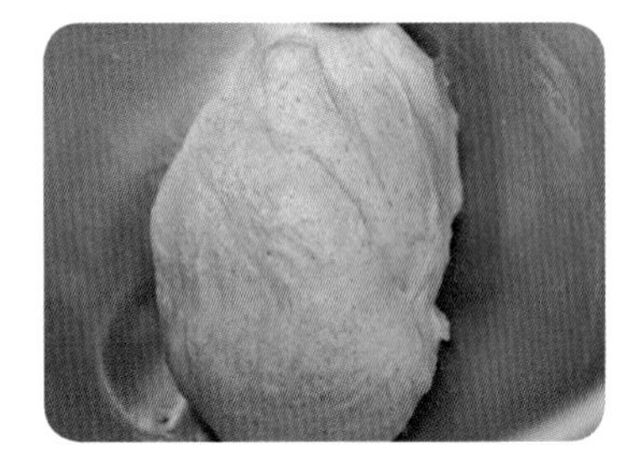

04 믹싱완료
▶발전단계(글루텐 80%)
▶반죽온도 낮게 하기

05 믹싱완료
▶표피는 매끈하게 함

06 발전단계(글루텐 80%)
▶반죽결과온도 : 25℃
▶표피를 매끈하게 하기

07 1차 발효 시작하기

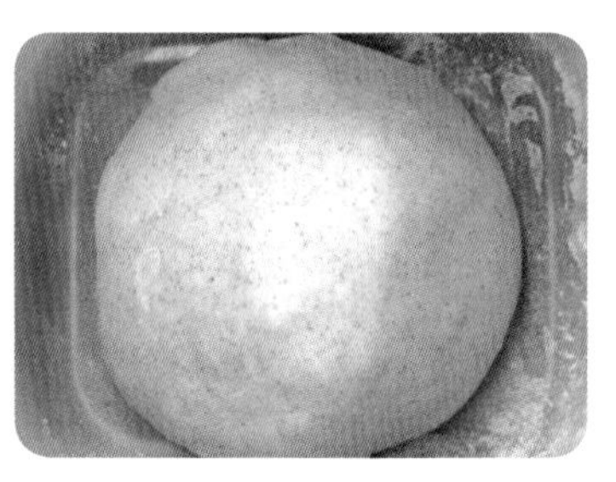

08 1차 발효하기
▶중간에 점검하기

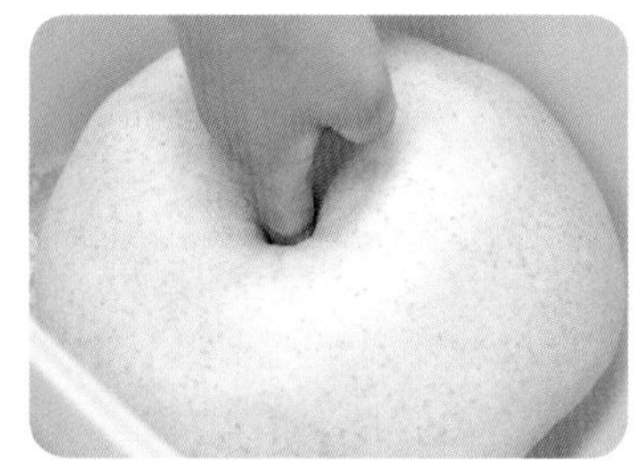

09 1차 발효 완료하기
▶40분 전후
▶손가락 시험법

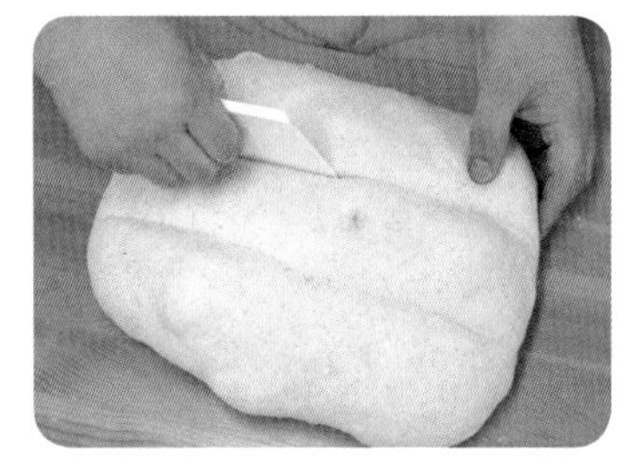

10 분할하기
▶통밀빵은 3등분하기
▶대략 표시하고 시작하기

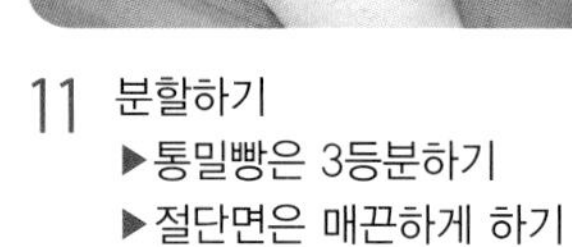

11 분할하기
▶통밀빵은 3등분하기
▶절단면은 매끈하게 하기

12 분할하기
▶통밀빵은 3등분하기
▶대략 크기를 생각하기

13 분할하기
▶200g

14 분할하기
▶분할 모두하고서 둥글리기하기

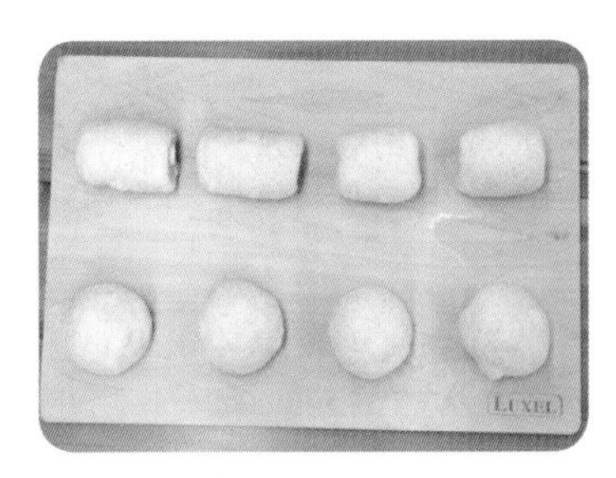

15 중간발효 시작하기
▶15분 정도

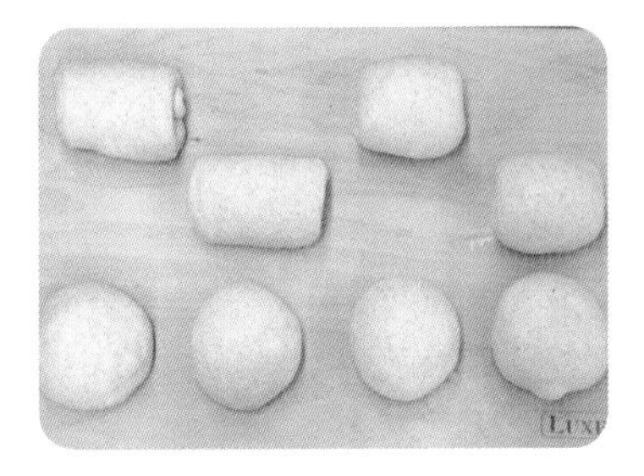

16 중간발효 완료하기
▶부피가 어느 정도 증가됨
▶가스가 있어야 잘 밀림.

17 정형하기 : A형
▶손바닥 이용해서 가스빼기
▶탄력적으로 빼기

18 정형하기
▶3겹 접기

19 정형하기
▶3겹 접기

20 정형하기
▶크기 일정하게 하기

21 정형하기 : B형
▶밀대 이용해서 가스빼기
▶크기 일정하게 하기

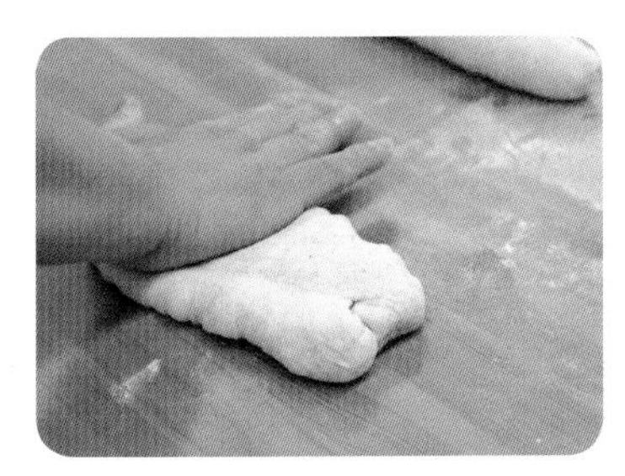

22 정형하기
▶탄력적으로 말기
▶길이 22~23cm 밀대형태

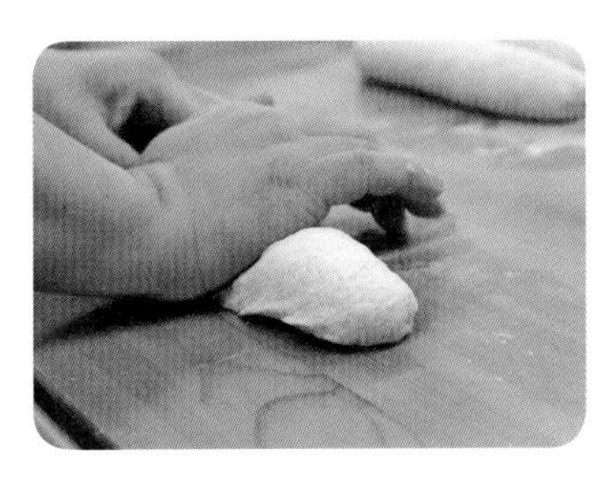

23 정형하기
▶탄력적으로 말기
▶힘 조절에 신경쓰기

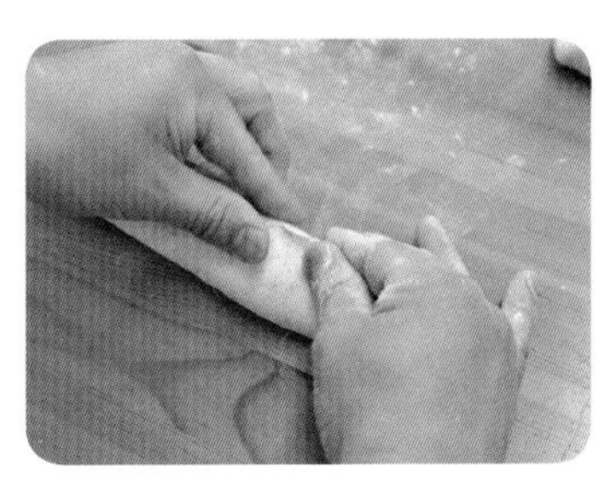

24 정형하기
▶이음매 봉하기
▶끈적거리면 덧가루 사용

25 정형하기
▶크기 일정하게 하기

26 정형하기
▶물 묻히기 준비
▶비닐 활용하면 좋음

27 정형하기
▶붓을 활용하는게 좋음
▶위, 측면 골고루 바르기

28 정형하기
▶오트밀 준비
▶비닐 활용하면 좋음

29 정형하기-오트밀
▶위, 측면 골고루 묻히기
▶아래도 가능함

30 정형하기
▶오트밀 골고루 묻히기

31 정형하기
▶오트밀 골고루 묻히기

32 팬 넣기 및 2차 발효
▶간격과 간격 띄우기
▶구울 때 옆색이 잘난다.

33 팬 넣기 및 2차 발효

34 2차 발효 완료하기
▶30~40분 전후(상태판단)

35 2차 발효 완료하기
▶30~40분 전후(상태판단)

36 2차 발효 완료하기
▶30~40분 전후(상태판단)

37 굽기
상 200℃전후20분 전후
하 180℃전후상태판단

38 굽기
상 200℃전후 20분 전후
하 180℃전후 상태판단

39 굽기
▶색이 1/2 이상 나면
▶앞과 뒤를 바꿔준다.

40 굽기 완료하기
▶전체색상이 황금갈색

41 완제품
▶전체색상이 황금갈색
▶오트밀까지 구수하면 굿!

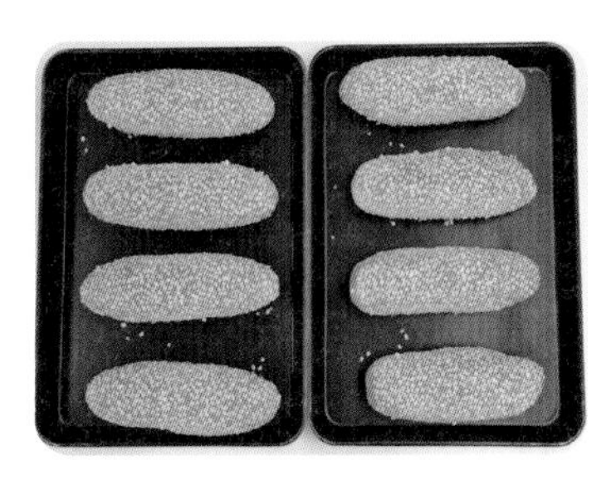

42 완제품
▶전체색상이 황금갈색

43 완제품
▶전체색상이 황금갈색

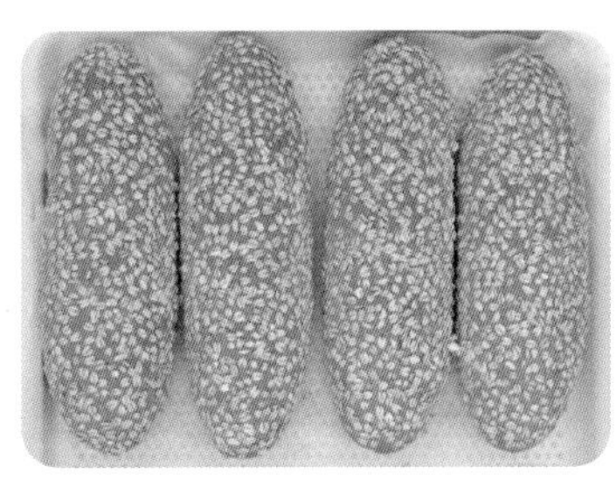

44 완제품
▶전체색상이 황금갈색

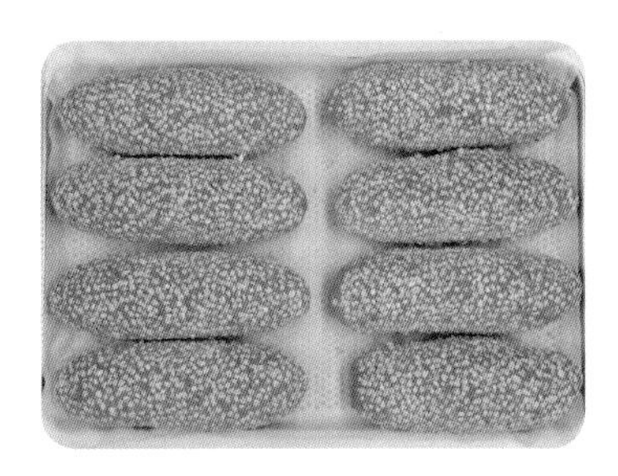

45 완제품
▶전체색상이 황금갈색

하드계열

베이글

시험시간 3시간 30분

반죽방법 스트레이트법

오븐온도 220℃전후/180℃전후
15분 전후(상태판단)

요구사항

베이글을 제조하여 제출하시오.

❶ 배합표의 각 재료를 계량하여 재료별로 진열하시오(7분).
❷ 반죽은 스트레이트법으로 제조하시오.
❸ 반죽 온도는 27℃를 표준으로 하시오.
❹ 1개당 분할중량은 80g으로 하고 링모양으로 정형하시오.
❺ 반죽은 전량을 사용하여 성형하시오.
❻ 2차 발효 후 끓는 물에 데쳐 패닝하시오.
❼ 팬 2개에 완제품 16개를 구워 제출하고 남은 반죽은 감독위원의 지시에 따라 별도로 제출하시오.

배 합 표

비율(%)	재료명	무게(g)
100	강력분	800
55~60	물	440~480
3	이스트	24
1	제빵개량제	8
2	소금	16
2	설탕	16
3	식용유	24
166~171	계	1,328~1,368

KEY POINT

1. 믹싱 : 발전단계~최종단계 사이정도
2. 정형 : 링모양 일정하게 잡기
3. 2차 발효점 : 70%에 데치기
4. 굽기 : 저배합이기에 고온에서 구워야 색상이 잘 나옴

01 재료계량

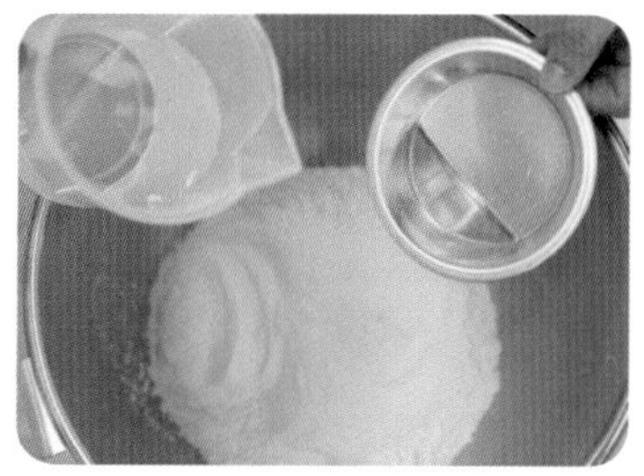

02 믹싱하기 = 혼합하기
▶전 재료 투입 후 혼합

03 믹싱하기 = 혼합하기
▶수작업으로 기본 혼합하면 기계 작업 시 빠름

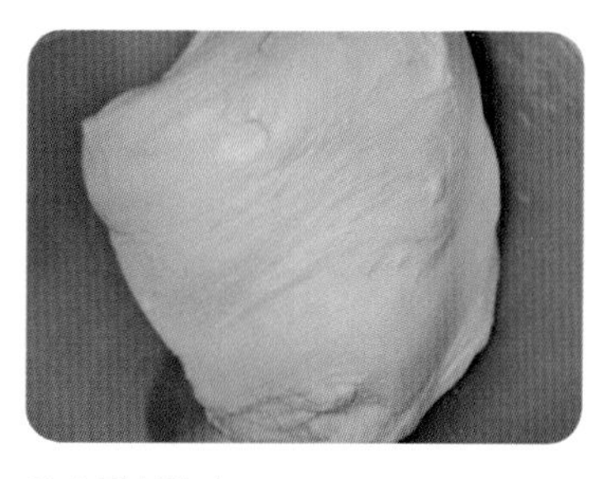

04 믹싱하기
▶발전단계(글루텐 90%)

05 믹싱완료
▶발전단계(글루텐 90%)
▶표피를 매끈하게 하기

06 발전단계(글루텐 90%)
반죽결과온도 : 27℃

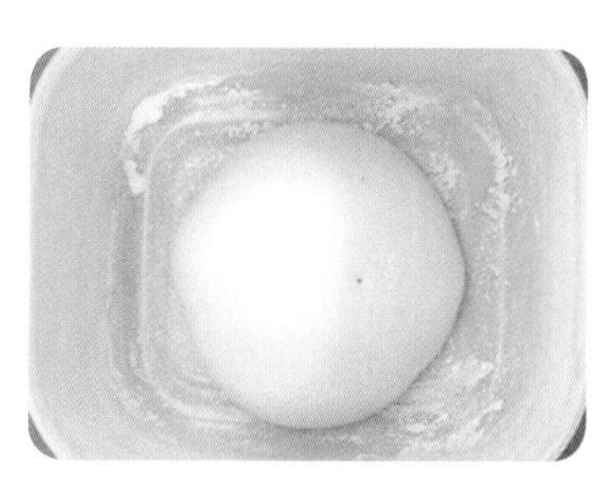

07 1차 발효 시작하기

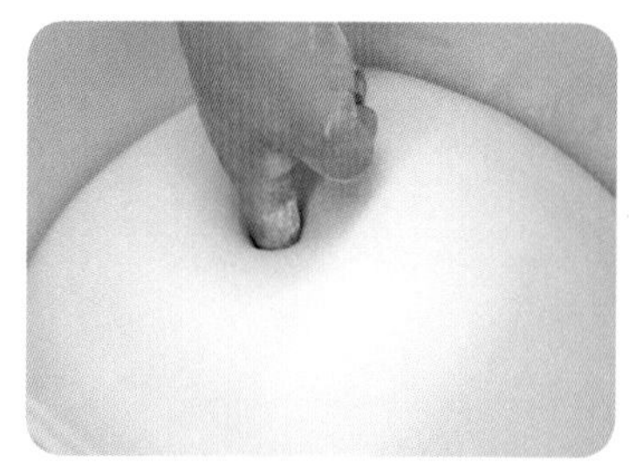

08 1차 발효 완료하기
▶40분 전후
▶손가락 시험법

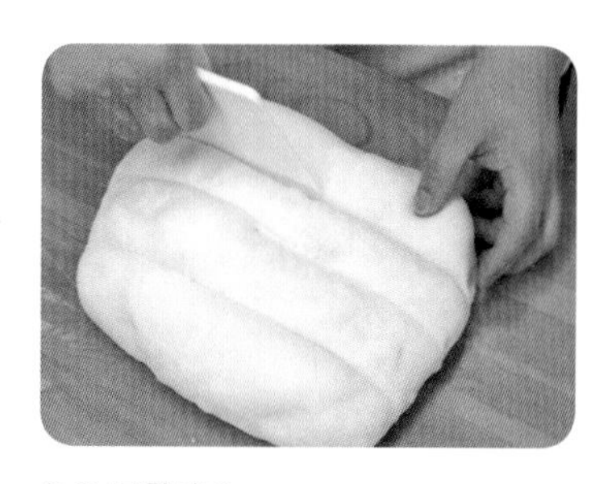

09 분할하기
▶베이글은 4등분하기
▶절단면은 매끈하게 하기

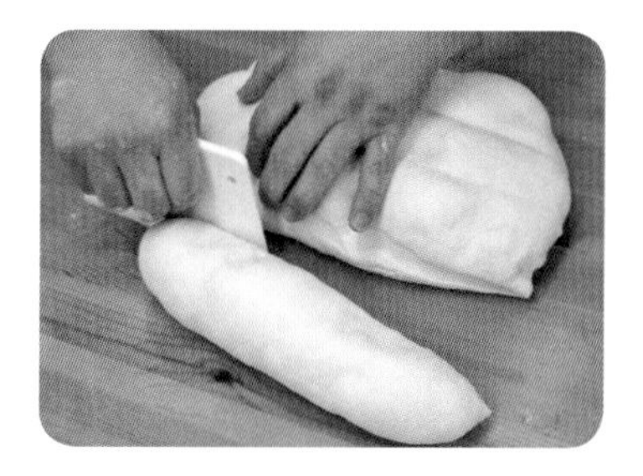

10 분할하기
▶베이글은 4등분하기
▶대략 크기를 생각하기

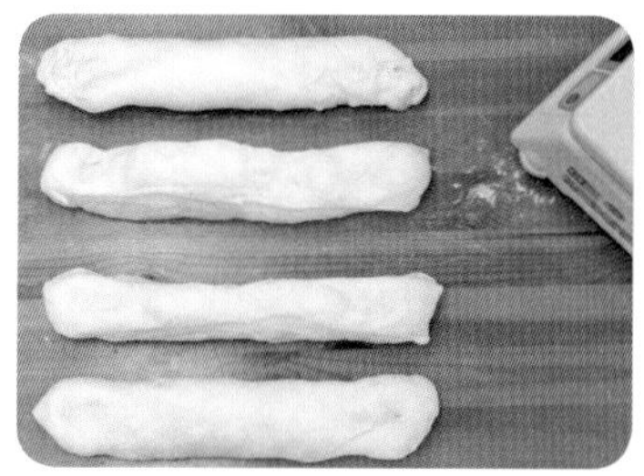

11 분할하기

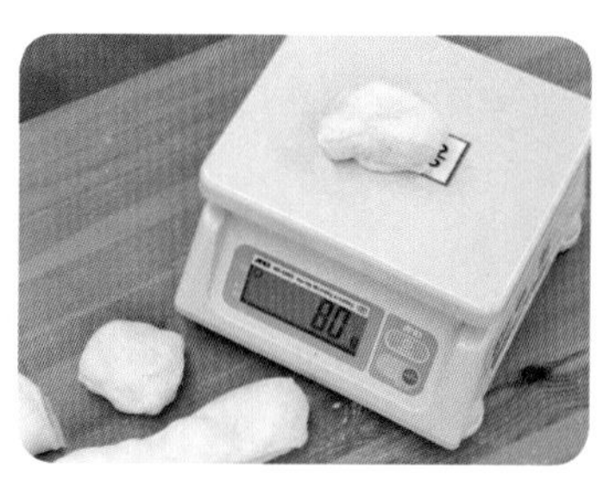

12 분할하기
▶80g

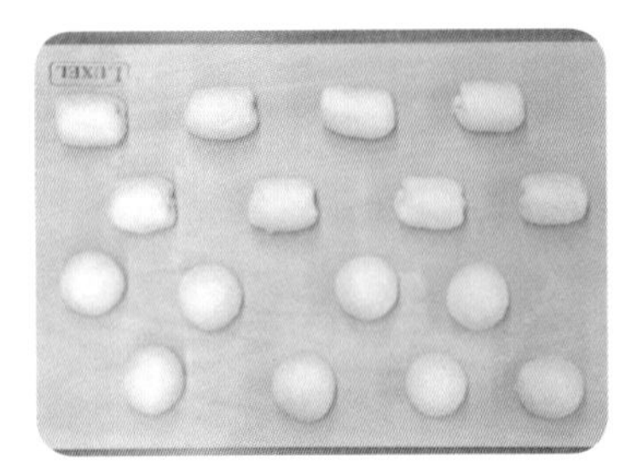

13 분할하기
▶분할 모두 하고서 둥글리기
또는 통통한 스틱

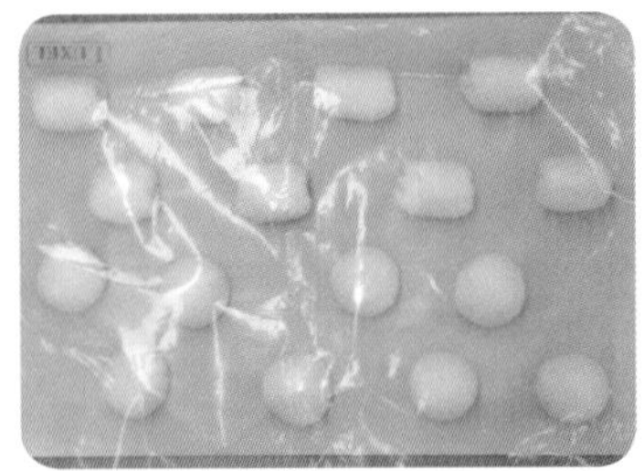

14 중간발효 시작하기
▶비닐 덮기
▶15분 정도

15 중간발효 완료하기
▶부피가 어느 정도 증가됨
▶가스가 있어야 잘 밀림

16 정형하기
▶손바닥 이용해서 가스빼기
▶탄력적으로 빼기

17 정형하기
▶밀대 이용해서 가스빼기
▶크기 일정하게 하기

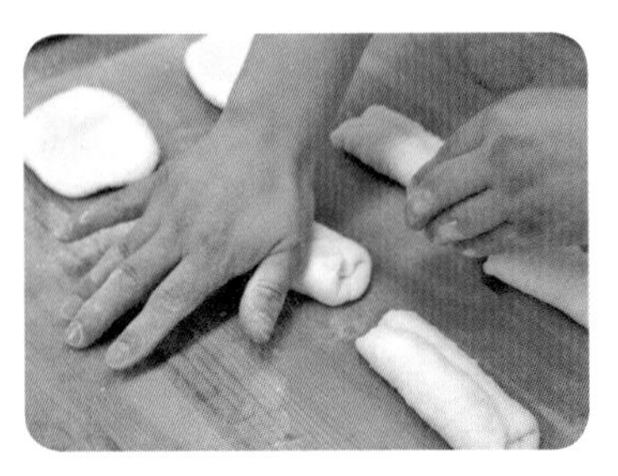

18 정형하기
▶3겹 접기

19 정형하기
▶3겹 접기
▶일정한 크기로 만들기

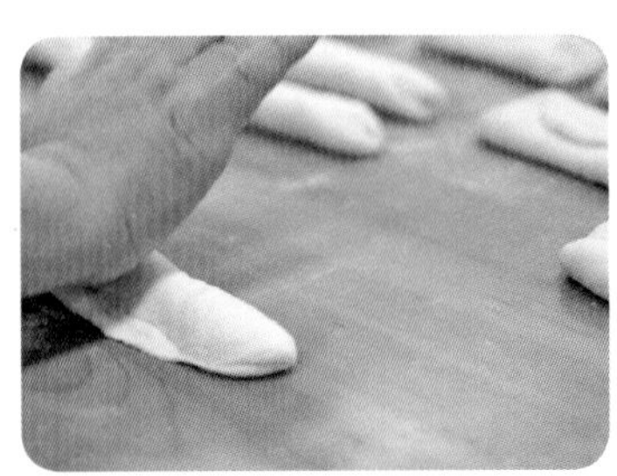

20 정형하기
▶탄력적으로 말기

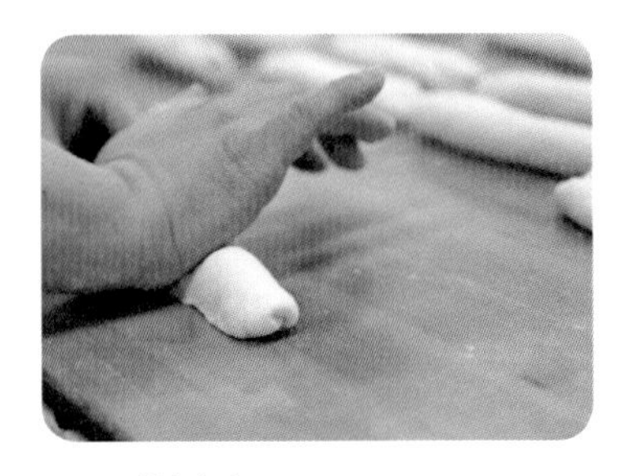

21 정형하기
▶탄력적으로 말기
▶힘 조절에 신경쓰기

22 정형하기
▶일정한 크기로 만들기

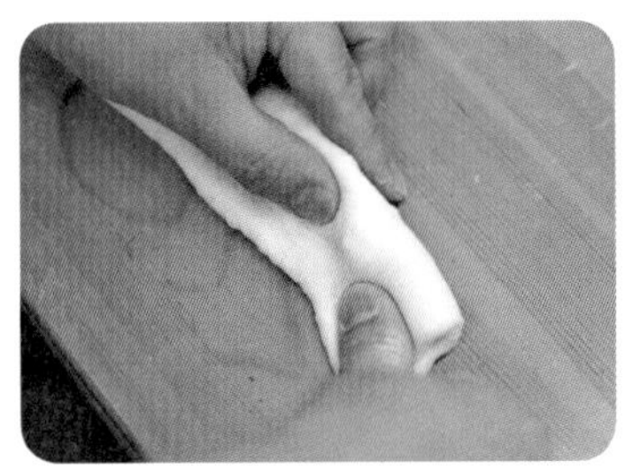

23 정형하기
▶탄력적으로 말기
▶엄지 손가락이용하기

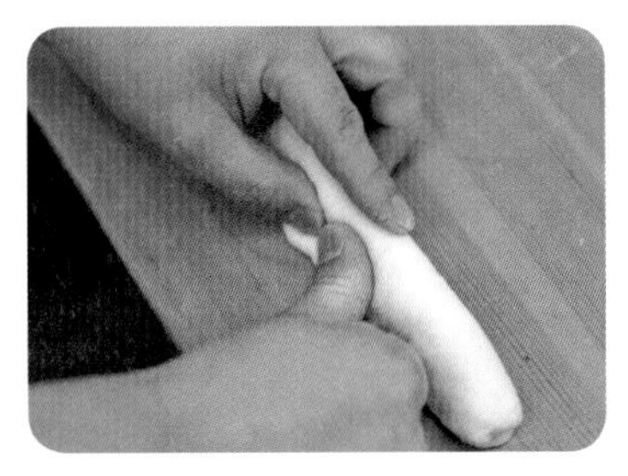

24 정형하기
▶탄력적으로 말기

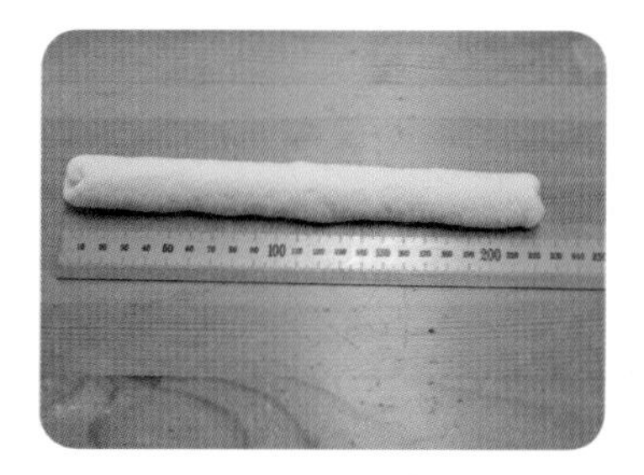

25 정형하기
▶탄력적으로 말기
▶22cm 정도 길이

26 정형하기
▶끝부분 펼치기
▶감싸기 위함

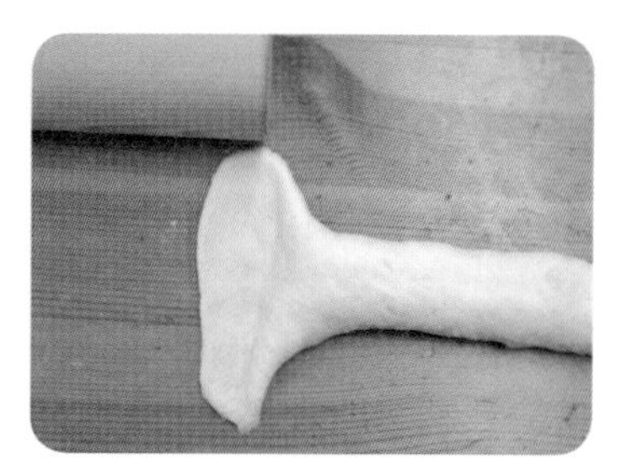

27 정형하기
▶끝부분 얇게 밀어펴기
▶얇아야 감싼 후 두께일정

28 정형하기
▶끝과 끝부분 연결하기
▶두께가 중요함

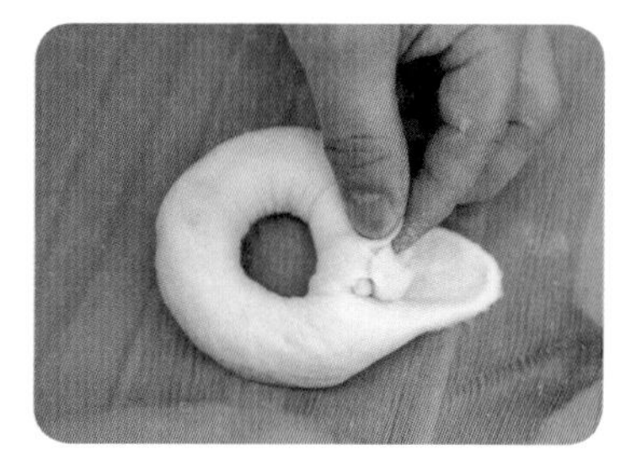

29 정형하기
▶확실하게 붙이기
▶끝과 끝부분 연결하기

30 정형하기
▶이음매 봉하기

31 정형하기
▶링모양 = 튜브모양
▶가운데 부분도 중요함

32 정형하기
▶링 크기가 일정해야 함

33 2차 발효 시작하기
▶오와 열 확인

34 2차 발효 시작하기
▶오와 열 확인 후
▶8개씩 2판

35 2차 발효 시작하기
▶오와 열 확인 후
▶발효기에 넣기

36 2차 발효 완료하기
▶30분 전후(상태판단)
▶70% 정도면 데치기 준비

37 2차 발효 완료하기
▶30분 전후(상태판단)
▶70% 정도면 데치기 준비

38 데치기 준비하기
▶끓는 물 준비하기

39 데치기 준비하기
▶도우 잡기위해 찬물 코팅 하면 달라붙지 않는다.

40 데치기 준비하기
▶가볍게 잡기

41 데치기 준비하기
▶물에 닿으면 바로 뒤집기
▶껍질 부분 호화하기

42 데치기 준비하기
▶A방법 : 체로 건지기

43 데치기 준비하기
▶물에 넣으면 워터팽창
▶즉, 물 온도로 팽창됨

44 데치기 준비하기
▶B방법 : 주걱과 스패츄라 이용해 건지기

45 데치기 준비하기
▶물기 제거하고 건지기

46 팬에 간격유지하기

47 팬에 간격유지하기

48 팬에 간격유지하기

49 굽기
상 220℃전후 15분 전후
하 180℃전후 상태판단

50 굽기

51 굽기

52 굽기
상 220℃전후 15분 전후
하 180℃전후 상태판단

53 굽기
▶색이 1/2 이상 나면
▶앞과 뒤를 바꿔준다.

54 완제품
▶전체색상이 황금갈색

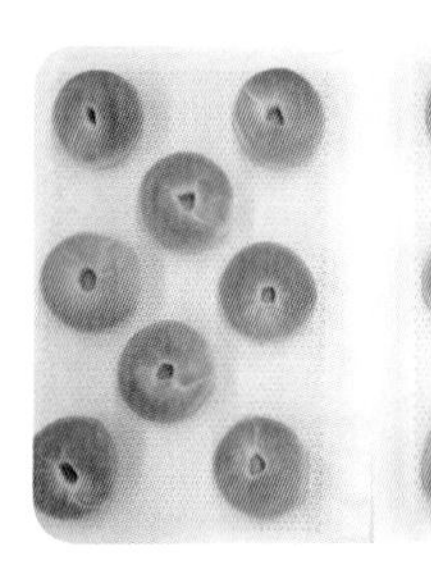

55 완제품
▶전체색상이 황금갈색

56 완제품
▶전체색상이 황금갈색

57 완제품

하드계열

그리시니

시험시간 2시간 30분

반죽방법 스트레이트법

오븐온도 230℃/200℃전후
10분 전후(상태판단)

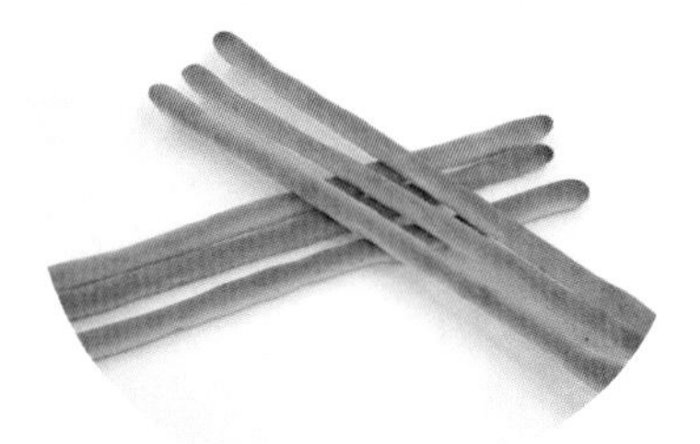

요구사항

그리시니를 제조하여 제출하시오.

❶ 배합표의 각 재료를 계량하여 재료별로 진열하시오(8분).
❷ 전 재료를 동시에 투입하여 믹싱하시오.(스트레이트법)
❸ 반죽온도는 27℃를 표준으로 하시오.
❹ 분할무게는 30g, 길이는 35~40cm로 성형하시오.
❺ 반죽은 전량을 사용하여 성형하시오.

배 합 표

비율(%)	재료명	무게(g)
100	강력분	700
1	설탕	7(6)
0.14	건조 로즈마리	1(2)
2	소금	14
3	이스트	21(22)
12	버터	84
2	올리브유	14
62	물	434
182.14	계	1,275(1,276)

KEY POINT

1. 믹싱 : 발전단계 → 매우 짧다.
2. 1차 발효 : 짧다.
3. 정형 : 40 cm 정도의 길이 → 억지로 당기지 말기 구운 후에 휜다.
4. 2차 발효 : 짧으나 어느정도 팽창되야 하니 주의
5. 굽기 : 저배합이기에 고온에서 짧게 굽기. 황금갈색

01 재료계량

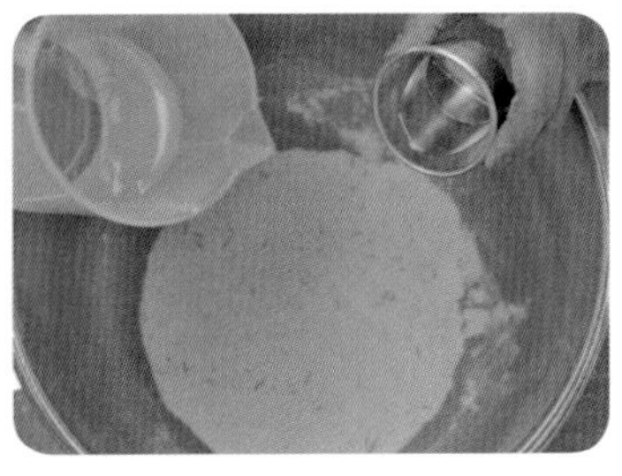

02 믹싱하기 = 혼합하기
▶올리브유와 버터까지 혼합
▶전 재료 동시 투입

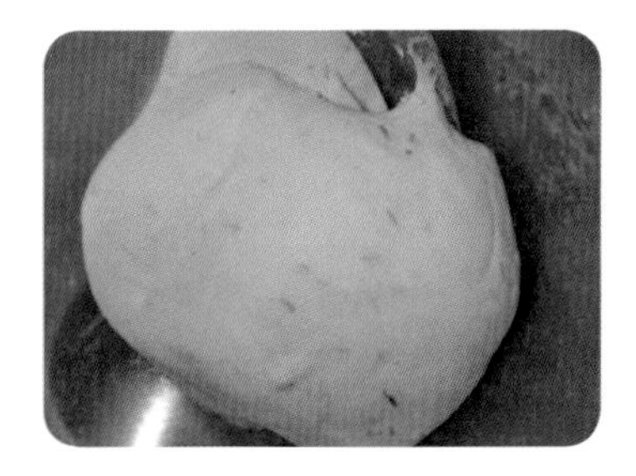

03 믹싱하기 = 혼합하기
▶모든 재료 혼합
▶믹싱이 제일 짧다.

04 믹싱완료
▶발전단계
▶표피를 매끈하게 하기

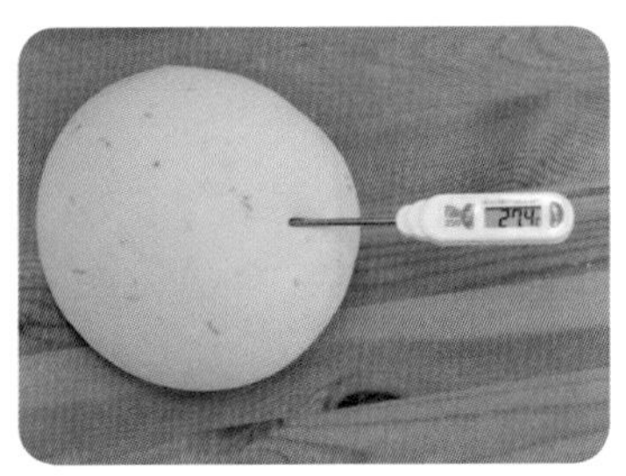

05 믹싱완료
▶반죽결과온도 : 27℃

06 1차 발효 시작하기
▶30분 전후
▶다른 빵 대비 짧게 준다.

07 1차 발효 완료하기
▶손가락 시험법

08 분할하기 준비
▶3등분 준비하기

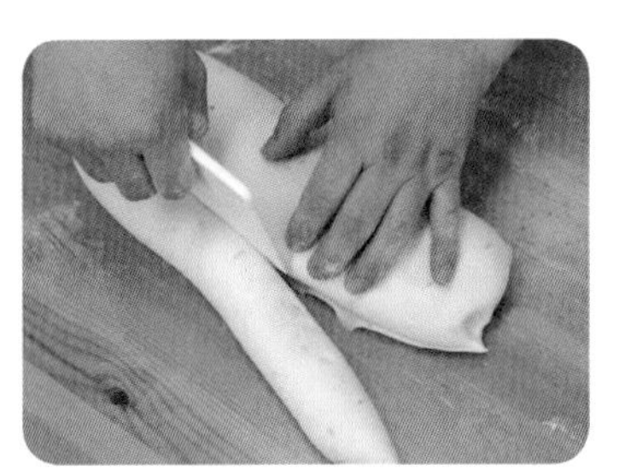

09 분할하기
▶3등분하기

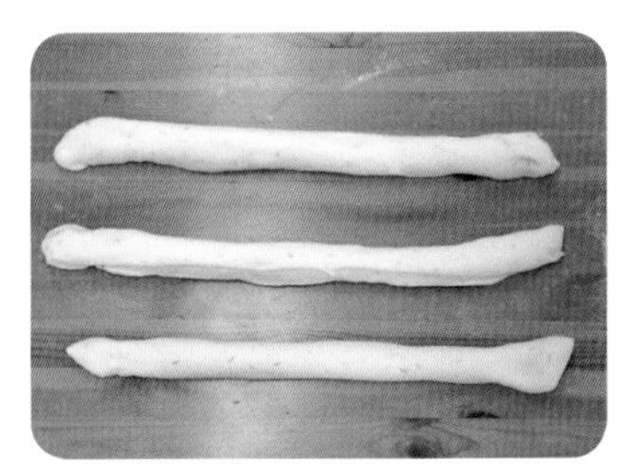

10 분할하기
▶3등분하기

11 분할하기
▶30g

12 둥글리기
▶분할하고 둥글리기 해야 덧가루 최소화

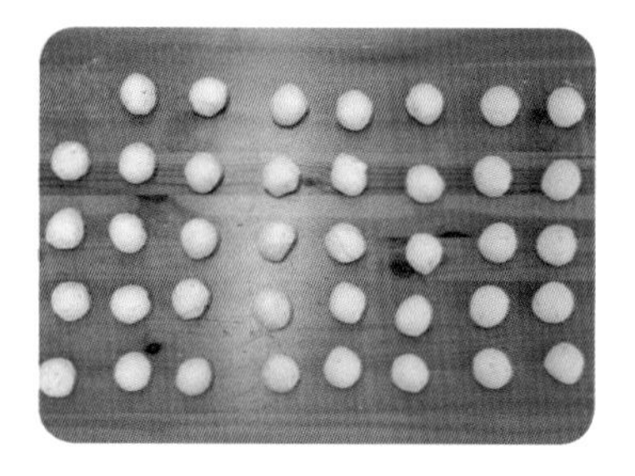

13 둥글리기
▶표피는 매끈하게 하기

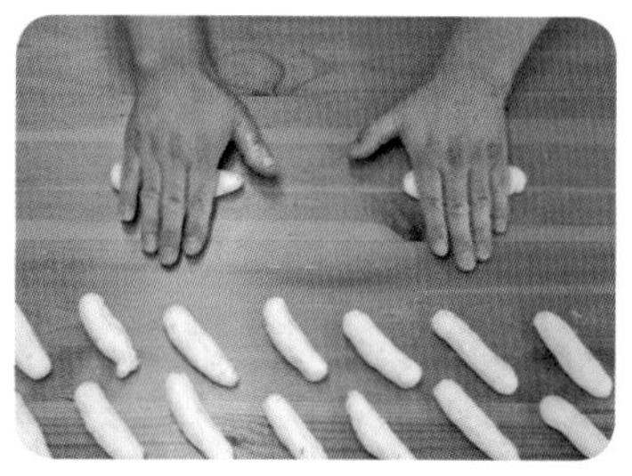

14 정형
▶통통한 스틱형태 만들기

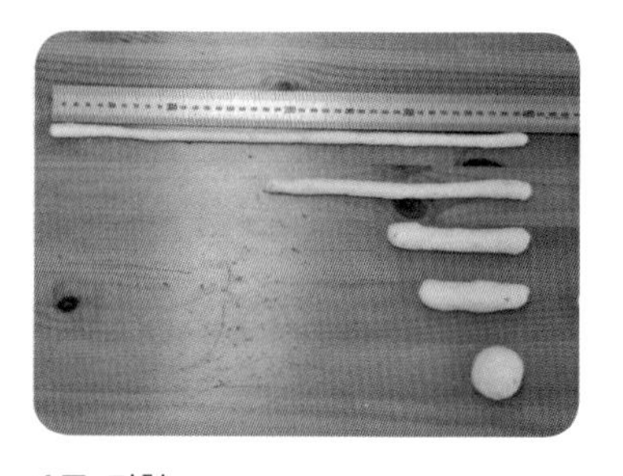

15 정형
▶단계별로 밀어펴기
▶40cm 정도로 밀어펴기

16 정형
▶40cm로 밀어펴기
▶두께는 일정하게 하기

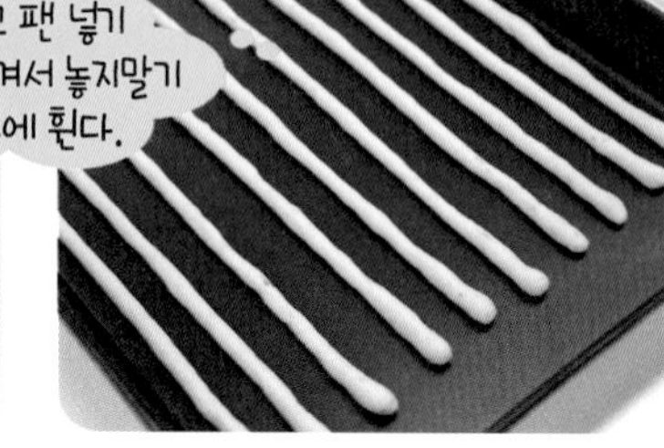

17 정형
▶끝부분 : 얇아지지 않게 함
▶얇아지면 색 진하고 탄다.

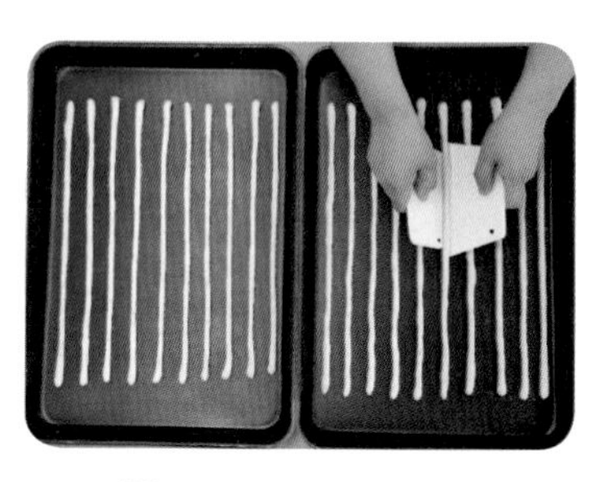

18 정형
▶스크래퍼 이용하여 간격 일정하게 하기

19 2차 발효 시작하기
▶20~30분 전후
▶상태판단

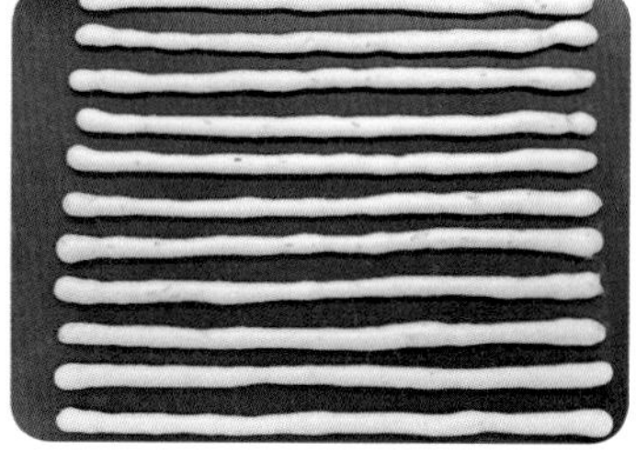

20 2차 발효 완료하기
▶20~30분 전후
▶상태판단

21 굽기
상 230℃전후 10분 전후
하 200℃전후 상태판단

22 굽기
▶색이 1/2 이상 나면
▶앞과 뒤를 바꿔준다.

23 완제품
▶황금갈색

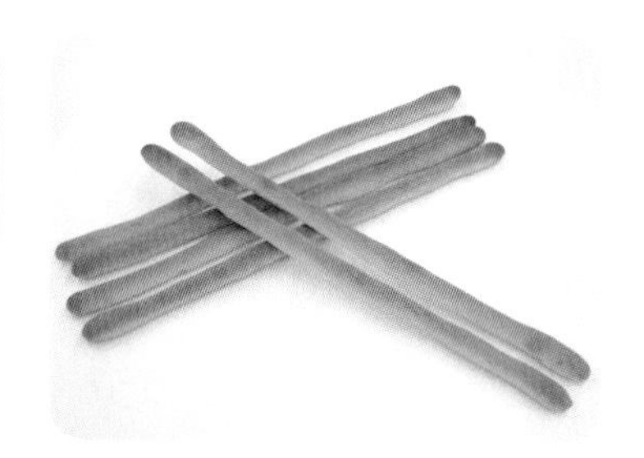

24 완제품

PASS
제과제빵기능사 실기

초 판 인 쇄 | 2024년 2월 5일
초 판 발 행 | 2024년 2월 15일

지 은 이 | 마이티 팡
발 행 인 | 정옥자
임프린트 | HJ골든벨타임
등 록 | 제 3-618호(95. 5. 11)
I S B N | 979-11-91977-42-4
가 격 | 24,000원

표지 및 디자인 | 조경미 · 박은경 · 권정숙
웹매니지먼트 | 안재명 · 서수진 · 김경희
공급관리 | 오민석 · 정복순 · 김봉식
제작 진행 | 최병석
오프 마케팅 | 우병춘 · 이대권 · 이강연
회계관리 | 김경아

(우)04316 서울특별시 용산구 원효로 245(원효로 1가 53-1) 골든벨 빌딩 5~6F
• TEL : 도서 주문 및 발송 02-713-4135 / 회계 경리 02-713-4137
편집·디자인 02-713-7452 / 해외 오퍼 및 광고 02-713-7453
• FAX : 02-718-5510 • http : //www.gbbook.co.kr • E-mail : 7134135@naver.com